全国建材行业创新规划教材

预拌砂浆生产与应用

主　编　刘文斌
副主编　周　慧　徐开胜
主　审　徐永红

中国建材工业出版社

北　京

图书在版编目（CIP）数据

预拌砂浆生产与应用/刘文斌主编. --北京：中国建材工业出版社，2024.1
全国建材行业创新规划教材
ISBN 978-7-5160-3641-9

Ⅰ.①预… Ⅱ.①刘… Ⅲ.①水泥砂浆－高等学校－教材 Ⅳ.①TQ177.6

中国国家版本馆 CIP 数据核字（2023）第 004237 号

预拌砂浆生产与应用
YUBAN SHAJIANG SHENGCHAN YU YINGYONG
主　编　刘文斌
副主编　周　慧　徐开胜
主　审　徐永红
出版发行：中国建材工业出版社
地　　址：北京市海淀区三里河路 11 号
邮　　编：100831
经　　销：全国各地新华书店
印　　刷：北京印刷集团有限责任公司
开　　本：787mm×1092mm　1/16
印　　张：17.75
字　　数：450 千字
版　　次：2024 年 1 月第 1 版
印　　次：2024 年 1 月第 1 次
定　　价：69.80 元

《全国建材行业创新规划教材》
丛书编委会

《预拌砂浆生产与应用》
编 委 会

主　编　刘文斌　常州工程职业技术学院

副主编　周　慧　常州工程职业技术学院

徐开胜　常州工程职业技术学院

主　审　徐永红　常州工程职业技术学院

参　编　孙媛媛　常州工程职业技术学院

肖雪军　常州工程职业技术学院

刘日鑫　常州工程职业技术学院

戴丽聪　常州众华建材科技有限公司

李　萍　江苏沃尔夫智能科技有限公司

陈　飞　江苏绿和环境科技有限公司

乔欢欢　绵阳职业技术学院

李文宇　山西职业技术学院

钱慧丽　河北建材职业技术学院

序　言

党的二十大报告提出，深入实施科教兴国战略、人才强国战略、创新驱动发展战略，强化现代化建设人才支撑。培养造就大批德才兼备的高素质人才，是国家和民族长远发展大计。发展绿色低碳产业，健全资源环境要素市场化配置体系，加快节能降碳先进技术研发和推广应用。积极稳妥推进碳达峰碳中和，立足我国能源资源禀赋，坚持先立后破，有计划分步骤实施碳达峰行动。"绿色工厂，碳达峰碳中和"既是实现高质量发展的内在要求，也是决定水泥企业未来生死存亡的外在压力。

《职业教育提质培优行动计划（2020—2023年）》（以下简称《行动计划》）的发布，标志着我国职业教育正在从"怎么看"转向"怎么干"的提质培优、增值赋能新时代，也意味着职业教育从"大有可为"的期待开始转向"大有作为"的实践阶段。《行动计划》提出要巩固专科高职教育的主体地位，优化高等教育结构，培养大国工匠、能工巧匠，输送区域发展急需的高素质技术技能人才。将社会主义核心价值观融入人才培养全过程，推动习近平新时代中国特色社会主义思想进教材进课堂进头脑。系统推进职业教育"三教"改革，加强职业教育教材建设，实行教材分层规划制度，促进教材质量整体提升。

为有效支撑职业院校教学改革和教材建设，深化人才培养模式和课程体系的改革与创新，进一步探索建筑材料类职业教育发展内涵及特色，加快培养具有理论和实践相结合的高水平专业人才，促进校企、校校、校社的交流与合作，中国建材工业出版社与全国建材职业教育教学指导委员会共同组织编写"全国建材行业创新规划教材"。系列教材内容突出建材类建筑材料工程技术、建筑材料检测技术、建筑装饰材料技术、建筑材料设备应用、新型建筑材料技术、建筑材料生产与管理、高分子材料工程技术、复合材料工程技术等专业特色与创新，反映新材料、新技术、新工艺、新标准，把握职业教育新特点。

本系列教材以精品化、规范化、系统化、规模化为原则，突显建材类职业教育的高水准，集聚建材行业权威专家、院校资深教师、优秀企业家开放合作、协同推进、联合共编。内容突显科学性、先进性、适用性、实用性，同时配备优质新媒体资源，立体化突出职业教育人才培养和教育改革，力图实现良好的职业教育教学效果。

本书编委会

2023 年 10 月

前　言

预拌砂浆在我国的推广已有二十多年的历史。国家相关部门非常重视预拌砂浆的发展，出台鼓励政策，砂浆产业化进程发展十分迅速。预拌砂浆是一种新型建筑材料，生产及应用过程比较复杂，容易出现质量事故，没有系统的理论和实践很难掌握预拌砂浆的生产及应用规律，因此，加强预拌砂浆行业人才的培养、提高从业人员的技术水平尤为重要。

本书依据高职教育和应用企业对技术技能人才的培养要求，由多年从事砂浆生产线设计、预拌砂浆生产及应用企业的工程师和高职学校专业教师团队联合编写，力求全面介绍预拌砂浆的原材料、配方设计、生产、施工及应用等相关知识，使学生掌握关键技术，达到工程综合应用的目的。本书打破了以往教材的编写思路，立足应用型人才的培养目标，以学生能力培养为主线。在任务的实施过程中，针对预拌砂浆的工作岗位，依托预拌砂浆的基础知识，突出学生能力与素质的培养，将理论教学、试验操作和综合设计训练有机结合。采用新形态一体化的教学理念，融入微课、视频、动画等信息手段，完成了立体化教材的设计与开发。

本书为建筑材料工程技术专业国家职业教育教学资源库配套教材，同时为"智慧职教"在线开放课程配套教材。

与传统砂浆类技术图书相比，本书具有以下显著特点。

1. 贯彻项目化教学理念，突出能力培养

本书突破传统学科体系的章节结构，一级目录为"项目"，二级目录为"任务"，以完成任务为驱动，达成学生技术能力的培养。在任务的实施过程中，实行"三级指导"（任务描述、相关知识、任务实施），使教、学、练紧密结合；任务拓展可以系统培养学生的综合应用能力；延展阅读可以进一步培养和提高学生的设计能力和创新意识。

2. 项目设计丰富，由易到难，层层深入

本书在项目的设置中力求由易到难、循序渐进，引导学生通过自己的思考实现从预拌砂浆基础知识的掌握、配方的自行设计与验证、生产工艺的布置、预拌砂浆的储运与施工、预拌砂浆的性能测试到综合项目的整体设计与应用。项目设计逐级深入，让学生在完成任务过程中掌握预拌砂浆的相关知识，最终过渡到完全自主训练的拓展项目。

3. 引入真实企业项目全局设计，培养学生工程应用能力

本书在体系构架方面分为基础实践部分和拓展实践部分。基础实践部分的每个项目均分为若干任务，逐步学习相关基础知识。拓展实践部分，则由浅入深地详细介绍了几种特种砂浆的实际应用项目，项目的选取力求相关知识点全面覆盖、应用范围广，重视培养学生的工程应用能力。

4. 提供系列微课视频支持，实现自主学习

本书以微课、视频、动画等丰富的数字化资源作为支撑（只需通过扫描二维码即可学习），可大大提高学生的学习兴趣及知识的掌握率，符合现代学生的认知规律，有利于自主性学习。

本书可作为建筑材料类、土木建筑类各专业教材，也可供建材类企业技术人员参考。

本书由常州工程职业技术学院刘文斌担任主编，周慧、徐开胜担任副主编，徐永红担任主审。项目1和项目4由刘文斌编写；项目2由周慧编写；项目3由孙媛媛、刘文斌编写；项目5由刘文斌、肖雪军编写；项目6由徐开胜编写；项目7由刘日鑫、刘文斌编写。常州众华建材科技有限公司戴丽聪、江苏沃尔夫智能科技有限公司李萍、江苏绿和环境科技有限公司陈飞、绵阳职业技术学院乔欢欢、山西职业技术学院李文宇、河北建材职业技术学院钱慧丽参与编写。

本书是高职教学改革中新形态一体化教材建设的一次探索与尝试。限于编者水平，书中难免存在不妥之处，恳请读者批评指正。

编　者
2023年10月

目　　录

项目1 运用思维导图梳理预拌砂浆的特点及发展

 **项目简介**

　　推行清洁生产是实现减污降碳协同增效的重要手段，是加快形成绿色生产方式、促进经济社会发展全面绿色转型的有效途径。伴随我国"碳达峰、碳中和"目标的提出，市场经济的不断深入，建设节约型社会的全面推进与生态环境保护意识的增强，建筑业传统现场拌制砂浆越来越不适应现代建筑业的发展。而推动高质量商品砂浆的应用不仅是解决工程质量通病的关键，也是建筑业发展到一定阶段的必然产物。本项目主要对预拌砂浆的定义、分类、性能标准、技术要求、预拌砂浆特点及国内外预拌砂浆的生产发展情况进行介绍，通过对任务的完成，掌握预拌砂浆分类标准、技术参数及未来发展方向。

微课
预拌砂浆
导学

任务　掌握预拌砂浆基础知识

【重点知识与关键能力】

　　重点知识：

- 掌握预拌砂浆的定义、分类、性能标准和技术要求。
- 掌握不同品种预拌砂浆的特点。

　　关键能力：

- 会分析不同类型预拌砂浆的特点及技术参数。

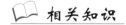 **任务描述**

　　预拌砂浆是如何进行分类的？各自技术参数有哪些？相互之间的区别是什么？

【任务要求】

- 采用思维导图对预拌砂浆进行分类，并说明各自技术特点。

微课
预拌砂浆
概念

相关知识

1.1.1　定义

　　预拌砂浆（ready-mixed mortar）是指由专业化工厂生产，用于一般工业与民用建筑工程中的各种砂浆拌合物，是我国近年发展起来的一种由胶凝材料、细骨料、水，以及根据性能确定的其他组分按适当比例配合、拌制而成的新型建筑材料。

1.1.2 分类

预拌砂浆品种繁多，目前尚无统一的分类方法。从不同的角度出发，有不同的分类。较普遍的分类如下：

动画
干硬性水泥砂浆

（1）按生产的搅拌形式分为两种：预拌干砂浆（dry-mixedmortar）与预拌湿砂浆（wet-mixedmortar）。预拌干砂浆（又称干混砂浆）是经干燥筛分处理的细骨料与胶凝材料，以及根据需要掺入的保水增稠材料、化学外加剂、矿物掺合料等组分按一定比例混合而成的固态混合物，其在使用地点按规定比例加水或配套液体拌合后使用。预拌湿砂浆（又称湿拌砂浆）是由胶凝材料、细骨料、水，以及根据需要掺入的保水增稠材料、化学外加剂、矿物掺合料等组分按一定比例，在搅拌站经计量、拌制后，采用搅拌运输车运至使用地点，放入专用容器储存，并在规定时间内使用完毕的砂浆拌合物。

动画
抹面砂浆

（2）按使用功能分为两种：普通预拌砂浆（ordinaryready-mixedmortar）和特种预拌砂浆（specialready-mixedmortar）。普通预拌砂浆系预拌砌筑砂浆、预拌抹灰砂浆和预拌地面砂浆的统称，可以是预拌干砂浆，也可以是预拌湿砂浆。特种预拌砂浆系指具抗渗、抗裂、高黏结和装饰等特殊功能的预拌砂浆，包括预拌防水砂浆、预拌耐磨砂浆、预拌自流平砂浆、预拌保温砂浆等。

（3）按用途分为预拌砌筑砂浆、预拌抹灰砂浆、预拌地面砂浆及其他具有特殊性能的预拌砂浆。其中，预拌砌筑砂浆用于砖、石块、砌块等的砌筑及构件安装；预拌抹灰砂浆则用于墙面、地面、屋面及梁柱结构等表面的抹灰，以达到防护和装饰等要求。

（4）按胶凝材料的种类，可分为水泥砂浆、石灰砂浆、水泥石灰混合砂浆、石膏砂浆、沥青砂浆、聚合物砂浆等。

1.1.3 预拌砂浆代号和技术性能标准

预拌砂浆的分类、代号和技术性能标准见表1-1。

表1-1 预拌砂浆的分类、代号和技术性能标准

砂浆分类		代号	适用标准
湿拌砂浆	湿拌砌筑砂浆	WM	GB/T 25181
	湿拌抹灰砂浆	WP	
	湿拌地面砂浆	WS	
	湿拌防水砂浆	WW	
干混普通砂浆	普通砌筑砂浆	DM	
	普通抹灰砂浆	DP	
	普通地面砂浆	DS	
	普通防水砂浆	DW	

续表

砂浆分类		代号	适用标准
干混特种砂浆	陶瓷砖黏结砂浆	DTA	GB/T 25181
	界面砂浆	DIT	
	保温板黏结砂浆	DEA	
	保温板抹面砂浆	DBI	
	聚合物水泥防水砂浆	DWS	
	自流平砂浆	DSL	
	耐磨地坪砂浆	DFH	
	饰面砂浆	DDR	
	灌浆砂浆	DGR	GB/T 50448
	陶瓷砖填缝砂浆	DTG	JC/T 1004
	聚苯颗料保温砂浆	DPG	JG/T 158
	玻化微珠轻质砂浆	DTI	GB/T 20473
	加气混凝土专用砌筑砂浆	DAA	JC/T 890
	加气混凝土专用抹灰砂浆	DCA	
	水泥沥青砂浆	CA	
	粉刷石膏		GB/T 28627
	腻子		JG/T 298

1.1.4　预拌砂浆与传统砂浆的特点

预拌砂浆是按照抗压强度等级进行划分，传统砂浆一般是按照材料的比例进行设计。为了使设计及施工人员了解两者之间关系，表 1-2 列出了预拌砂浆与传统砂浆的对应关系，读者可根据其强度要求选用各类预拌砂浆。

表 1-2　预拌砂浆与传统砂浆对应关系

种类	预拌砂浆	传统砂浆
砌筑砂浆	DM M5、WM M5	M5 混合砂浆、M5 水泥砂浆
	DM M7.5、WM M7.5	M7.5 混合砂浆、M7.5 水泥砂浆
	DM M10、WM M10	M10 混合砂浆、M10 水泥砂浆
	DM M15、WM M15	M15 混合砂浆、M15 水泥砂浆
	DM M20、WM M20	M20 混合砂浆、M20 水泥砂浆
抹灰砂浆	DP M5、WP M5	1∶1∶6 混合砂浆
	DP M7.5、WP M7.5	1∶1∶5 混合砂浆
	DP M10、WP M10	1∶1∶4 混合砂浆
	DP M15、WP M15	1∶3 水泥砂浆
	DP M20、WP M20	1∶2、1∶2.5 水泥砂浆

续表

种类	预拌砂浆	传统砂浆
	DS M15、WS M15	1∶3 水泥砂浆
地面砂浆	DS M20、WS M20	1∶2 水泥砂浆
	DS M25、WS M25	1∶2 水泥砂浆

1. 传统砂浆的特点

传统砂浆是在工地现场由胶凝材料、细骨料、水按照一定比例拌制而成的建筑材料,按使用功能可以分为砌筑砂浆、抹灰砂浆、地面砂浆、饰面砂浆等。传统砂浆施工时,一般会适当使用砂浆外加剂,如界面剂等。随着建筑业技术的进步和文明施工要求的提高,现场拌制砂浆日益显示出其固有的缺陷,相对于预拌砂浆来说,主要缺陷有以下几个方面:

(1) 性能稳定性差,如砂浆和易性差、抗渗性差、收缩率大等。由于受施工人员的技术熟练程度影响和现场条件的限制,不能严格执行配合比、不能准确控制加水量、无法准确添加微量的外加剂等,往往因计量的不准确而造成砂浆质量的异常波动。且现场的搅拌设备也无法保证满足质量要求,搅拌的均匀度也难以控制。另外,不同产源地采购的各种原材料质量的波动也将直接影响砂浆的质量。

(2) 品种单一,无法满足对各种新型建材的不同需求。随着现代住房建设的发展及人们对居住环境要求的日益提高,国家鼓励推广使用各种节能新型墙体材料。如混凝土空心砌块、加气混凝土砌块、烧结类多孔砖、陶粒轻骨料混凝土空心砌块等。传统现拌砂浆较单一的品种和较差的施工性能,远远不能满足其使用要求。另外,随着人们生活水平的提高,人们需要花色品种多样的砂浆。从品种数量上看,传统砂浆显然不能满足需要。

(3) 施工效率较低。现场配制的砂浆由于胶凝材料、细骨料和外加剂需分别购买、存放、计算用量,需要大量的人力、物力和空间,且劳动强度高,生产效率低,用于单位工程的费用增加。由于传统砂浆的生产、运输、使用都是手工操作,不利于机械化操作和新技术推广。

(4) 对文明施工及环保要求难以满足。在施工现场拌制砂浆的过程一般都没有封闭的作业现场,在运卸原料、使用原料的过程中,会有一定的抛撒及较大的粉尘,不利于施工现场的整理、清洁工作,严重污染周边的空气质量,会在一定程度上加剧雾霾天气的形成。其次由于传统砂浆都是在工地现场堆放水泥、石灰和砂,各原材料的存储需要占用较大的场地空间。此外,传统砂浆的搅拌设备噪声大多超标,噪声污染亦为城市一大环境问题。

2. 预拌砂浆的特点

预拌砂浆是所有组分均在专业化工厂计量、拌制后均匀,其用料合理,配料准确,质量稳定,整体强度较高、离散性小;砂浆保水性好、和易性好,易于施工;材料损耗低、浪费少,利于节约成本,降低了施工现场的粉尘污染和噪声等,提高了城市环境的空气质量,便于文明施工管理;有利于机械化施工和技术进步。预拌砂浆是真正意义上的环保、绿色产品,市场潜力很大。与传统自拌砂浆相比,预拌砂浆具有自身的许多优势。

（1）质量稳定。预拌砂浆是在专业人员管理下，由专业化工厂生产的。其用料合理，配料准确，拌合均匀，故预拌砂浆的早期强度和后期强度均远远高于传统砂浆强度，并且强度稳定，克服了传统砂浆整体强度低、离散性大的难题，有利于确保整个工程质量的提高。

（2）工作效率高。客户可以一次性购买到符合要求的预拌砂浆，在现场按照使用要求加入一定比例的水，搅拌均匀即可使用，大大提高了效率。此外，改性的砂浆具有优异的施工性能和品质、良好的和易性，方便砌筑、抹灰和泵送，提高施工效率，如抹灰砂浆，手工抹灰 $10\,\mathrm{m^2/h}$，机械施工 $40\,\mathrm{m^2/h}$，砌筑时一次铺浆的长度大大增长。

（3）满足特殊要求。技术人员在工厂按照特殊需要的性能，选择适宜的外加剂进行调配，直到符合要求为止，然后进行大批量生产，最后运至施工现场。

（4）保护环境。干混砂浆在专业化工厂集中生产，可以做到占地少，控制噪声，安装除尘设备进行除尘，减少环境污染，生产出产品运至施工现场，施工现场可以节约细骨料堆场、水泥库等占地，并且减少了现场搅拌砂浆产生的粉尘和噪声污染，提高了城市空气质量。另外，预拌砂浆可以利用诸如粉煤灰、炉渣、尾矿砂等，从而保护了环境。

1.1.5　预拌砂浆分类

1.1.5.1　湿拌砂浆

1. 定义

湿拌砂浆是指水泥、细骨料、矿物掺合料、外加剂、添加剂和水，按一定比例，在搅拌站经计量、拌制后，运至使用地点，并在规定时间内使用的拌合物。

2. 分类

（1）按用途分类。按用途可分为湿拌砌筑砂浆、湿拌抹灰砂浆、湿拌地面砂浆和湿拌防水砂浆，并采用表 1-3 的代号。

微课
预拌砂浆的
技术要求

表 1-3　湿拌砂浆代号

品种	湿拌砌筑砂浆	湿拌抹灰砂浆	湿拌地面砂浆	湿拌防水砂浆
代号	WM	WP	WS	WW

（2）按强度等级、抗渗等级、稠度、凝结时间分类。按强度等级、抗渗等级、稠度和凝结时间的分类应符合表 1-4 的规定。

表 1-4　湿拌砂浆分类（《预拌砂浆》GB/T 25181—2019）

项目	湿拌砌筑砂浆	湿拌抹灰砂浆		湿拌地面砂浆	湿拌防水砂浆
		普通抹灰砂浆（G）	机喷抹灰砂浆（S）		
强度等级	M5，M7.5，M10，M15，M20，M25，M30	M5，M7.5，M10，M15，M20		M15，M20，M25	M10，M15，M20

续表

项目	湿拌砌筑砂浆	湿拌抹灰砂浆		湿拌地面砂浆	湿拌防水砂浆
		普通抹灰砂浆（G）	机喷抹灰砂浆（S）		
抗渗等级	—	—		—	P6，P8，P10
稠度/mm	50，70，90	70，90，110	90，110	50	50，70，90
保塑时间/h	6，8，12，24	6，8，12，24		4，6，8	6，8，12，24

3. 标记

湿拌砂浆按下列顺序标记：湿拌砂浆代号、型号、强度等级、抗渗等级（有要求时）、稠度、保塑时间、标准号。

示例：湿拌普通抹灰砂浆的强度等级为 M10，稠度为 70mm，保塑时间为 8h，其标记为：WP-G M10-70-8 GB/T 25181—2019。

4. 湿拌砂浆的技术要求

（1）湿拌砂浆。湿拌砌筑砂浆用于承重墙时，砌体抗剪强度应符合 GB 50003 的规定。

（2）湿拌砂浆的性能应符合表 1-5 的规定。其抗压强度、抗渗压力、稠度允许偏差见表 1-6 至表 1-8。

表 1-5 湿拌砂浆性能指标（《预拌砂浆》GB/T 25181—2019）

项目		湿拌砌筑砂浆	湿拌抹灰砂浆		湿拌地面砂浆	湿拌防水砂浆
			普通抹灰砂浆	机喷抹灰砂浆		
保水率/%		≥38	≥88	≥92	≥38	≥38
24d 凝结强度/MPa		—	M5：≥0.15 >M5：≥0.20	≥0.20	—	≥0.20
28d 收缩率/%		—	≤0.20		—	≤0.15
抗冻性	强度损失率/%	≤25				
	质量损失率/%	≤5				

注：有抗冻性要求时，应进行抗冻性实验。

表 1-6 预拌砂浆抗压强度

强度等级	M5	M7.5	M10	M15	M20	M25	M30
28d 抗压强度	≥5	≥7.5	≥10	≥15	≥20	≥25	≥30

表 1-7 预拌砂浆抗渗压力

抗渗等级	P6	P8	P10
28d 抗渗压力	≥0.6	≥0.8	≥1

表 1-8 湿拌砂浆稠度允许偏差

规定稠度	允许偏差
50，70，90	±10
110	−10～+5

1. 1. 5. 2 干混砂浆

1. 定义

干混砂浆是指水泥、干燥骨料或粉料、添加剂以及根据性能确定的其他组分，按一定比例，在专业化工厂经计量、混合而成的混合物，在使用地点按规定比例加水或配套组分拌合使用。产品的包装形式可分为袋装和散装。

2. 干混砂浆的分类、标记和要求

干混砂浆按照功能可以分为：干混普通砂浆和干混特种砂浆。

干混普通砂浆是指用于砌筑、抹灰、地面和普通防水工程的干混砂浆。按照功能可以分为干混砌筑砂浆、干混抹灰砂浆、干混地面砂浆、干混普通防水砂浆。其中，干混砌筑砂浆可以细分为普通砌筑砂浆和薄层砌筑砂浆；干混抹灰砂浆可以细分为普通抹灰砂浆和薄层抹灰砂浆（表 1-9）。每一种干混普通砂浆按照强度等级还可以进行分类。

干混特种砂浆是指具有特殊性能的干混砂浆，按照用途可以进行如下分类：陶瓷砖黏结砂浆、界面砂浆、保温板黏结砂浆、保温板抹面砂浆、聚合物水泥防水砂浆、自流平砂浆、耐磨地坪砂浆和饰面砂浆、陶瓷砖填缝砂浆、灌浆砂浆、聚苯颗粒保温砂浆、玻化微珠轻质砂浆、加气混凝土专用砌筑砂浆、加气混凝土抹灰砂浆、修补砂浆、水泥沥青砂浆、粉刷石膏、腻子等。

表 1-9 干混普通砂浆的分类（《预拌砂浆》GB/T 25181—2019）

项目	干混砌筑砂浆		干混抹灰砂浆		干混地面砂浆	干混普通防水砂浆
	普通砌筑砂浆	薄层砌筑砂浆	普通抹灰砂浆	薄层抹灰砂浆		
强度等级	M5、M7.5、M10、M15、M20、M25、M30	M5、M10	M5、M10、M15、M20	M5、M10	M15、M20、M25	M10、M15、M20
抗渗等级	—	—	—	—	—	P6、P8、P10

（1）按照强度等级分类（表 1-10）。

表 1-10 干混砌筑砂浆和干混抹灰砂浆分类（《建筑用砌筑和抹灰干混砂浆》JG/T 291—2011）

种类	强度等级
干混砌筑砂浆	DM2.5、DM5、DM7.5、DM10、DM15、DM20、DM25、DM30
干混抹灰砂浆	DP2.5、DP5、DP7.5、DP10、DP15

（2）按保水性能分类。按保水性能分为低保水干混砌筑和抹灰砂浆（L）、中保水干混砌筑和抹灰砂浆（M）、高保水干混砌筑和抹灰砂浆（H）。

（3）干混砂浆产品代号。干混砂浆产品中的每类产品代号如表 1-11 所示。

表 1-11　干混砂浆产品代号（《预拌砂浆》GB/T 25181—2019）

品种	砌筑砂浆	抹灰砂浆	地面砂浆	普通防水砂浆	陶瓷砖黏结砂浆	界面处理砂浆
符号	DM	DP	DS	DW	DTA	DIT
品种	外保温黏结砂浆	外保温抹面砂浆	聚合物水泥防水砂浆	自流平砂浆	耐磨地面砂浆	饰面砂浆
符号	DEA	DBI	DWS	DSL	DFH	DDR

（4）干混砂浆的标记。干混砂浆按下列顺序标记：干混砂浆代号、型号、主要性能、标准号。

示例：干混机喷抹灰砂浆的强度等级为 M10，其标记为：DP-SM10 GB/T 25181—2019。

（5）干混砂浆的技术要求。

① 干混砌筑砂浆、干混抹灰砂浆、干混地面砂浆和干混普通防水砂浆的性能应符合表 1-12 的要求。

表 1-12　干混普通砂浆的技术要求（《预拌砂浆》GB/T 25181—2019）

项目		干混砌筑砂浆		干混抹灰砂浆			干混地面砂浆	干混普通防水砂浆
		普通砌筑砂浆	薄层砌筑砂浆	普通抹灰砂浆	薄层抹灰砂浆	机喷抹灰砂浆		
保水率/%		≥88	≥99	≥88	≥99	≥92	≥88	≥88
凝结时间/h		3～9	—	3～9	—	—	3～9	3～9
2h 稠度损失率/%		≤30	—	≤30	—	≤30	≤30	≤30
14d 拉伸黏结强度/MPa		—	—	M5：≥0.15 M5：≥0.20	≥0.30	≥0.2	—	≥0.20
28d 收缩率/%		—			≤0.20		—	≤0.15
抗冻性	强度损失率/%				≤25			
	质量损失率/%				≤5			

注：a. 干混薄层砌筑砂浆宜用于灰缝厚度不大于 5mm 的砌筑；干混薄层抹灰砂浆宜用于灰缝厚度不大于 5mm 的抹灰。

　　b. 有抗冻性要求时，应进行抗冻性试验。

② 干混砌筑砂浆、干混抹灰砂浆、干混地面砂浆和干混普通防水砂浆的抗压强度要求如表 1-13 所示。

表 1-13　干混普通砂浆的强度要求（《预拌砂浆》GB/T 25181—2019）

强度等级	M5	M7.5	M10	M15	M20	M25	M30
28d 抗压强度/MPa	≥5.0	≥7.5	≥10.0	≥15.0	≥20.0	≥25.0	≥30.0

③ 干混普通防水砂浆的抗渗压力如表 1-14 所示。

表 1-14　湿拌砂浆抗渗压力（《预拌砂浆》GB/T 25181—2019）

抗渗等级	P6	P8	P10
28d 抗渗压力/MPa	≥0.6	≥0.8	≥1.0

1.1.6　预拌砂浆的发展

微课
预拌砂浆的
发展

1. 国外砂浆行业的发展

干混砂浆最早起源于欧洲。早在 19 世纪，奥地利就发明了建筑干混砂浆。到 20 世纪 60 年代，欧洲的干混砂浆得到迅速发展，主要原因是第二次世界大战后，欧洲需要大量重建，但由于当时劳动力短缺（特别是缺少有经验的技术工人），劳动力成本十分高，市场要求缩短施工工期、降低成本和提高质量，而现场拌制砂浆技术已无法满足这些要求。另外，粉状外加剂的发明和拌料技术的进步也促进了干混砂浆的发展。机械化施工及预混合砂浆的使用，可以提高生产效率，且对劳动者的熟练程度要求降低。到 20 世纪 70～80 年代，干混砂浆在欧美形成了一个新兴的产业。至 90 年代，干混砂浆市场在欧洲发达地区，如德国、芬兰等已经成熟。干粉产品使用量占水泥销售的 1/3，由于单位价值高，利润大大高于水泥行业利润的 1/3。根据统计，在这些地区，每 100 万人口需 2 个左右干粉工厂，如德国目前有干混砂浆专业化大型工厂 180 家（德国国土面积 35.7 万平方公里，人口 8240 万），芬兰有干混砂浆工厂 10 家（芬兰国土面积 33.8 万平方公里，人口 540 万），水泥及建材化工企业从中受益匪浅。亚洲干混砂浆起步较晚，但发展速度极快。

在欧洲，干混砂浆产品已经达到几百种，包括砌筑、抹灰、黏结、修补、装饰砂浆等几大类，每类都有几个到几十个品种。大量生产的干混砂浆产品有：砌筑砂浆、抹灰砂浆、腻子（内墙和外墙）、瓷砖黏结剂、自流平砂浆、外墙外保温砂浆、粉末涂料、修补修复砂浆等。

2. 国内砂浆行业的发展

我国预拌砂浆技术研究始于 20 世纪 80 年代，直到 90 年代末期才开始出现具有一定规模的预拌干混砂浆生产企业。进入 21 世纪以来，在市场推动和政策干预的双重作用下，我国预拌砂浆行业已逐步从市场导入期向快速成长期过渡。随着国家相关政策的推动、国外先进理念和先进技术的引进，以及各级政府、生产企业、用户的积极努力，我国预拌砂浆行业稳步发展。干混砂浆科研开发、装备制造、原料供应、产品生产、物流及产品应用的完整产业链已初步形成。

从区域分布来看，我国建筑砂浆行业的发展与区域经济的发展速度密切相关。我国长江三角洲、珠江三角洲和环渤海地区经济发展较快，目前仍然是建筑砂浆产业最集中、需求最大的三个地区，80% 以上的预拌砂浆企业都集中在此。对 2021 年我国建筑砂浆企业区域分布情况进行分析，结果表明，由于过去十几年时间里我国东部地区城市建设相对较快、较早发展，建筑砂浆企业有一半以上集中在我国的东部地区。而中部和西部地区建筑砂浆企业相对较少，但增速明显，

2021年中部和西部地区建筑砂浆企业数量均已达到20%。未来，中部和西部地区将逐渐成为建筑砂浆最主要的需求增长区域，也将是建筑砂浆行业的主要投资区域。

从国外同行的发展历程可以看到：干混砂浆的发展必然从分散的、个体的小企业发展为集团型、综合型的大企业。欧洲多数的砂浆企业都具有类似的特点：集团化、规模化、跨地区、国际化。推广干混砂浆是建筑建材行业节能降耗、提高效率、创新升级的有效手段，符合政策导向，政府在未来几年无疑将加大扶持力度，相关政策重点是扶大扶强，推动产业成熟、行业稳定发展。

3. 我国预拌砂浆行业市场发展趋势

（1）大企业通过兼并迈向规模化、集团化。国家鼓励具有科技研发优势的建材企业集团，以并购、产业联盟等多种方式整合资源，融合咨询、测试、科研、技术开发、工程设计、安装调试、工程承包等业务，促进运营服务及生产一体化发展。巨大的发展潜力、广阔的市场空间、显著的社会效益吸引了大型企业和实力雄厚的投资商的关注，尤其是大型国有集团的目光。这些集团的加入，将通过不断的兼并、收购，提高行业集中度，促进行业向着规模化、现代化方向发展，彻底改变干混砂浆企业"小而多，多而乱"的局面。

（2）中小企业通过细分市场迈向专业化。砂浆关联的市场包括了工民建、装修装饰、市政园艺、铁路公路、机场码头、桥梁涵洞、冶金能源、矿山水利、通信电力乃至工业产品、包装饰品等众多行业，中小企业想在多个领域齐头并进是不现实的。迫于规模型对手的压力，中小企业会根据自身的情况，集中人力、物力、财力，选择单一产品做深做专，走精细化、服务至上的发展战略。

（3）房地产行业集中度提高与集采模式、家装市场共同推动品牌创建步伐。房地产行业集中度日渐提高将会使小型的地产开发商退出市场，大型地产开发商及大型建筑集团已逐步采用集采模式管理供应商，更加注重供应商的品牌效应，尤其是精装房所购材料对其地产的附加值，同时也规避购房者投诉、索赔。我国在售住宅的精装比例仅有8%，而发达国家几乎达100%。在这种大趋势下，地方型、无品牌的中小型企业以及假冒伪劣砂浆将逐步退出市场，品牌砂浆企业或将受益于此。

（4）依法推动的力度加大。预拌砂浆作为新型绿色建筑材料，国家和地方都在积极鼓励和大力推广。《循环经济促进法》是其最高法律依据。商务部、住房城乡建设部等六部门联合发布《关于在部分城市限期禁止现场搅拌砂浆工作的通知》，推动预拌砂浆在全国的大范围应用，各级行政主管、监管部门也发布了一系列的预拌砂浆应用推广的规定和实施细则，为预拌砂浆产业的大力发展提供了可靠的依据和有利条件。

（5）监管手段信息化。大部分禁现城市已基本建立推广和监管干混砂浆的政策体系，需要加强的是在执行环节。如果监管方不能实时且真实了解到需方是否购买干混砂浆、购买的是不是备案的砂浆产品、已购买数量的多少，就很难建立起有效的监管体系。为此，天津、上海、北京、哈尔滨、成都、广州、西安等先后建立了"干混砂浆动态监控管理平台"，运用信息化手段对生产企业和工程项目进行动态监控管理。未来将有越来越多的政府主管部门利用信息化来推动干混砂浆的有序发展，确保相关各项措施落到实处。

（6）复合型的高素质人才受到青睐，材料与机械搭配成为营销手段。干混砂浆施工技术的完善是行业发展的临门一脚。施工基础条件、施工方法、施工机具、施工环境以及可能出现的问题和补救办法将得到进一步的研究，会出现同一强度等级但不同手感的砂浆供工人选用。机械化施工体系将在未来慢慢成熟并开始大面积推广，输送机械将最早普及，随后是喷涂与收光机械，施工流程更加人性化。初期模式将是砂浆厂购买并随材料提供给专业施工队免费使用。地坪砂浆、石膏基砂浆、灌浆加固、压浆料、抹灰砂浆都将逐步过渡到机械化施工。专业化施工的职业技能培训得到重视，精通"人、机、材"的复合型人才将受到青睐，并产生第三方的专业施工队伍与多家砂浆生产企业配套合作。

（7）固废利用进一步产业化。为有效降低材料成本和税务负担，提升市场竞争优势，增加经济效益，固体废弃物掺加技术如利用脱硫、脱磷石膏生产粉刷石膏、利用炉底渣替代部分河砂、钢渣磨细粉作为掺合料、建筑垃圾粉碎作为骨料，还可利用水泥、钢铁工业的石灰石矿，玻璃、陶瓷工业的石英砂矿，耐火材料工业的铝矾土矿、尖晶石矿，煤炭工业的煤矸石，有色金属工业的原料（铅锌）矿，硅藻土余矿，火山渣，浮石等。

（8）普通砂浆企业加快进军特种砂浆市场。基于产品延伸和市场竞争，越来越多的普通砂浆生产企业将进入特种砂浆市场。尤其是新建产能 15 万吨以下的特种生产线，将对原有市场形成价格冲击。

（9）网络零售发力。成立较早的砂浆厂多是通过固有渠道销售，而大量运用互联网进行交易的则是新入行的中小企业。已有个别企业没有一个传统渠道，100％通过互联网营销开展业务，这是一个值得关注的趋势。

电子商务完全可以开辟出一个新的领域，弥补企业可能的短板。传统的经营方式虽然已有丰富的销售资源，但是在成本方面，与电子商务相比却存在一定的差距，而且电子商务避免了经销商的回款或者其他的账目问题。同时，网络可以提供一个多元化的展示平台。在提升品牌方面，互联网不受时间、地点的影响。在渠道方面，电子商务是一片新蓝海，如果运用得当，将能够更大范围地吸引用户。降低成本是企业未来管理的发展趋势，这也是电子商务的一个重要优势。

（10）家装市场领域取得较大突破。据调研，现场搅拌的抹灰砂浆成本高于商品抹灰砂浆。同时，干混砂浆具有施工简单、易用、干净、环保等优势，普及家装市场将是行业发展的必然趋势。适合于家居装修的小包装、简便且适于自己动手的施工机具、通俗详细的施工图册、体验式的专卖店会应运而生。

📖 任务实施

通过预拌砂浆的基础知识学习，补全预拌砂浆的分类及各自的技术特点，形成思维导图（图 1-1）。

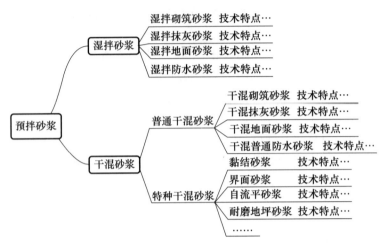

图 1-1 预拌砂浆的分类及特点

 项目拓展

1.1.7 全国砂浆企业分布

查阅资料，调研国内砂浆企业的分布情况，完成国内砂浆企业分布及产能图。

思考与练习

一、判断题

1. 预拌砂浆是指由专业化工厂生产，由胶凝材料、细骨料、水和其他组分按适当比例配合、拌制而成的新型建筑材料。（　　）

2. 湿拌砂浆主要包括湿拌砌筑砂浆、湿拌抹灰砂浆、湿拌地面砂浆和湿拌防水砂浆。（　　）

3. 预拌砂浆按功能分为普通预拌砂浆和特种预拌砂浆。（　　）

4. 预拌砂浆中抹灰砂浆 DP M5 对应于传统砂浆中 1∶1∶5 的混合砂浆。（　　）

5. 湿拌砂浆中普通抹灰砂浆保水率要求为大于等于 92%。（　　）

二、选择题

1. 干混砂浆产品出厂时必须做（　　）。

A. 型式检验　　　　B. 出厂检验　　　　C. 工地检验　　　　D. 交货检验

2. 国际标准、国家标准、建材行业标准、地方标准、企业标准的代号分别为（　　）。

A. ISO、GB、JC、DF、Q　　　　　　　　B. ISO、GB、ZB、DB、QB

C. ISO、GB、JC、DB、Q　　　　　　　　D. ISO、GB、DF、DB、QB

3. 地面砂浆稠度一般为（　　）mm。

A. 40～50　　　　B. 45～55　　　　C. 50～60　　　　D. 55～60

4. 砌筑砂浆稠度一般为（　　）mm。

A. 60～70　　　　　B. 70～80　　　　　C. 80～90　　　　　D. 90～100

5. 普通抹灰砂浆稠度一般为（　　）mm。

A. 60～70　　　　　B. 70～80　　　　　C. 80～90　　　　　D. 90～100

6. 下列不属于干混砌筑砂浆出厂检验项目的是（　　）。

A. 保水率　　　　　B. 2h 稠度损失率　C. 抗压强度　　　　D. 凝结时间

7. 预拌砂浆拌合物的表观密度表示砂浆的单位（　　）。

A. 体积重量　　　　B. 体积质量　　　　C. 体积强度　　　　D. 体积密度

8. 下列代表普通干混砂浆符号的为（　　）。

A. DM　　　　　　 B. WM　　　　　　 C. DP　　　　　　 D. WP

9. 干混砂浆的保水率应不小于（　　）。

A. 80%　　　　　　B. 85%　　　　　　C. 88%　　　　　　D. 90%

10. 预拌砂浆按其生产工艺及物理性质可以分为（　　）。

A. 抹灰砂浆　　　　B. 干混砂浆　　　　C. 湿拌砂浆　　　　D. 砌筑砂浆

11. 推广使用预拌砂浆可以（　　）。

A. 减少城市污染　　　　　　　　B. 实现资源综合利用

C. 改善大气环境　　　　　　　　D. 节约资源

12. 预拌砂浆原材料中胶凝材料一般分为（　　）。

A. 有机胶凝材料　　　　　　　　B. 气硬性胶凝材料

C. 水硬性胶凝材料　　　　　　　D. 无机胶凝材料

13. 预拌砂浆的优越性有（　　）。

A. 砂浆的品种多　　　　　　　　B. 保水性好、可操作性好、耐久性好

C. 备料快、施工快　　　　　　　D. 省工、省料、省钱、省心

14. 普通预拌砂浆的凝结时间主要是受到（　　）的影响。

A. 水泥品种　　　　B. 水泥品牌　　　　C. 水泥凝结时间　　D. 水泥用量

15. 干混普通防水砂浆的抗渗等级有（　　）。

A. P6　　　　　　　B. P8　　　　　　　C. P10　　　　　　 D. P4

16. 下列砂浆品种中，拉伸黏结强度不宜小于 0.20MPa 的有（　　）。

A. DP M15　　　　 B. DM M10　　　　 C. DP M10　　　　 D. DP M5

17. 普通干混地面砂浆出厂检验项目为（　　）。

A. 保水率　　　　　B. 2h 稠度损失率　C. 黏结强度　　　　D. 抗压强度

项目 2　选择最优的预拌砂浆原材料

项目简介

　　胶凝材料包括无机胶凝材料和有机胶凝材料；细骨料包括天然细骨料、人工细骨料及再生细骨料；矿物掺合料包括粉煤灰、粒化高炉矿渣、天然沸石粉、硅灰等；外加剂包括减水剂、早强剂、保塌剂、速凝剂、防冻剂等；添加剂包括保水增稠材料、可再分散乳胶粉、纤维、颜料等。预拌砂浆中胶凝材料、细骨料、矿物掺合料、外加剂、添加剂等的种类及用量，依据具体用途及施工性能要求而不同。不会对人类、生物及环境造成有害的影响，并符合《建筑材料放射性核素限量》（GB 6566）等相关标准规定的材料，且不对砂浆性能产生不良影响的材料均可作为预拌砂浆中所用原材料。本项目主要是对胶凝材料、细骨料、矿物掺合料、外加剂、添加剂等进行学习，涉及原材料的类型、特性及对预拌砂浆性能的影响。通过任务的完成，学会预拌砂浆原材料的选用。

任务 2.1　预拌砂浆用胶凝材料的分析与选用

　　本任务主要将对预拌砂浆用胶凝材料的类型、特性及用途进行分析与选用。

【重点知识与关键能力】

　　重点知识：
- 掌握预拌砂浆用胶凝材料的类型、特性、用途；
- 掌握不同胶凝材料之间的凝结硬化方式、性能差异。

　　关键能力：
- 会依据预拌砂浆的具体用途及施工性能要求，合理选择胶凝材料。

任务描述

　　（1）配制外墙传统抹灰砂浆时，宜选用什么胶凝材料？
　　（2）配制内墙薄层抹灰砂浆时，宜选用什么胶凝材料？
　　（3）配制砌筑砂浆时，宜选用什么胶凝材料？

【任务要求】

- 确定胶凝材料类型，并说明选择其理由。

【任务环境】

- 每人根据工作任务，选用胶凝材料；
- 以小组为单位，逐一讨论备选胶凝材料并确定选择。

📖 **相关知识**

2.1.1　胶凝材料

建筑上，凡是经过一系列物理、化学作用，能把松散物质黏结成整体的材料称为胶凝材料。胶凝材料根据其化学组成，一般分为无机胶凝材料和有机胶凝材料两大类，建筑上所用的胶凝材料通常以无机胶凝材料为主。当其与水或水溶液拌合后所形成的浆体，经过一系列的物理、化学作用后，能逐渐硬化并形成具有强度的人造石。

无机胶凝材料一般分为水硬性胶凝材料和气硬性胶凝材料两大类。气硬性胶凝材料只能在空气中（干燥条件下）硬化，也只能在空气中保持或继续发展其强度，而不能在水中硬化，如石灰、石膏、镁质胶凝材料等，这类材料一般只适用于地上或干燥环境，而不适宜潮湿环境，更不能用于水中。水硬性胶凝材料既能在空气中硬化，又能在水中硬化，保持和继续发展其强度，这类材料通常称为水泥，如硅酸盐水泥、铝酸盐水泥、硫铝酸盐水泥等。

用于混凝土中的水泥，如硅酸盐水泥、普通硅酸盐水泥、矿渣水泥等都可用于砂浆中。对于某些特殊品种预拌砂浆，如自流平砂浆、灌浆砂浆、快速修补砂浆、堵漏剂等，因要求其具有早强快硬的特性，常常采用铝酸盐水泥、硫铝酸盐水泥、铁铝酸盐水泥等。

有机胶凝材料是以天然或合成的高分子化合物为基本组分的胶凝材料，如沥青、树脂、橡胶等。

2.1.2　水泥

水泥按其主要水硬性物质名称可分为硅酸盐水泥、铝酸盐水泥、硫铝酸盐水泥等。硅酸盐水泥是土木建筑工程中用量最大、用途最广的一类水泥，它是以硅酸盐水泥熟料作为主要组分，根据混合材料的品种和掺量分为硅酸盐水泥、普通硅酸盐水泥、矿渣硅酸盐水泥、火山灰质硅酸盐水泥、粉煤灰硅酸盐水泥和复合硅酸盐水泥。各品种水泥的组分和代号见表 2-1。

📱 **微课**
胶凝材料——水泥

表 2-1　硅酸盐水泥的组分和代号（《通用硅酸盐水泥》GB 175—2023）

品种	代号	组分（质量分数%）				
		熟料＋石膏	主要混合材料			石灰石/替代混合材
			粒化高炉矿渣/矿渣粉	火山灰质混合材料	粉煤灰	
硅酸盐水泥	P·Ⅰ	100	—	—	—	—
	P·Ⅱ	95～100	0～<5	—	—	—
		95～100	—	—	—	0～<5

续表

品种	代号	组分（质量分数%）				
		熟料＋石膏	主要混合材料			石灰石/替代混合材
			粒化高炉矿渣/矿渣粉	火山灰质混合材料	粉煤灰	
普通硅酸盐水泥	P·O	80～<94	6～<20[a]			0～<5[b]
矿渣硅酸盐水泥	P·S·A	50～<79	21～<50	—	—	0～<8[c]
	P·S·B	30～<49	51～<70	—	—	
火山灰质硅酸盐水泥	P·P	60～<79	—	21～<40	—	0～<5[d]
粉煤灰硅酸盐水泥	P·F	60～<79	—	—	21～<40	
复合硅酸盐水泥	P·C	50～<79	21～<50			

a 主要混合材料由符合文件规定的粒化高炉矿渣/矿渣粉、粉煤灰、火山灰质混合材料组成。

b 替代混合材料为符合本文件规定的石灰石。

c 替代混合材料为符合本文件规定的粉煤灰或火山灰、石灰石。替代后 P·S·A 矿渣硅酸盐水泥中粒化高炉矿渣/矿渣粉含量（质量分数）不小于水泥质量的 21%，P·S·B 矿渣硅酸盐水泥中粒化高炉矿渣/矿渣粉含量（质量分数）不小于水泥质量的 51%。

d 替代混合材料为符合本文件规定的石灰石。替代后粉煤灰硅酸盐水泥中粉煤灰含量（质量分数）不小于水泥质量的 21%，火山灰质硅酸盐水泥中火山灰质混合材料含量（质量分数）不小于水泥质量的 21%。

1. 硅酸盐水泥

硅酸盐水泥不掺混合材或混合材掺量很少（≤5%），水泥强度等级较高，因此硅酸盐水泥适用于配制高强混凝土和预应力混凝土等，而不适用于配制普通砂浆。因为砂浆强度要求相对较低，配制普通砂浆时，如用硅酸盐水泥配制砂浆，通常对水泥用量有最小值的限制，势必造成水泥用量的浪费，而且砂浆的和易性也不好。

2. 普通硅酸盐水泥

普通硅酸盐水泥掺一定量的混合材，水泥强度等级适中，是目前建筑工程中用量最大的一种水泥。当用普通硅酸盐水泥配制砂浆时，水泥用量过大，则水泥强度较高，配制出的砂浆强度较高，造成水泥浪费，而当水泥用量少时，砂浆保水性较差，容易泌水。为了解决这一问题，通常在砂浆中掺入活性矿物掺合料，如粉煤灰等，这样既可以降低水泥的用量，又可以改善砂浆的和易性。

3. 矿渣硅酸盐水泥

矿渣硅酸盐水泥中水泥熟料矿物的含量比硅酸盐水泥少得多，而且混合材在常温下水化反应比较缓慢，因此凝结硬化较慢。早期（3d）强度较低，但在硬化后期（28d 以后）由于水化产物增多，水泥石强度不断增长，最后甚至超过同强度等级的硅酸盐水泥。一般来说，矿渣掺入量越多，早期强度越低，但后期强度增长率越大。

矿渣硅酸盐水泥需要较长时间的潮湿养护，外界温度对硬化速度的影响比硅酸盐水泥敏感。低温时，硬化速度较慢，早期强度显著降低；采用蒸汽养护等湿热处理，可有效加快其硬化速度，且后期强度仍在增长。

矿渣硅酸盐水泥中混合材掺量较多，需水量较大，但保水性较差、泌水性较大，拌制混凝土或砂浆时容易析出多余水分，在水泥石内部形成毛细管通道或粗大孔隙，降低均匀性。另外，矿渣水泥的干缩性较大，如养护不当，在未充分水化之前干燥，则易产生裂纹。因此矿渣水泥的抗冻性、抗渗性和抵抗干湿交替循环性能均不及硅酸盐水泥和普通硅酸盐水泥。

矿渣硅酸盐水泥石中氢氧化钙较少，水化产物较少，抗碳化能力较差，但有较好的化学稳定性，抗淡水、海水和硫酸盐侵蚀能力较强，宜用于水工和海港工程。矿渣硅酸盐水泥具有一定的耐热性，可用于耐热混凝土工程。

4. 火山灰质硅酸盐水泥

火山灰质硅酸盐水泥强度发展与矿渣水泥相似，早期发展慢，后期发展较快。后期强度增长是由于混合材中的活性氧化物 SiO_2 与 $Ca(OH)_2$ 作用形成比硅酸盐水泥更多的水化硅酸钙凝胶所致。环境条件对其强度发展影响显著，环境温度低，凝结、硬化显著变慢；在干燥环境中，强度停止增长，且容易出现干缩裂缝，所以不宜用于冬期施工；采用蒸汽养护或湿热处理时，硬化加速。由于抗冻性较差，不宜用于受冻部位。

与矿渣水泥相似，火山灰质硅酸盐水泥石中游离 $Ca(OH)_2$ 含量低，也具有较高的抗硫酸盐侵蚀的性能，其最适宜用于地下或水下工程，特别适用于需要抗渗、抗淡水或抗硫酸盐侵蚀的工程且更具有优越性。在酸性水中，特别是碳酸水中，火山灰质硅酸盐水泥的抗蚀性较差，在大气中 CO_2 长期作用下水化产物会分解，而使水泥石结构遭到破坏，因而这种水泥的抗大气稳定性较差。

火山灰质硅酸盐水泥的需水量和泌水性与所掺混合材的种类关系很大，采用硬质混合材（如凝灰岩）时，则需水量与硅酸盐水泥相近，而采用软质混合材（如硅藻土等）时，则需水量较大、泌水性较小，但收缩变形较大。

与普通硅酸盐水泥类似，也适用于地面工程，但掺软质混合材的火山灰质硅酸盐水泥由于干缩较大，不宜用于干燥地区。

5. 粉煤灰硅酸盐水泥

粉煤灰球状玻璃体颗粒表面比较致密且活性较低，不易水化，故粉煤灰硅酸盐水泥水化、硬化比较慢，早期强度较低，但后期强度可以赶上甚至超过普通水泥。

由于粉煤灰颗粒的结构比较致密，内比表面积小，而且含有球状玻璃体颗粒，所以粉煤灰硅酸盐水泥的需水量小，配制成的砂浆、混凝土和易性好，因此该水泥的干缩性小、抗裂性较好。但粉煤灰硅酸盐水泥泌水较快，易引起失水裂缝，因此在砂浆凝结期间宜适当增加抹面次数。在硬化早期还宜加强养护，以保证砂浆强度的正常发展。

粉煤灰硅酸盐水泥水化热低，抗硫酸盐侵蚀能力较强，但次于矿渣水泥，适用于水工和海港工程。粉煤灰硅酸盐水泥抗碳化能力差，抗冻性较差。

6. 复合硅酸盐水泥

复合硅酸盐水泥的特性取决于其所掺混合材的种类、掺量及相对比例，其特性与矿渣硅酸盐水泥、火山灰质硅酸盐水泥、粉煤灰硅酸盐水泥有不同程度的相似之处。可根据其掺入的混合材种类，参照其他混合材水泥适用范围选用。

7. 铝酸盐水泥

铝酸盐水泥是以矾土和石灰石作为主要原料，按适当比例配合后进行烧结或熔融，再经粉磨而成，也称为高铝水泥或矾土水泥。

铝酸盐水泥具有硬化迅速、水泥石结构比较致密、强度发展很快、晶型转化会引起后期强度下降等特点。铝酸盐水泥的最大特点是早期强度增长速度极快，24h即可达到其极限强度的 80% 左右，Al_2O_3 含量越高，凝固速度越快，早期强度越高。但铝酸盐水泥硬化时放热量大、放热速度极快，1d 放热量即可达到总量的 70%～80%，而硅酸盐水泥要放出同样的热量则需 7d 左右。因此，铝酸盐水泥不适于大体积工程，但比较适合于低温环境和冬期施工。另外，铝酸盐水泥还具有较好的抗硫酸盐性能、耐高温的特性。

由于铝酸盐水泥具有的这些特点，常被用来配制要求具有早强快硬的材料，如自流平砂浆、灌浆砂浆、快速修补砂浆、堵漏剂等。

8. 硫铝酸盐水泥

硫铝酸盐水泥是将铝质原料（如矾土）、石灰质原料（如石灰石）和石膏，按适当比例配合后，煅烧成含有适量无水硫铝酸钙的熟料，再掺适量石膏，共同磨细而成。

硫铝酸盐水泥凝结时间很快，水泥硬化也快，早期强度高，其抗硫酸盐侵蚀能力强，抗渗性好。但硫铝酸盐水泥水化放热量大，适宜于冬期施工。

9. 复合水泥

复合水泥的特性取决于其所掺两种混合材的种类、掺量及相对比例，其特性与矿渣硅酸盐水泥、火山灰质硅酸盐水泥、粉煤灰硅酸盐水泥有不同程度的相似之处。可根据其掺入的混合材种类，参照其他混合材水泥适用范围选用。

10. 白色硅酸盐水泥

白色硅酸盐水泥主要用于装饰工程。白色硅酸盐水泥的熟料矿物的主要成分是硅酸盐，因此其性质与硅酸盐水泥相同。《白色硅酸盐水泥》（GB/T 2015—2017）规定：白色硅酸盐水泥分为 32.5、42.5、52.5 三个强度等级，白度分为 1 级、2 级。

11. 彩色硅酸盐水泥

凡由硅酸盐水泥熟料及适量石膏（或白色硅酸盐水泥）、混合材及着色剂磨细或混合制成的带有色彩的水硬性胶凝材料称为彩色硅酸盐水泥。《彩色硅酸盐水泥》（JC/T 870—2012）规定：彩色硅酸盐水泥分为 27.5、32.5、42.5 三个强度等级，基本色有红色、黄色、绿色、棕色和黑色等，主要用于建筑物的内外装饰工程。

每一品种的水泥都有其不同的性能。在预拌砂浆中应用时，要考虑到水泥性能的稳定性，一般应选用较大型的散装水泥企业，优先根据不同的预拌砂浆品种选用普通硅酸盐水泥或其他种类的水泥，并根据要求选用铝酸盐等早强水泥，从而达到更好的适应性和经济性。

2.1.3 石膏

微课
胶凝材料
——石膏

石膏是一种气硬性胶凝材料，是由天然二水石膏（$CaSO_4 \cdot 2H_2O$）加热脱水形成的半水石膏。由于加热条件不同，半水石膏可形成 α 型和 β 型两种不同的形态（图 2-1）。

石膏有着悠久的发展历史，具有良好的建筑性能，在建筑材料领域得到了广泛的应用。常用的石膏胶凝材料种类有：建筑石膏、高强石膏、无水石膏水泥、高温煅烧石膏等。

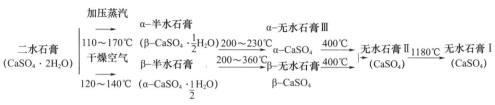

动画
二水石膏
烘干

图2-1　不同种类石膏间的转化

1. 建筑石膏

若将二水石膏置于炉窑中煅烧，常压下加热，磨细则得到β型半水石膏（也称建筑石膏）。

动画
沸腾炉结构

建筑石膏是一种白色粉末，密度为$2.60\sim2.75g/cm^3$，堆积密度为$800\sim1000kg/m^3$；其晶体较细，调制成一定稠度的浆体时，需水量较大，凝结时间较快，硬化后强度较低。

建筑石膏的细度高，虽能加速半水石膏的水化，但是同时也增加了石膏的标准稠度需水量，将引起石膏硬化体的孔隙率增加。因此，石膏细度提高并不能大幅度地提高其本身的强度。

建筑石膏颜色洁白，广泛用于配制石膏抹面灰浆作为内装饰。建筑石膏硬化时不收缩，故使用时可不掺填料，直接做成抹面灰浆，也可以与石灰、砂等填料混合使用，制成内墙抹面灰浆或砂浆。

在建筑石膏中掺入填料，加工后可制成具有不同功能的复合石膏板材。石膏板具有轻质、保温绝热、吸声、不燃和可锯可钉等性能，还可调节室内温湿度。掺加锯末、膨胀珍珠岩、膨胀蛭石、陶粒、煤渣等轻质多孔材料或者掺加泡沫剂、引气剂等外加剂，可减轻自重，降低导热性；若掺入纸筋、麻刀、芦苇、石棉及玻璃纤维等纤维状填料，或在石膏板表面粘贴护纸板等材料，可提高石膏板的抗折强度并能降低脆性；若掺入无机纤维，还可同时提高石膏板的耐火性能。

石膏的耐水性较差。为了改善板材的耐水性能，可掺入水泥、粒化高炉矿渣、石灰、粉煤灰或有机防水剂，也可同时在石膏板表面采用耐水护面纸或防水高分子材料面层。它可用于厨房、卫生间等潮湿的场合，扩大其应用范围。

另外，通过调整石膏板的厚度、孔眼大小、孔距、空气层厚度，可制成适应不同频率的吸声板。在石膏表面贴上不同的贴面，如木纹纸、铝箔等，可起到一定的装饰作用。

石膏板具有长期徐变的性质，在潮湿的环境中更严重，不宜用于承重结构。

建筑石膏可用来制作各种石膏制品。我国目前生产的主要有纸面石膏板、纤维石膏板、空心石膏板、石膏砌块和装饰石膏制品等。配以纤维增强材料、胶黏剂等还可制成石膏角线、线板、角花、灯圈、罗马柱、雕塑等艺术装饰石膏制品。

（1）建筑石膏的水化及硬化机理。建筑石膏与水拌合后，调制成可塑性浆体，经过一段时间反应后，将失去塑性，并凝结硬化成具有一定强度的固体。

建筑石膏的凝结和硬化主要是半水石膏与水相互作用，还原成二水石膏。反应如下：

$$CaSO_4 \cdot \frac{1}{2}H_2O + 1\frac{1}{2}H_2O \longrightarrow CaSO_4 \cdot 2H_2O + Q \tag{2-1}$$

半水石膏在水中发生溶解，很快生成不稳定的饱和溶液，溶液中的半水石膏与水化合，生成二水石膏。由于二水石膏在水中的溶解度比半水石膏小得多（仅为半水石膏溶解的1/5），所以半水石膏的饱和溶液对二水石膏来说就成了过饱和溶液。因此，二水石膏很快析晶。由于二水石膏的析出，破坏了原有半水石膏溶解的平衡状态，这样促进了半水石膏不断地溶解和水化，直到半水石膏完全溶解。在这个过程中，浆体中的游离水分逐渐减少，二水石膏胶体微粒不断增加，浆体稠度增大，可塑性逐渐降低，即"凝结"；随着浆体继续变稠，胶体微粒逐渐凝聚成为晶体，晶体逐渐长大、共生并相互交错，使浆体产生强度，并不断增长，即"硬化"。实际上，石膏的凝结和硬化是一个连续的、复杂的物理化学变化过程。

（2）建筑石膏的特性。

① 凝结硬化快：初凝时间不小于6min，终凝时间不大于30min，可加缓凝剂进行缓凝。

② 孔隙率大、强度低：抗压强度为3～5MPa。

③ 建筑石膏硬化体隔热性和保温性良好，耐水差：导热系数为0.121～0.205W/（m·K），软化系数为0.3～0.5。

④ 防火性能好：非燃烧体。

⑤ 建筑石膏硬化时体积略有膨胀：膨胀0.05%～0.15%，微膨胀可使建筑石膏硬化体表面光滑饱满，干燥时不开裂。

⑥ 装饰性、加工性好。

2. 高强石膏

若将二水石膏置于0.13MPa、124℃的过饱和蒸汽条件下蒸馏脱水，则得到α型半水石膏，也称为高强石膏。

高强石膏的密度通常为2600～2800kg/m³，细度要求：0.8mm筛的筛余不大于2%，0.2mm筛的筛余不大于8%。其晶粒较粗，调制成可塑性浆体的需水量较小，凝结时间较慢，硬化后强度较高。初凝时间不早于3min，终凝时间不早于5min，不迟于30min。

将其调成可塑性浆体的需水量比建筑石膏少一半左右，所以高强石膏硬化后具有较高的密实度和强度。一般3h抗压强度可达9～24MPa，7d可达14～40MPa。

高强石膏适用于强度要求较高的抹灰工程、装饰制品和石膏板。掺入防水剂可制成高强度耐水石膏，可用于较潮湿的环境。也可加入有机溶剂中配成黏结剂使用。

3. 无水石膏

由天然硬石膏或天然二水石膏加热至400～750℃，石膏将完全失去水分，成为不溶性硬石膏，失去凝结硬化能力，将其余适量激发剂混合磨细，使其又恢复胶凝性后即为无水石膏。硫酸盐激发剂，如5%硫酸钠或硫酸氢钠与1%铁矾或铜矾的混合物；碱性激发剂，如1%～5%石灰或石灰与少量半水石膏混合物、煅烧白云石、碱性粒化高炉矿渣等。

无水石膏又称硬石膏，属于气硬性胶凝材料，与建筑石膏相比，凝结速度较慢，调成一定稠度的浆体，需水量较少，硬化后孔隙率较小；宜用于室内，主要用作石膏板和石膏建筑制品，也可作抹面砂浆等，具有良好的耐火性和抵抗硫酸盐侵蚀的能力。

4. 高温煅烧石膏

将天然二水石膏或天然无水石膏在 $800\sim1000℃$ 煅烧，煅烧后的产物经磨细后，即可得到高温煅烧石膏。其主要成分为 $CaSO_4$ 及部分 $CaSO_4$ 分解出的 CaO。CaO 在这里可起到碱性激发剂的作用，使高温煅烧石膏具有凝结硬化的能力。

高温煅烧石膏凝结、硬化速度慢，掺入少量的石灰、半水石膏或 $NaHSO_4$、明矾等，可加快凝结硬化的速度，提高其磨细程度，也可起到加速硬化、提高强度的作用。高温煅烧石膏硬化后，具有较高的强度和耐磨性，抗水性较好，宜用作地板，故又称地板石膏。

动画
石膏的煅烧工艺

2.1.4 石灰

石灰是一种以 CaO 为主要成分的气硬性无机胶凝材料。石灰是以 $CaCO_3$ 为主要成分的原料（如石灰石、白云石、白垩、贝壳等）经 $900\sim1100℃$ 煅烧，分解和排出二氧化碳所得到的成品。石灰是人类最早应用的胶凝材料，因其原料蕴藏丰富、生产设备简单、成本低廉，所以在建筑工程中得到广泛应用。

微课
胶凝材料
——石灰

通常根据加工方法，将石灰分成以下几种。

（1）块状生石灰：由原料煅烧而成的白色疏松结构的块状物，主要成分为 CaO。

（2）磨细生石灰：由块状生石灰磨细而成的细粉，主要成分为 CaO。

（3）消石灰（又称熟石灰）：将生石灰用适量的水经消化和干燥制成的粉末，主要成分为 $Ca(OH)_2$。

（4）石灰膏：将生石灰用过量水（生石灰体积的 3～4 倍）消化，或将消石灰与水拌合，所得具有一定稠度的膏状物，主要成分为 $Ca(OH)_2$ 和水。

生石灰是一种白色或灰色的块状物质，因石灰原料中常含有一些碳酸镁成分，所以经煅烧生成的生石灰中，也相应含 MgO 的成分。按照我国建材行业标准《建筑生石灰》的规定：MgO 含量≤5％时，称为钙质生石灰；MgO 含量＞5％时，称为镁质生石灰。

在实际生产中，为了加快石灰石的分解过程，使原料充分煅烧，并考虑到热损失，通常将煅烧温度提高至 $1000\sim1200℃$。若煅烧温度过低、煅烧时间不充分，则 $CaCO_3$ 不能完全分解，将生成欠火石灰。欠火石灰使用时，产浆量较低，质量较差，降低了石灰的利用率；若煅烧温度过高，将生成颜色较深、密度较大的过火石灰，它的表面常被黏土杂质融化形成的玻璃釉状物包覆，熟化很慢，使得石灰硬化后它仍继续熟化而产生体积膨胀，引起局部隆起和开裂而影响工程质量。所以在生产过程中，应根据原材料的性质严格控制煅烧温度。

1. 石灰的熟化

石灰使用前，一般先加水，使之消解为熟石灰 $Ca(OH)_2$，这个过程称为石灰的熟化或消化。然后按其用途或是加水稀释成石灰乳用于室内粉刷，或是掺入适量的水泥、砂，配制成石灰砂浆或水泥石灰混合砂浆用于墙体砌筑或饰面。

原因：石灰与水作用后，迅速水化生成氢氧化钙，并放出大量热量，最初所放出的热量几乎是普通水泥 1d 放热量的 9 倍，是 28d 放热量的 3 倍，如此大的放热量，使水变成蒸汽而沸腾，从而破坏了石灰的凝聚-结晶结构，致使石灰浆体变成松散毫无联系的消石灰，而不能像其他胶凝材料那样凝结和硬化。

石灰熟化过程反应式如下：

$$CaO + H_2O \longrightarrow Ca(OH)_2 + 64.9kJ \tag{2-2}$$

石灰熟化过程放出大量的热，使温度升高，而且体积要放大 1～2 倍。煅烧良好且 CaO 含量高的生石灰熟化较快，放热量和体积增大量也较多。

工地上熟化石灰常用的方法有两种：石灰浆法和消石灰粉法。

（1）石灰浆法：将块状生石灰在化灰池中用过量的水（生石灰体积的 3～4 倍）熟化成石灰浆，然后通过筛网进入储灰坑。

生石灰熟化时，放出大量的热，使熟化速度加快。但温度过高，且水量不足时，会造成 $Ca(OH)_2$ 凝聚在 CaO 周围，阻碍熟化进行，且还会产生逆方向。所以，要加入大量的水，并不断搅拌散热，控制温度不至于过高。

生石灰中也常含有过火石灰。为了使石灰熟化更充分，尽量消除过火石灰的危害，石灰浆应在储灰坑中存放两星期以上，这个过程称为石灰的陈伏。陈伏期间，石灰浆表面应保持有一层水，使之与空气隔绝，避免 $Ca(OH)_2$ 碳化。

石灰浆在储灰坑中沉淀后，除去上层水分即可得到石灰膏。它是建筑工程中砌筑砂浆和抹面砂浆常用的材料之一。

（2）消石灰粉法：将生石灰加适量的水熟化成消石灰粉。生石灰熟化成消石灰粉理论需水量为生石灰质量的 32.1%，由于一部分水分会蒸发掉，所以实际加水量较多（60%～80%），这样可使生石灰充分熟化，又不致过湿成团。工地上常采用分层喷淋等方法进行消化。人工消化石灰，劳动强度大，效率低，质量不稳定，目前多在工厂中采用机械加工方法将生石灰熟化成消石灰粉，再供应使用。

2. 石灰的硬化

石灰在空气中的硬化包括两个过程，即石灰浆体的干燥硬化和硬化石灰浆体的碳化。

石灰浆体的干燥硬化：石灰浆体在干燥过程中，因水分蒸发形成孔隙网，使石灰粒子更加紧密而获得附加强度。另外，水分蒸发引起溶液某种程度的过饱和，使 $Ca(OH)_2$ 逐渐结晶析出，促进石灰浆体的硬化。

硬化石灰浆体的碳化：$Ca(OH)_2$ 与空气中的 CO_2 作用，生成不溶解于水的 $CaCO_3$ 晶体，析出的水分逐渐被蒸发。形成的 $CaCO_3$ 晶体在自然条件下具有好的稳定性，使硬化石灰浆体结构致密，强度提高。

由于空气中 CO_2 的含量很低，按体积计算仅占整个空气的 0.03%，碳化作用主要发生在与空气接触的表层上，而且表层生成的致密 $CaCO_3$ 薄膜阻碍了空气中 CO_2 进一步渗入，同时也阻碍了内部水分向外蒸发，使 $Ca(OH)_2$ 结晶作用也进行得较慢，随着时间的增长，表层 $CaCO_3$ 厚度增加，阻碍作用更大，所以石灰硬化是个非常缓慢的过程。

3. 石灰的特性

(1) 可塑性和保水性。生石灰熟化后形成的石灰浆，是一种表面吸附水膜的高度分散的 $Ca(OH)_2$ 胶体，可以降低 $Ca(OH)_2$ 之间的摩擦，因此具有良好的可塑性，易铺摊成均匀的薄层。在水泥砂浆中加入石灰可显著提高砂浆的可塑性和保水性。

在建筑工程中，石灰主要用于墙体砌筑或抹面工程。石灰膏在水泥砂浆中作为保水增稠材料，具有保水性好、价格低廉等优点，有效避免了砌体的吸水而导致砂浆与基层或块材黏结性差，是传统的建筑材料。但由于石灰耐水性差，石灰膏质量不稳定，导致所配制的砂浆强度低、黏结性差，影响砌体工程质量，而且掺石灰粉时粉尘大，施工现场劳动条件差，环境污染严重，不利于文明施工。

石灰膏和消石灰粉可以单独与水泥一起配制成石灰砂浆和混合砂浆（消石灰粉不得直接用于砌筑砂浆），可用于墙体砌筑或抹面工程，也可掺入纸筋、麻刀等制成石灰浆，用于内墙或顶棚抹面。

砂浆中掺入石灰虽然可以提高砂浆的和易性和保水性，但硬化后砂浆的耐水性差、收缩大、抗压强度降低，而且生产、使用过程中易对环境造成污染，不提倡使用石灰改善砂浆的和易性和保水性。建议使用可改善砂浆性能的保水增稠材料，如砌筑砂浆塑化剂、砂浆稠化粉、纤维素醚等。

(2) 熟化与硬化。配制砌筑砂浆时，当将生石灰熟化成石灰膏时，应用孔径不大于 3mm×3mm 的网过滤，熟化时间不得少于 7d；磨细生石灰粉的熟化时间不得少于 2d。配制抹灰砂浆时，当将生石灰熟化成石灰膏时，应用孔径不大于 3mm×3mm 的网过滤，熟化时间不得少于 14d。沉淀池中储存的石灰膏，应采取防止干燥、冻结和污染等措施。严禁使用脱水硬化的石灰膏。砂浆试配时石灰膏的稠度控制在 (120 ± 5) mm。水泥砂浆中掺入石灰，可改善砂浆的和易性及施工性，提高黏结强度，减少开裂、弥补微裂缝等。石灰膏掺量较小时对砂浆强度影响不大，但掺量较大时，则会显著降低砂浆强度。

由于石灰浆体的硬化，只能在干燥状态下，通过水分的蒸发，$Ca(OH)_2$ 进一步析晶，以及水化粒子逐渐靠拢而形成强度。其后，在空气中 CO_2 的作用下生成碳酸钙，使强度进一步提高。因此，预先消化而成的石灰浆体，硬化后强度并不高，因此石灰不宜在长期潮湿环境中或有水的环境中使用，只能用于干燥环境。另外，石灰硬化过程中要蒸发掉大量水分，引起体积干燥收缩，易出现干缩裂缝。

📖 **任务实施**

2.1.5　实施办法

(1) 砂浆原材料中胶凝材料选择方案的确定及其设计方案的编制。

(2) 设计要求：以任务相关知识为基础，并利用学院图书资源、网络资源，查找、收集各种相关资料完成表 2-2，进行初步分析与选择，确定胶凝材料选择类型，并说明其候选理由。

表 2-2　胶凝材料的设计方案

参考选项	水泥	石膏	石灰	树脂	其他
砂浆的使用环境					
砂浆的性能要求					
胶凝材料的突出特点					
胶凝材料的强度					
砂浆的工作性能					
砂浆的外观					
砂浆的经济性					
砂浆的环保性					
砂浆的节能性					
砂浆用 胶凝材料					

📖 任务拓展

地面砂浆配制时胶凝材料选择方案的确定及其设计方案的编制。

任务 2.2　预拌砂浆用骨料的分析与选用

本任务主要将对预拌砂浆用骨料的类型、特性及用途进行分析。

【重点知识与关键能力】

重点知识：
· 掌握预拌砂浆用骨料的类型、特性、用途；
· 掌握不同骨料之间的性能差异。
关键能力：
· 会依据预拌砂浆的具体用途及施工性能要求，合理选择骨料。

📖 任务描述

（1）配制外墙传统抹灰砂浆时，宜选用什么骨料？
（2）配制内墙薄层抹灰砂浆时，宜选用什么骨料？
（3）配制砌筑砂浆时，宜选用什么骨料？

【任务要求】

· 确定骨料类型，并说明选择其理由。

【任务环境】

· 每人根据工作任务，选用骨料；
· 以小组为单位，逐一讨论备选骨料并确定选择。

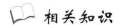相关知识

2.2.1　骨料

骨料是预拌砂浆不可缺少的组分，占整个砂浆组分的 70％，在砂浆中除了起填充作用外，还使砂浆具有一定的和易性，且能改善工作性、降低水泥用量、减少水化热、减少收缩和徐变以及提高耐磨性等。骨料质量的好坏直接影响砂浆的性能，预拌砂浆所用骨料一般为细骨料（粒径小于 4.75mm）和轻骨料。

细骨料按其来源方式可分为天然砂和机制砂。轻骨料是指轻质类骨料，例如聚苯颗粒、陶粒、膨胀珍珠岩、膨胀蛭石、玻化微珠、浮石等。

在干混砂浆中的骨料必须经过加工处理才能满足使用要求。处理过程通常包括清洗、筛分和烘干，以达到去除有害成分、调整级配和降低含水率的目的。

2.2.2　天然砂

微课

骨料——天然砂

砂是自然界中比较常见的物质，是由岩石风化等自然条件作用而形成的。根据《建设用砂》（GB/T 14684—2022）的规定：砂按产源分为天然砂和机制砂。按细度模数 M_x 分为粗（3.7～3.1）、中（3.0～2.3）、细（2.2～1.6）和特细（1.5～0.7）四种规格。按其技术要求分为：Ⅰ类，宜用于强度等级＞C60 的混凝土；Ⅱ类，用于强度等级为 C30～C60 及抗冻、抗渗或其他要求的混凝土；Ⅲ类，宜用于强度等级＜C30 的混凝土和建筑砂浆。

天然砂是自然形成的，经人工开采和筛分的粒径小于 4.75mm 的岩石颗粒，按其产源不同分为河砂、湖砂、山砂、淡化海砂，但不包括软质、风化的岩石颗粒。河砂、湖砂、海砂是在河、湖等天然水域中形成和堆积的岩石碎屑，长期受水流的冲刷作用，颗粒多呈圆形，表面较光滑，在砂浆中使用时需水量小，砂粒与水泥间的黏结力较弱，但海砂中还含有贝壳碎片和可溶性盐类等有害杂质。山砂是岩体风化后的岩石碎屑，颗粒多具棱角，表面粗糙，含泥较多，在砂浆中使用时需水量较大，和易性差，但砂粒与水泥间的黏结力强。

《建设用砂》（GB/T 14684—2022）对建设用砂提出了下列要求：

（1）砂的粗细程度及颗粒级配。砂的粗细程度及颗粒级配是评定砂质量的重要指标。砂的粗细程度是指不同粒径的砂混合在一起后的平均粗细程度。在一定质量或体积下，粗砂总表面积较小，细砂总表面积较大。在砂浆中，砂的表面需要由浆体包裹，总表面积越大，所需包裹的浆体就越多。当砂浆拌合物的流动度要求一定时，显然用粗砂拌制的砂浆较之用细砂拌制的浆体要省，且硬化后砂浆中胶凝材料较少，可提高砂浆的密实性。但单砂粒过粗，会使砂浆拌合物产生离析、泌水现象。同时，由于砂浆层较薄，对砂子最大粒径也应有所限制。对于毛石砌体所用的砂子，最大粒径应小于砂浆层厚度的 1/4；对于砖砌体宜使用中砂；对于光滑的抹面及勾缝砂浆则应采用细砂，底层与中层抹灰砂浆砂的最大粒径控制在 2.5mm，面层抹灰砂浆砂的最大粒径不大于 1.2mm。

砂的颗粒级配则是指砂中不同粒径颗粒的分布情况。良好的级配应当能使骨料

的空隙率和总表面积均较小，从而不仅使水泥浆量较少，而且还可以提高砂浆的密实度、强度及其他性能。若砂的粒径分布全在同一尺寸范围内，则会产生很大的空隙率；若砂的粒径分布在两种尺寸范围内，空隙率就减小；若粒径分布在更多的尺寸范围内，则空隙率就更小了。由此可见，只有适宜的砂的粒径分布，才能达到良好级配的要求。

如果砂的自然级配不合适，不符合级配区的要求，需要采用人工级配的方法来改变。最主要的措施是将粗砂、细砂按适当比例进行试配，掺合使用。为调整级配，在不得已时，也可以将砂过筛，筛除过粗或过细的颗粒。

砂的粗细程度和颗粒级配都通过筛分法确定。筛分法是使用一套孔径为4.75mm、2.36mm、1.18mm、0.60mm、0.30mm 和 0.15mm 的标准筛，将抽样所得 500g 干砂由粗到细依次过筛，称得余留在各个筛网上砂的质量，并计算出各筛网上余留砂的分计筛余百分率 a_1、a_2、a_3、a_4、a_5 和 a_6（各筛上的筛余量占砂样总重的百分率）以及累计筛余百分率 A_1、A_2、A_3、A_4、A_5 和 A_6（各筛与所有比该筛粗的所有筛的分计筛余百分率之和）。其关系如表 2-3 所示。

表 2-3　分计筛余与累计筛余之间的关系

筛孔尺寸	分计筛余/%	累计筛余/%
4.75mm	a_1	$A_1=a_1$
2.36mm	a_2	$A_2=a_1+a_2$
1.18mm	a_3	$A_3=a_1+a_2+a_3$
600μm	a_4	$A_4=a_1+a_2+a_3+a_4$
300μm	a_5	$A_5=a_1+a_2+a_3+a_4+a_5$
150μm	a_6	$A_6=a_1+a_2+a_3+a_4+a_5+a_6$

砂的细度模数（M_X）是衡量砂粗细程度的指标，可以按照下式计算：

$$M_X=\frac{(A_2+A_3+A_4+A_5+A_6)-5A_1}{100-A_1} \tag{2-3}$$

细度模数 M_X 越大，表示砂越粗。砂的细度模数 M_X 范围一般为 1.6～3.7。其中，$M_X=3.1～3.7$ 为粗砂，最适合于配制混凝土使用；细度模数 $M_X=2.3～3.0$ 为中砂；细度模数 $M_X=1.6～2.2$ 为细砂；细度模数 $M_X=0.7～1.5$ 为特细砂。

优先选用中粗砂配制砌筑和抹灰砂浆。但还需根据砂浆的用途、使用部位、基体等进行选取。如砌筑砂浆，对于砖砌体，宜采用中砂；对于毛石砌体，由于毛石表面多棱角，粗糙不平，宜采用粗砂。对于抹灰砂浆，砂的细度模数不宜小于 2.4。

（2）砂的含泥量、泥块含量。含泥量是指天然砂中粒径小于 75μm 的颗粒含量。砂中的泥极细，会黏附在砂的表面，妨碍水泥与砂的黏结，增大砂浆用水量，影响水泥石与砂的胶结强度。

泥块含量是指砂中原粒径大于 1.18mm，经水浸洗、手捏后小于 600μm 的颗粒含量。而泥块本身强度很低，浸水后溃散，干燥后收缩，会在砂浆中形成薄弱部分，对砂浆的质量影响更大。

据此，对砂中泥和泥块含量必须加以限制，具体要求如表 2-4 所示。

表 2-4 砂的含泥量和泥块含量

类别	Ⅰ类	Ⅱ类	Ⅲ类
含泥量（按质量计）/%	≤1.0	≤3.0	≤5.0
泥块含量（按质量计）/%	0	≤1.0	≤2.0

（3）有害物质限量。砂中有害物质包括云母、轻物质、有机物、硫化物及硫酸盐、氯盐，以及草根、树叶、塑料、煤块、炉渣等。云母是一种有层状结构的硅酸盐类矿物，呈薄片状，表面光滑，容易沿着解理面裂开，并且与水泥黏结不牢，降低强度。轻物质是指表观密度小于 2000kg/m³，质地较软，容易使砂浆内部出现空洞，影响砂浆内部组成的均匀性。硫化物与硫酸盐将对硬化的水泥石交替产生硫酸盐侵蚀作用。有机物通常是植物的腐烂产物（主要是鞣酸和它的衍生物），并以腐殖土或有机土壤的形式出现。它的危害作用主要是阻碍、延缓水泥正常水化，降低砂浆的强度。氯盐的危害主要是引起混凝土中钢筋的锈蚀，从而破坏钢筋与混凝土的黏结，使保护层混凝土开裂，最终导致结构破坏。虽然聚合物砂浆不会与钢筋直接接触，但当聚合物砂浆中的氯离子含量过高时，其将引起相接触的钢筋混凝土中的钢筋腐蚀，从而导致结构的破坏，必须注意。砂中有害物质含量必须符合表 2-5 的规定。

微课
砂的氯离子含量测定

微课
砂的含水率测定

表 2-5 砂的有害物质含量

项目	指标		
	Ⅰ类	Ⅱ类	Ⅲ类
云母（按质量计）/%	≤1.0	≤2.0	≤2.0
轻物质（按质量计）/%	≤1.0	≤1.0	≤2.0
有机物（比色法）	合格	合格	合格
硫化物及硫酸盐（按 SO_3 质量计）/%	≤0.5	≤0.5	≤0.5
氯化物（按氯离子质量计）/%	≤0.01	≤0.02	≤0.06
贝壳（按质量计）/%*	≤3.0	≤5.0	≤8.0

注：*表示该指标仅适用于海砂，其他砂种不做要求。

（4）砂的坚固性。砂的坚固性，是指气候环境变化或其他物理因素作用下抵抗破裂的能力。砂的坚固性用硫酸钠溶液检验，试样经 5 次循环后其质量损失应符合表 2-6 的规定。机制砂的压碎值指标还需满足表 2-6 的规定。

表 2-6 砂的坚固性和压碎值指标

类别	Ⅰ类	Ⅱ类	Ⅲ类
质量损失/%	≤8	≤8	≤10

（5）砂的表观密度、松散堆积密度、空隙率。砂的表观密度、松散堆积密度、空隙率等应符合如下规定：表观密度不小于 2500kg/m³，松散堆积密度不小于 1400kg/m³，空隙率不大于 44%。

（6）碱-集料反应。碱-集料反应是指水泥和混凝土的有关添加剂中碱性氧化物质（K_2O、Na_2O），与砂中活性二氧化硅等物质在常温常压下缓慢反应生成碱硅胶后，吸水膨胀导致混凝土破坏的现象。经碱-集料反应试验后，由砂制备的试件应无裂缝、酥裂、胶体外溢等现象。在规定的试验龄期膨胀率应小于 0.10%。

微课
骨料——
机制砂

2.2.3 机制砂

机制砂是经除土处理，由机械破碎、筛分制成的，粒径小于 4.75mm 的岩石颗粒、矿山尾矿或工业废渣颗粒，但不包括软质、风化的颗粒，俗称人工砂。目前我国机制砂生产主要有三种形式：一是开矿采石的同时专门生产机制砂；二是用河道里的卵石生产机制砂或配以少量天然砂生产的混合砂；三是用各种尾矿料生产的机制砂。为解决大气治理、环保和建设用砂的需要，机制砂必将成为建设用砂的主要来源。

机制砂与天然砂相比有明显的差异。机制砂颗粒表面较粗糙且具有棱角，有助于提高界面的黏结，但用其拌制的砂浆和易性较差、泌水量较大，且机制砂棱角度高，导致骨料堆积时具有更高的孔隙率，为了填充密实必须增加浆体用量。因此为保证和易性，机制砂所拌砂浆需要更多的用水量或胶凝材料用量。

机制砂由于有一定数量的石粉，使得砂浆的和易性得到改善，在一定程度上可改善砂浆的保水性、泌水性、黏聚性，还可以提高砂浆强度。但石粉含量超过正常比例时，会降低砂浆的强度，影响质量，因此需要控制好机制砂中石粉的含量。

微课
亚甲蓝溶液
制备

石粉含量是指机制砂中粒径小于 $75\mu m$ 的颗粒含量。常用亚甲蓝（MB）值判定机制砂中粒径小于 $75\mu m$ 的颗粒的吸附性能。其石粉含量和泥块含量应符合表 2-7 和表 2-8 的要求。

表 2-7　机制砂石粉含量和泥块含量（MB 值≤1.4 或快速法试验合格）

类别	Ⅰ类	Ⅱ类	Ⅲ类
MB 值	≤0.5	≤1.0	≤1.4
石粉含量（按质量计）/%*	≤10.0	≤10.0	≤10.0
泥块含量（按质量计）/%	0	≤1.0	≤2.0

注：* 表示此指标根据使用地区和用途，经试验验证，可由供需双方协商确定。

微课
机制砂 MB
值测定

表 2-8　机制砂石粉含量和泥块含量（MB 值＞1.4 或快速法试验不合格）

类别	Ⅰ类	Ⅱ类	Ⅲ类
石粉含量（按质量计）/%	≤1.0	≤3.0	≤5.0
泥块含量（按质量计）/%	0	≤1.0	≤2.0

机制砂中石粉含量的变化是随细度模数变化而发生变化的：细度模数越小，石粉含量就越高；反之，细度模数越大，石粉含量越低。

机制砂的质量在很大程度上取决于加工机制砂的机械设备，此外还与原材料和制造工艺等密不可分。

在设备方面，制砂机按照破碎原理分为颚式、圆锥式、旋回式、锤式、旋盘式、反击式、对辊式和冲击式等，导致最终产品颗粒形状的优劣为：棒磨式、锤式和冲击式等优于反击式、圆锥式和旋盘式、颚式、辊式和旋回式，但前者制造成本较高。在我国水电建设中，生产人工砂通常采用国产棒磨机加工，再通过洗砂机脱水而得。每生产 1m³ 的砂需水 4m³，产量一般较小。有些工程单位采用螺旋洗砂机，细砂流失严重，有的高达 30%～35%。为了弥补这一损失，改善砂的级配，只得再设一套细砂回收设施。国内一些小规模工地常用锤式破碎机，锤式破碎机有生产率高、破碎比大、构造简单、便于维护等优点，但也存在锤头、篦头、衬板、转子圆盘磨损较快等缺点，如制砂母岩较坚硬，则砂料粒度级配难以控制，从而影响混凝土质量的均匀性。另外，也有用反击式破碎机和小型颚式破碎机或其他破碎机制砂的。但许多专业人士认为建设工地或专业生产人工砂的石料厂选择棒磨机为宜。因为棒磨机的生产过程是利用筒体内棒与棒之间的线接触进行的，棒对石料的粉磨有选择性，先磨大块石料，然后逐步将石料按粒度的大小依次粉磨，过磨现象少，同时棒磨机制砂可以通过多种参数进行质量控制，产品质量较为稳定，且砂料颗粒粒形较好。

因此，机制砂的坚固性除了要满足表 2-6 的要求以外，其压碎值指标还需满足表 2-9 的规定。

表 2-9　砂的坚固性和压碎值指标（《建设用砂》GB/T 14684—2022）

类别	Ⅰ 类	Ⅱ 类	Ⅲ 类
单级最大压碎指标/%	≤20	≤25	≤30

此外，机制砂的母岩对砂浆也有重要影响。一方面，骨料颗粒所具有的物理力学性能如母岩强度、破碎形状、吸水率等影响砂浆的强度；另一方面，众多颗粒所构成的骨料骨架能抑制砂浆收缩和减少浆体用量，从而增强砂浆的体积稳定性。同时骨料的部分矿物还能参与胶凝材料的水化反应，影响骨料、水泥石黏结界面（过渡区）的形成和结构，从而影响结构的整体性。石灰岩石粉起到类似晶核的作用，诱导水泥的水化产物析晶，加速水泥水化并参加水泥的水化反应，生成水化碳铝酸钙，并阻止钙矾石向单硫型的水化硫铝酸钙转化。

2.2.4　轻骨料

轻骨料（轻集料）是堆积密度小于 1200kg/m³ 的天然或人工多孔轻质骨料的总称。轻骨料按原材料来源可分为天然轻骨料、人造轻骨料和工业废料轻骨料，见表 2-10。

表 2-10　轻骨料按材料来源分类

类别	原材料来源	主要品种
天然轻骨料	火山爆发或生物沉积形成的天然多孔岩石	浮石、火山灰、多孔凝灰岩、珊瑚岩、钙质贝壳岩等
人造轻骨料	以黏土、页岩、板岩或某些有机材料为原材料加工而成的多孔材料	页岩陶粒、黏土陶粒、膨胀珍珠岩、沸石岩轻集料、聚苯乙烯泡沫颗粒等
工业废料轻骨料	以粉煤灰、矿渣、煤矸石等工业废渣加工而成的多孔材料	粉煤灰陶粒、膨胀矿渣珠、自燃煤矸石、煤渣及轻砂

下面简要介绍市场上常见的几种轻骨料。

1. 膨胀珍珠岩

珍珠岩是一种火山喷发时在一定条件下形成的酸性玻璃质熔岩，属于非金属矿物质，主要成分是 SiO_2、Al_2O_3、CaO 和一定含量的化合结晶水，经过人工粉碎，分级加工形成一定粒径的矿砂颗粒。在瞬间高温下，矿砂内部结晶水汽化，产生很大膨胀力，使黏稠的玻璃质体积迅速膨胀，当它冷却到其软化点以下时，便凝成孔径不等、蜂窝状的轻质白色颗粒，即膨胀珍珠岩。

膨胀珍珠岩颗粒内部呈蜂窝结构，理化性能十分稳定，具有质轻、绝缘、吸声、无毒、无味、不燃烧、耐腐蚀等特点。除直接作为绝热、吸声材料外，还可以配制轻质保温砂浆、轻质混凝土及其制品等。膨胀珍珠岩一般分为两类：粒径小于2.5mm 的称为膨胀珍珠砂；粒径为 2.5～30mm 的称为膨胀珍珠岩碎石。习惯上统称为膨胀珍珠岩。

膨胀珍珠岩砂也称为膨胀珍珠岩粉或珠光砂，是珍珠岩等矿石经破碎、预热，在 900～1250℃ 下急速受热膨胀而制得。其粒径小于 2.5mm，堆积密度为 40～150kg/m³ 时，常温热导率为 0.03～0.05W/（m·K），使用温度为 200～800℃。

膨胀珍珠岩碎石又称大颗粒膨胀珍珠岩，是珍珠岩等矿石经破碎、预热处理后，在 1300～1450℃ 高温下焙烧而成的一种轻集料。其粒径为 2.5～30mm，堆积密度为 250～600kg/m³，热导率为 0.05～0.10W/（m·K）。

但由于大多数膨胀珍珠岩含硅量高（通常超过70%），多孔并具有吸附性、自身强度低，对隔热保温极为不利，特别是在潮湿的地方，膨胀珍珠岩制品容易吸水导致膨胀产生鼓泡开裂现象；另一方面热导率急剧增大，高温时水分又易蒸发，带走大量的热，从而失去保温隔热性能。因此，需采取一些措施降低其吸水率，提高保温隔热性能。

2. 膨胀蛭石

蛭石是一种非金属矿物，由黑云母、金云母、绿泥石等矿物风化或热液蚀变而形成的变质层状矿物。因其受热失水膨胀而呈挠曲状，形态似水蛭，故称为蛭石。

自然界很少产出纯的蛭石，而工业上使用的主要是由蛭石和黑云母、金云母形成的规则或不规则层间矿物，称之为工业蛭石。膨胀蛭石是将蛭石破碎、筛分、烘干后，在 800～1100℃ 的温度下焙烧膨胀而成。产品粒径一般为 0.3～25mm，堆积密度为 80～200kg/m³，热导率为 0.04～0.07W/（m·K），化学性质较稳定，具有一定的机械强度，最高使用温度达 1100℃。

蛭石被急剧加热煅烧时，层间的自由水将迅速汽化，在蛭石的鳞片层间产生大量蒸汽。急剧增大的蒸汽压力迫使蛭石在垂直解理层方向产生急剧膨胀。在 850～1000℃ 的温度煅烧时，其颗粒单片体积能膨胀 20 多倍，许多颗粒的总体积膨胀 5～7 倍。膨胀后的蛭石中细薄的叠片构成许多间隔层，层间充满空气，因而具有很小的密度和热导率，成为一种良好的保温、隔热和吸声材料。

同膨胀珍珠岩一样，采用膨胀蛭石制作保温砂浆时由于其吸水率高造成水分不易挥发，容易引起涂层鼓泡开裂和保温性能的下降。

3. 玻化微珠

玻化微珠是一种无机玻璃质矿物材料，经过特殊生产工艺技术加工而成。呈不规则球状体颗粒，内部多孔空腔结构，表面玻化封闭，光泽平滑。理化性能稳定，具有质轻、绝热、防火、耐高温、抗老化、吸水率小等优异特性。可替代粉煤灰漂珠、玻璃微珠、膨胀珍珠岩、聚苯颗粒等传统轻质骨料在保温材料中使用。

4. 聚苯乙烯（EPS）泡沫颗粒

新发明的聚苯乙烯泡沫颗粒或将膨胀聚苯乙烯泡沫塑料生产厂家的边角废料或通过其他渠道收集的膨胀聚苯乙烯泡沫废料进行减容破碎、清洗、分选、造粒等，制成 EPS 破碎料，可以作为轻质骨料与水泥、其他填料和添加剂混合制备轻质保温砂浆。

 **任务实施**

2.2.5 实施办法

（1）砂浆原材料中骨料选择方案的确定及其设计方案的编制。

（2）设计要求：以任务相关知识为基础，并利用学院图书资源、网络资源，查找、收集各种相关资料完成表 2-11，通过初步分析与选择，确定骨料选择类型，并说明其候选理由。

表 2-11 骨料的设计方案

参考选项	天然砂	机制砂	玻化微珠	膨胀珍珠岩	其他
砂浆的使用环境					
砂浆的性能要求					
骨料的突出特点					
骨料的颗粒级配					
骨料的有害物质					
砂浆的工作性能					
砂浆的外观					
砂浆的经济性					
砂浆的环保性					
砂浆的节能性					
砂浆用骨料					

任务拓展

砌筑砂浆配置时骨料选择方案的确定及其设计方案的编制。

延展阅读

2.2.6 再生细骨料

随着城市化进程的加快，一方面，社会对混凝土的需求量显著增加，同时随着天然砂石的不断开采，骨料也在不断枯竭。国家和地方为了保护河道，先后出台了河道管理办法，打击乱采滥挖，采取河道采砂许可制度，限时、限量、限区域开采，这就造成了作为混凝土和砂浆用的细骨料特别是天然砂明显供应不足。另一方面，我国每年产生数以亿计的建筑垃圾，且排放量逐年增加，大多只是被运往郊外或城市周边进行简单填埋或露天堆放，对环境造成了相当大的污染。而将废弃建筑物及其构件等进行合理的回收与利用，既能够缓和骨料供应不足问题，又能够减少环境污染。

所谓再生细骨料，是指由建（构）筑废物中的混凝土、砂浆、石、砖瓦等通过破碎、筛分及各种处理后按照一定比例混合均匀后再重新用于各种施工的建筑材料，用于配制混凝土和砂浆的粒径不大于 4.75mm 的颗粒。用再生细骨料部分或全部代替细骨料生产砂浆，既符合建设资源节约型社会要求，又具有巨大的经济效益和社会效益，对推动砂浆行业快速、健康发展具有指导意义。

与天然开采的砂石颗粒相比较，再生骨料颗粒表面粗糙，表面棱角多，骨料表层附着的一层硬化水泥浆体，在破碎、分解的过程中会产生大量裂纹，内部孔隙率大。破碎后表面还贴附一层微粉颗粒，比表面积大，从而导致骨料吸水率大。另外，和天然骨料相比较还具有较小的堆积密度、较大的空隙率和压碎指标等特点。所以需要经过特殊的处理才能满足建设工程的使用要求。

再生砂浆是用再生细骨料替代天然骨料按照一定比例混合均匀制成的砂浆，再生细骨料的取代率在 40% 以上。再生砂浆按照其用途可以分为再生砌筑砂浆、再生地面砂浆和再生抹灰砂浆等很多种类。

我国 2010 年由同济大学等高校联合制定出的《混凝土和砂浆用再生细骨料》（GB/T 25176—2010）为再生细骨料在砌筑砂浆中的应用提供了实质性的技术支持。从汶川大地震以后，我国政府高度重视建筑垃圾的危害，并采取措施加强再生骨料及再生砂浆的利用。政府鼓励对再生骨料的研究和应用，我国一些发达城市对建筑垃圾回收制备再生骨料做了一些努力。目前，对再生细骨料砌筑砂浆的研究取得了一些成果。

再生骨料的质量不如天然骨料，所以再生砌筑砂浆的性能与普通砌筑砂浆性能相比有些许不足。为了满足工程施工要求，需要对再生细骨料的工艺及品质进一步完善。

（1）改进再生细骨料的制备工艺。使用风力分级和吸尘设备可以很有效地筛分出再生细骨料，对再生细骨料进行加热，二次破碎获得的骨料品质有很好的改善。对再生细骨料进行反复破碎工艺降低骨料孔隙率，降低吸水率，提高堆积密度，对于提高再生砂浆力学性能有很好的作用。

（2）提高再生骨料的质量。对再生细骨料进行强化整形处理，处理方法有物理方法和化学方法。物理方法是通过对骨料颗粒进行整形，去除骨料表面覆盖的硬化胶凝材料，减少裂纹产生，提高强度。利用化学方法，使再生骨料与水玻璃溶液发生化学反应，使其与水泥中的氢氧化钙反应生成水硬性硅酸凝胶，填充骨料颗粒内部的裂缝，从而可以提高再生骨料的密实程度，提高强度。

任务 2.3   预拌砂浆用矿物掺合料的分析与选用

本任务主要将对预拌砂浆用矿物掺合料的类型、特性及用途进行分析。

【重点知识与关键能力】

重点知识：

· 掌握预拌砂浆用矿物掺合料的类型、特性、用途；

· 掌握不同矿物掺合料之间的性能差异。

关键能力：

· 会依据预拌砂浆的具体用途及施工性能要求，合理选择矿物掺合料。

 **任务描述**

（1）配制外墙传统抹面砂浆时，宜选用什么矿物掺合料？

（2）配制内墙薄层抹灰砂浆时，宜选用什么矿物掺合料？

（3）配制砌筑砂浆时，宜选用什么矿物掺合料？

【任务要求】

· 确定矿物掺合料类型，并说明选择其理由。

【任务环境】

· 每人根据工作任务，选用矿物掺合料；

· 以小组为单位，逐一讨论备选矿物掺合料并确定选择。

 **相关知识**

微课
矿物掺合料

2.3.1   矿物掺合料

掺合料是另外一种能显著改善商品砂浆工作性能的无机辅助胶凝材料，既能替代部分水泥，降低材料成本，又能改善砂浆性能。以硅、铝、钙等一种或多种氧化物为主要成分，涉及的矿物掺合料包括火山灰、粉煤灰、粒化高炉矿渣粉、钢渣粉、磷渣粉、硅灰、沸石粉等。

矿物掺合料一般分为两种类型，活性矿物掺合料和非活性矿物掺合料。活性矿物掺合料本身不硬化或者硬化速度很慢，但能与水泥水化生成的氢氧化钙起反应，生成具有胶凝能力的水化产物，如粉煤灰、粒化高炉矿渣粉、沸石粉、硅灰等。非活性矿物掺合料基本不与水泥组分起反应，如石灰石粉、石英粉等。

2.3.2   石灰石粉

将石灰石粉磨至一定细度的粉体或石灰石机制砂生产过程中产生的收尘粉，即为石灰石粉，碳酸钙含量不小于75％。石灰石粉因其价格低廉，运输方便，不用烘干而显示出巨大的经济价值，具有明显的节能、增产、降低成本的效果。作为砂浆的掺合料，石灰石中碳酸钙含量应大于75％，Al_2O_3含量应小于2％。

石灰石粉按MB值分为Ⅰ级、Ⅱ级、Ⅲ级三个等级；Ⅰ级小于等于0.5g/kg，Ⅱ级小于等于1.0g/kg，Ⅲ级小于等于1.4g/kg。

石灰石粉按45μm方孔筛筛余分为A型和B型，A型小于等于15％，B型小于等于45％。

粉体越细，则价格越高。需要根据干混砂浆的品种来选择适当的种类和细度，同时还必须满足砂浆用石灰石粉的技术要求。

砂浆用石灰石粉，包括重质碳酸钙和轻质碳酸钙。

重质碳酸钙，简称重钙，是用机械方法直接粉碎天然的方解石、石灰石、白垩、贝壳等而制得，沉降体积1.1～1.4mL/g。重质碳酸钙颗粒形状不规则，且表面粗糙，粒径分布较宽，粒径较大，平均粒度一般为5～10μm，颜色随原料不同而变化，晶体结构与原料中碳酸钙的晶体结构相同。

轻质碳酸钙，又称沉淀碳酸钙，是用化学加工方法制得的，沉降体积2.4～2.8mL/g。粉体较细，价格比重质碳酸钙高。按原始平均粒径分为：微粒碳酸钙、微粉碳酸钙、微细碳酸钙、超细碳酸钙、超微细碳酸钙。根据碳酸钙晶粒形状的不同，还可将轻质碳酸钙分为纺锤形、立方形、针形、链形、球形、片形和四角柱形碳酸钙，这些不同晶形的碳酸钙可由控制反应条件制得。轻质碳酸钙的粉体颗粒形状规则，可视为单分散粉体，但可以是多种形状；粒度分布较窄；粒径小，平均粒径为1～3μm。

石灰石粉按细度还可分为：单飞粉（200目，筛余≤5％）、双飞粉（320目，筛余≤1％）、三飞粉（325目，筛余≤0.1％）、四飞粉（400目，筛余≤0.05％）。单飞粉，用于生产无水氯化钙，是重铬酸钠生产的辅助原料，也可作为玻璃及水泥生产的原料；此外，用于建筑材料和家禽饲料中。双飞粉是生产无水氯化钙和玻璃等的原料，批墙腻子、橡胶和涂料的白色填料。三飞粉用作塑料、涂料及涂料的填料。四飞粉用作电线绝缘层的填料、橡胶模压制品以及沥青制油毡的填料。

《用于水泥、砂浆和混凝土中的石灰石粉》（GB/T 35164—2017）对拌制砂浆和混凝土时作为掺合料的石灰石粉提出了要求，如表2-12所示。

表2-12 拌制砂浆和混凝土用石灰石粉的性能要求

指标		级别		
		Ⅰ	Ⅱ	Ⅲ
MB值/（g/kg）		≤0.5	≤1.0	≤1.4
细度（45μm方孔筛筛余）/％	A型	≤15		
	B型	≤45		
流动度比/％		≥95		
碳酸钙含量/％	7d	≥75		
	28d			

续表

指标		级别		
		Ⅰ	Ⅱ	Ⅲ
抗压强度比/%	7d	≥60		
	28d			
含水量/%		≤1.0		
总有机碳含量（TOC）/%		≤0.5		

石灰石粉的碱含量以 $Na_2O+0.658K_2O$ 计算值表示，碱含量有要求时可由供需双方协商确定。

石灰石粉改进砂浆的作用主要有以下两点。

（1）微骨料作用：石灰石粉比水泥颗粒要细得多，可以填充水泥颗粒之间的空隙，改善砂浆、混凝土的孔结构，使硬化砂浆形成密实充填结构和细观层次的自紧密堆积体系，从而有效地改善物理力学性能和耐久性能。

（2）促进水泥早期水化，并形成新的水化相：石灰石在水泥熟料矿物的水化过程中，不仅会促进硅酸三钙（C_3S）的水化过程，还会与铝酸三钙（C_3A）反应生成水化碳酸铝钙（$C_3A \cdot 3CaCO_3 \cdot 12H_2O$），它的形成略迟于 $CaSO_4 \cdot 2H_2O$ 和 C_3A 的反应。由于水化碳铝酸钙的形成，它起到了另一个作用，即可以阻止高硫型水化硫铝酸钙向低硫型水化硫铝酸钙的转化，或者是水化铝酸钙向立方晶体水化铝酸三钙（C_3AH_6）的转化，这两种转化将引起水泥石强度的降低，即所谓强度随养护龄期延长而倒缩的现象。

2.3.3　粉煤灰

微课
粉煤灰细度测定

粉煤灰又称飞灰，是一种颗粒非常细以至能在空气中流动并被除尘设备收集的粉状物质。通常所指的粉煤灰是指燃煤电厂中磨细煤粉在锅炉中燃烧后从烟道排出、被收尘器收集的物质。粉煤灰通常为球形玻璃体，呈灰褐色，粒径为几微米到几百微米，比表面积为 2500～7000 cm^2/g，通常为酸性，具有较高的潜在活性，其主要成分为 SiO_2、Al_2O_3 和 Fe_2O_3，有些时候还有含量比较高的 CaO。

由于煤的品种、煤粉细度以及燃烧条件不同，粉煤灰的化学成分波动范围较大。粉煤灰的活性取决于活性 Al_2O_3 和活性 SiO_2 的含量。CaO 对粉煤灰的活性是有利的。少量 Fe_2O_3 能起熔剂作用，促使玻璃体形成，提高粉煤灰的活性。

微课
粉煤灰需水量测定

根据燃煤品种，粉煤灰分为 F 类粉煤灰（由无烟煤或烟煤煅烧收集的粉煤灰）和 C 类粉煤灰（由褐煤或次烟煤煅烧收集的粉煤灰，氧化钙含量一般≥10%）。

根据用途，粉煤灰分为拌制砂浆和混凝土用粉煤灰、水泥活性混合材料用粉煤灰。根据粉煤灰的细度和烧失量，将用于混凝土和砂浆的粉煤灰分为三个等级：Ⅰ级粉煤灰、Ⅱ级粉煤灰和Ⅲ级粉煤灰。水泥活性混合材料用粉煤灰不分级。

《用于水泥和混凝土中的粉煤灰》（GB/T 1596—2017）对拌制砂浆和混凝土时作为掺合料的粉煤灰提出了要求，如表 2-13 所示。

表 2-13　拌制砂浆和混凝土用粉煤灰理化性能要求

指标		级别		
		I	II	III
细度（45μm 方孔筛筛余）/%	F 类	≤12.0	≤30.0	≤45.0
	C 类			
需水量比/%	F 类	≤95	≤105	≤115
	C 类			
烧失量/%	F 类	≤5.0	≤8.0	≤10.0
	C 类			
含水量/%	F 类	≤1.0		
	C 类			
三氧化硫质量分数/%	F 类	≤3.0		
	C 类			
游离氧化钙质量分数/%	F 类	≤1.0		
	C 类	≤4.0		
二氧化硅、三氧化二铝和三氧化二铁总质量分数/%	F 类	≥70.0		
	C 类	≥50.0		
密度/（g/cm³）	F 类	≤2.6		
	C 类			
安定性（雷氏法）/mm	C 类	≤5.0		
强度活性指数/%	F 类	≥70.0		
	C 类			

　　粉煤灰的放射性应合格。粉煤灰的碱含量以 $Na_2O+0.658K_2O$ 计算值表示，碱含量有要求时可由供需双方协商确定。宜控制粉煤灰的均匀性，粉煤灰的均匀性可以需水量比或细度为考核依据。

　　粉煤灰具有潜在的化学活性，颗粒微细，且含有大量的玻璃微珠，掺入砂浆中可以发挥三种效应，即形态效应、活性效应和微骨料效应。

　　(1) 形态效应，是指粉煤灰粉料由其颗粒的外观形貌、内部结构、表面性质、颗粒级配等物理性状所产生的效应。在高温燃烧过程中所形成的粉煤灰颗粒，绝大多数为玻璃微珠，这部分外表比较光滑的类球形颗粒，由铝硅玻璃体组成，尺寸多在几微米到几十微米。由于球形颗粒表面比较光滑，故掺入砂浆之后能起滚球润滑作用，减少拌合砂浆的用水量，达到减水作用。

　　粉煤灰在形貌学上的另一个特点是其不均匀性。有的是煤粉在燃烧时产生挥发物和某些矿物分解，所产生的气体使熔融玻璃相形成了空心球体，有的球壁还形成蜂窝状结构。也有的是由许多小的玻璃球粘连在一起形成的组合粒子。由于颗粒形貌差异，对其性能的影响也不同。如果内含较粗的、多孔的、疏松的、形状不规则的颗粒占优势，则不但丧失了物理效应的优越性，而且会损害砂浆原有的结构和性能。

　　(2) 活性效应，是指砂浆中粉煤灰的活性成分所产生的化学效应。粉煤灰的活性取决于粉煤灰的火山灰反应能力，即粉煤灰中具有化学活性的 SiO_2、Al_2O_3 与 $Ca(OH)_2$ 反应，生成类似于水泥水化所产生的水化硅酸钙、水化铝酸钙等产物。产物作为胶凝材料的一部分水化产物，将在粉煤灰颗粒表面集中形成一层膜，如果混合物的水适量，将逐渐密实形成硬化壳体，具有强度，起到增强作用。

粉煤灰的 CaO 含量不同，与水泥反应的差别会很大。在低钙粉煤灰中，能够与水泥反应的组分主要是玻璃体。粉煤灰颗粒中的石英、赤铁矿、磁铁矿等晶体相在水泥中是没有反应性的，而玻璃体通常温度下与水泥的反应也很慢。在高钙粉煤灰中，不仅玻璃体，还有一些晶体组分也有化学反应性。一些粉煤灰中含有游离氧化钙、硫酸钙、C_3A，这些活性晶体加水后可直接生成钙矾石、单硫型水化硫铝酸钙，甚至 C-S-H 凝胶等。

粉煤灰在水泥基材料中的后期水化，既能够提高水泥基材料的强度，又能够改善水泥基材料中的矿物结构，提高抗冻融耐久性。粉煤灰在水泥水化的后龄期，在氢氧化钙的激发作用下开始水化，由于这时水泥已经进行了充分的水化，在结构中存在着大量毛细孔隙，粉煤灰的水化产物能够堵塞结构中的这些毛细孔隙，提高混凝土的密实性和抗渗性。粉煤灰还有许多其他优异性能，如干缩性小、抗裂震性能好、耐腐蚀性好，特别是它还能对氧化镁含量高的水泥的安定性起稳定作用，对活性集料有抑制碱集料反应的作用，因为粉煤灰水泥浆体液相中 OH^- 浓度低，粉煤灰又起到了稀释作用。但是，粉煤灰应是低碱、低钙的，否则也难抑制碱集料反应，至于对碳酸反应，粉煤灰的抑制效果很差。然而粉煤灰水泥最大的缺点就是早期强度低，有时耐大气稳定性略差。因此，如何提高粉煤灰水泥的早期强度就十分必要。

粉煤灰中玻璃体含量越高，粉煤灰活性越高。不规则的多孔玻璃体表面粗糙，蓄水孔腔多，需水量增多，使粉煤灰活性减小。

粉煤灰越细，活性越高。有资料认为，$5\sim45\mu m$ 的细颗粒越多，粉煤灰活性越高；含 $80\mu m$ 以上颗粒越多，则活性越低。因此，对粉煤灰重新助磨，将有效地改善其质量。

通常用粉煤灰的烧失量表示未燃炭的含量。粉煤灰的烧失量越低，其活性越高。粉煤灰中的未燃炭对其质量是有害的。炭粒粗大多孔，当含炭量高的粉煤灰掺入水泥后，往往使需水量增多，而大大降低强度。并且未燃炭遇水后，能在颗粒表面形成一层憎水薄膜，阻碍了水分向粉煤灰颗粒内部渗透，从而影响 $Ca(OH)_2$ 与活性氧化物的相互作用，降低粉煤灰的活性。

总之，粉煤灰越细，烧失量越低，玻璃体含量越高，粉煤灰的活性越高。

对于粉煤灰活性的评定，应当考虑它的化学成分中 CaO 与 SiO_2 的比例，当然更确切的是应当考虑 $CaO+MgO+R_2O$ 与 $SiO_2+Al_2O_3$ 的比例。由于 CaO 与 SiO_2 的比不同，所形成的玻璃体中 $[SiO_4]^{4-}$ 四面体的聚合度也就存在差别，CaO 与 SiO_2 的比小，$[SiO_4]^{4-}$ 四面体将形成二维、三维的结构，这时 Si—O—Si 键较难破裂，玻璃体的活性也难被激发，矿渣中低聚合度（$1\sim4$）的 $[SiO_4]^{4-}$ 四面体中 SiO_2 的量占其中 $50\%\sim73\%$，而粉煤灰却不足 10%，这是因为粉煤灰玻璃体中 SiO_2 的含量高，它们的 $[SiO_4]^{4-}$ 四面体的聚合度高，而且基本已呈链状甚至网状结构。对于粉煤灰活性评定也可以用直接分析法，用稀 HCl 测定其中活性 SiO_2 和

活性 Al_2O_3 的含量。

粉煤灰的活性评定的物理方法可通过在硅酸盐水泥中掺30%粉煤灰，比较两者之间28d 的抗压强度，即为粉煤灰的强度活性指数。

也有用粉煤灰的活性指数 h 来表示，h 按照下式计算：

$$h = \frac{Al_2O_3 \text{ 含量}}{\text{烧失量}} \tag{2-4}$$

h 值越大，粉煤灰的活性就越高。即 Al_2O_3 含量越高，活性越高；烧失量越高（反应碳含量），活性越低。粉煤灰的水化反应速度较慢，因而其早期强度较低，而后期强度高，能够达到其至超过水泥的强度。

（3）微骨料效应，是指粉煤灰中的微细颗粒强度高且均匀分布在水泥浆内，填充孔隙和毛细孔，改善砂浆孔结构，提高了砂浆的密实性。

粉煤灰的三个效应共存于一体，且相互影响；在特定的条件下，起主导作用的效应可能不同。

在砂浆中掺加了粉煤灰，既节约了骨料和水泥用量，降低了成本，又能够提高砂浆的和易性、力学性能、耐久性等。主要体现在以下几个方面。

（1）砂浆拌合性能：减少砂浆需水量；改善砂浆输送性能；提高砂浆密实性、流动性和塑性；减少泌水和离析；减少流动度损失；延长凝结时间。

（2）强度：通常随粉煤灰掺量增加，粉煤灰砂浆的强度发展特别是早期强度降低明显；90d 后在掺量较小时，粉煤灰砂浆强度接近普通砂浆，1 年后强度甚至会超过普通砂浆。

（3）弹性模量：粉煤灰砂浆的弹性模量与抗压强度成正比。相比普通砂浆，粉煤灰砂浆的弹性模量随龄期增长而增长，28d 后不低于甚至高于相同抗压强度的普通砂浆。如果由于粉煤灰砂浆的减水作用而减少了新拌砂浆的用水量，则这种增长速度是比较明显的。

（4）变形能力：粉煤灰砂浆的徐变性与普通砂浆没多大区别。相对而言，由于粉煤灰砂浆早期强度比较低，在加荷初期各种因素影响徐变的程度可能高于普通砂浆。同样工作性能情况下，粉煤灰砂浆的收缩性比普通砂浆低；由于粉煤灰的未燃炭粉会吸附水分，烧失量越高，砂浆收缩性也越大。

（5）耐久性：一般认为，粉煤灰砂浆因为改善了砂浆的孔结构，所以其抗渗性高于普通砂浆，并且随粉煤灰掺量增加，砂浆抗渗性能也增加；养护温度的提高有利于粉煤灰的水化，因此也将提高粉煤灰砂浆的抗渗性。

2.3.4 粒化高炉矿渣粉

粒化高炉矿渣是高炉炼铁的废渣以熔融状态流出后，经水淬急冷处理而成。粒化高炉矿渣是冶炼生铁的副产品，每生产 1t 铁，排渣 $0.3 \sim 1.0t$。

粒化高炉矿渣粉（简称矿渣粉）是用符合《用于水泥中的粒化高炉矿渣》（GB/T 203）标准规定的粒化高炉矿渣经干燥、粉磨（或添加少量石膏一起粉磨）达到相当细度且符合相应活性指数的粉体。矿渣粉磨时允许加入助磨剂，加入量不得大于矿渣粉质量的 0.5%。

粒化高炉矿渣含有 $80\%\sim90\%$ 或更多的玻璃相，其化学成分主要为 CaO、SiO_2、Al_2O_3，其总量一般占 90% 以上。化学成分相同时，玻璃体含量越高，活性越高。对粉煤灰、矿渣、熟料的化学成分进行比较，如表 2-14 所示。

表 2-14　粉煤灰、矿渣、熟料主要化学成分比较

材料	SiO_2	Al_2O_3	Fe_2O_3	MnO	CaO	MgO	S
粉煤灰	46.62	27.93	5.65	0.05	4.04	0.87	—
矿渣	40.10	8.31	0.96	1.13	43.65	5.75	0.23
熟料	22.50	5.34	3.47	—	65.89	1.66	0.20

从表 2-14 可以看出，矿渣的化学成分与水泥熟料相似，只是 CaO 含量略低，粉煤灰的 CaO 含量较低。

（1）氧化钙：属于碱性氧化物，是矿渣的主要成分。含量波动在 $35\%\sim45\%$，在矿渣中水化生成具有活性的矿物 $Ca(OH)_2$，如硅酸二钙等。氧化钙是决定矿渣活性的主要因素，其含量越高，矿渣活性越大。

（2）氧化铝：属于酸性氧化物，是矿渣中活性较好的成分。它在矿渣中形成铝酸盐或铝硅酸钙等矿物，含量一般为 $5\%\sim15\%$，也有的高达 30%。其含量越高，矿渣活性越大。

（3）氧化硅：属丁微酸性氧化物，在矿渣中含量较高，一般为 $25\%\sim40\%$。如氧化钙和氧化铝相比含量过多，致使形成低活性的低钙矿物，甚至还有游离二氧化硅存在，使矿渣活性降低。

（4）氧化镁：比氧化钙活性低，含量一般为 $2\%\sim15\%$，在矿渣中呈稳定的化合物或玻璃体，不会产生安定性不良的现象。氧化镁可以增加熔融矿物的流动性，有助于提高矿渣粒化质量、矿渣活性，因此，一般将氧化镁看成是矿渣的活性成分。

（5）氧化亚锰：矿渣中氧化亚锰含量一般为 $1\%\sim3\%$，含量超过 5% 时，活性下降。

（6）氧化铁和氧化亚铁：正常冶炼时，矿渣中的氧化铁和氧化亚铁含量很低，一般不超过 3%，对矿渣活性无影响。

此外，矿渣中还可能含有少量其他氧化物，如氟化物、氧化磷、氧化钠、氧化钾等。因含量很低，对矿渣质量影响不大。

化学成分是判断矿渣品质的重要依据，因为矿渣粉的活性与其化学成分有很大关系。各钢铁企业的高炉矿渣，其化学成分虽大致相同，但各氧化物的含量并不一致，因此，矿渣有碱性、酸性和中性之分，以矿渣中碱性氧化物和酸性氧化物含量的比值 M 来区分：

$$M=\frac{(CaO+MgO+Al_2O_3)\%}{SiO_2\%}$$

$M>1$ 为碱性矿渣；$M<1$ 为酸性矿渣；$M=1$ 为中性矿渣。酸性矿渣的胶凝性差，而碱性矿渣的胶凝性好，因此，矿渣粉应选用碱性矿渣。其 M 值越大，反映其活性越好。

粒化矿渣的品质可用品质系数 K 的大小来评定。

$$K = \frac{CaO + MgO + Al_2O_3}{SiO_2 + MnO_2 + TiO_2} \geqslant 1.2$$

式中：CaO、MgO、Al_2O_3、SiO_2、MnO、TiO_2 为相应氧化物的质量分数。

品质系数反映了矿渣中活性组分与低活性组分和非活性组分之间的比值。品质系数越大，则矿渣的活性越高，一般规定 $K \geqslant 1.2$。

用于砂浆中的矿渣粉参照《用于水泥、砂浆和混凝土中的粒化高炉矿渣粉》（GB/T 18046—2017）分为 S105、S95、S75 三个等级，具体技术要求见表 2-15。实际应用时可根据砂浆的要求灵活选用粒化高炉矿渣的细度和掺量。

表 2-15　矿渣粉的技术要求

指标		级别		
		S105	S95	S75
密度/（g/cm³）		≥2.8		
比表面积/（m²/kg）		≥500	≥400	≥300
活性指数/%	7d	≥95	≥70	≥55
	28d	≥105	≥95	≥75
流动度比/%		≥95		
初凝时间比/%		≤200		
含水量（质量分数）/%		≤1.0		
三氧化硫（质量分数）/%		≤4.0		
氯离子（质量分数）/%		≤0.06		
烧失量（质量分数）/%		≤1.0		
不溶物（质量分数）/%		≤3.0		
玻璃体含量（质量分数）/%		≥85		
放射性		$I_{Ra} \leqslant 1.0$ 且 $I_{\gamma} \leqslant 1.0$		

矿渣粉的碱含量以 $Na_2O + 0.658K_2O$ 计算值表示，碱含量有要求时可由供需双方协商确定。矿渣粉的细度用比表面积表示，用勃氏法测定。矿渣粉的细度越高，则颗粒越细，其活性效应发挥越充分，但过细需要消耗较多的生产能耗，因此，细度的选择应根据预拌砂浆要求来确定。

矿渣粉的活性大小用活性指数来衡量。掺矿渣粉的受检胶砂为水泥 225g、矿渣粉 225g、ISO 标准砂 1350g、水 225mL。受检胶砂相应龄期的强度与基准胶砂相应龄期的强度比为矿渣粉相应龄期的活性指数。活性指数高，说明矿渣粉的活性好。

矿渣微粉用于砂浆中，其作用机理除了活性效应，还在于矿渣微粉具有微骨料效应和微晶核效应，改善了胶凝材料和骨料间的界面结构，而且减少了水泥初期水化产物的相互搭接。

（1）微骨料效应：水泥颗粒之间的间隙需要细的颗粒来填充，矿渣微粉的细度比水泥还要高，在水泥砂浆中起到了细颗粒的作用，因而改善了水泥砂浆的孔结构，降低了孔隙率并减小了最可几孔径的尺寸，使水泥砂浆形成了密实充填结构和细观层次的自紧密堆积体系。从而有效改善了水泥砂浆的综合性能，使水泥砂浆不仅具有较好的物理力学性能，还提高了耐久性的某些性能。

（2）微晶核效应：矿渣微粉的胶凝性虽然与硅酸盐相比较弱，但它能为水泥水化体系起到微晶核效应的作用，能加速水泥水化反应的进程，并为水化产物提供了充裕的空间，改善了水泥水化产物分布的均匀性，使水泥石结果比较致密，从而使砂浆具有较好的力学性能。

（3）改善界面结构：砂浆中水泥浆体与骨料间的界面区由于富集了 $Ca(OH)_2$ 晶体而成为砂浆性能的薄弱环节。矿渣微粉掺入砂浆中能吸收部分 $Ca(OH)_2$ 产生二次水化反应，从而改善了界面区 $Ca(OH)_2$ 的取向度，降低 $Ca(OH)_2$ 的含量，还减小了 $Ca(OH)_2$ 晶体的尺寸。不仅有利于砂浆力学性能的提高，某些耐久性也能得到改善。

（4）减少水泥水化初期的搭接：在水泥水化初期，矿渣微粉分布并包裹在水泥颗粒的表面，起到了延缓和减少水泥初期水化产物相互搭接的隔离作用。因此也具有一些减水作用而增大砂浆的流动度，并且使流动度经时损失也有所改善。矿渣微粉还具有一定的保水性，能改善砂浆的离析和泌水。

高炉矿渣因为既有胶凝性，又具有良好的火山灰活性，是理想的活性矿物掺合料。对砂浆性能的影响主要体现在以下几个方面。

（1）凝结时间：矿渣粉砂浆的初凝、终凝时间比普通砂浆有所延缓，但幅度不大。

（2）流动性：在掺用同一种减水剂和砂浆配合比相同的情况下，矿渣粉砂浆的流动度得到明显的提高，且流动度经时损失也得到明显缓解。流动度的改善不仅是由于矿渣粉的存在，延缓了水泥水化初期水化产物的相互搭接，还由于 C_3A 矿物含量的降低而与减水剂有更好的相容性，而且达到一定细度的矿渣粉也具有一定的减水作用。

（3）保水性：矿渣粉虽能改善砂浆的离析、泌水及保水性能，但大量研究表明，矿渣粉的保水性能远不及一些优质的粉煤灰和硅灰，掺入一些级配不好的矿渣粉甚至会出现泌水现象。因此，使用矿渣粉时，要选择保水性能较好的水泥，并适当掺入一些具有保水功能的材料。

（4）强度：在相同的配合比、强度等级与自然养护的条件下，矿渣粉砂浆的早期强度比普通砂浆略低，但28d及以后的强度增长显著高于普通砂浆。

（5）耐久性：由于矿渣粉砂浆的浆体结构比较致密，且矿渣粉能吸收水泥水化生成的 $Ca(OH)_2$ 晶体而改善了砂浆的界面结构，因此，矿渣粉砂浆的抗渗性、抗冻性明显优于普通砂浆。由于矿渣粉具有较强的吸附氯离子的作用，因此能有效阻止氯离子扩散进入，提高了砂浆的抗氯离子能力。砂浆的耐硫酸盐侵蚀性主要取决于砂浆的抗渗性和水泥中铝酸盐含量和碱度，矿渣粉砂浆中铝酸盐和碱度均较低，且又具有高抗渗性，因此，矿渣粉砂浆抗硫酸盐侵蚀性得到很大改善。矿渣粉砂浆的碱度降低，对预防和抑制碱-集料反应也是十分有利的。

2.3.5 沸石粉

沸石粉是以天然沸石岩为原料，经破碎、磨细制成的，属于火山灰质材料的粉状物料。天然沸石粉含 SiO_2、Al_2O_3、Fe_2O_3、CaO 等，具体化学组成因产地不同有所差异。一般来说，SiO_2 含量为 61%～69%，Al_2O_3 含量为 12%～14%，Fe_2O_3 含量为 12%～14%，CaO 含量为 2.5%～3.8%，MgO 含量为 0.4%～0.8%，K_2O 含量为 0.8%～2.9%，Na_2O 含量为 0.5%～2.5%，烧失量为 10%～15%。从化学组成上看，天然沸石粉以 SiO_2 和 Al_2O_3 为主，占 3/4 以上，而碱性氧化物较少，特别是碱土金属氧化物很少，属于火山灰质材料。

天然沸石粉的矿物组成主要为沸石族矿物，这种矿物为骨架铝硅酸盐结构。其结构特征为：具有稳定的正四面体硅（铝）酸盐骨架；骨架内含有可交换的阳离子和大量的孔穴和通道，其直径为 0.3～1.3nm，因此，具有很大的内比表面积；沸石结构中通常含有一定数量的水，这种水在孔穴和通道内可以自由进出，空气也可以自由进出这些孔穴和通道。

《高强高性能混凝土用矿物外加剂》（GB/T 18736—2017）对用作砂浆掺合料的沸石粉提出了技术要求，如表 2-16 所示。

表 2-16　磨细天然沸石粉的技术要求

项目	指标
氯离子（质量分数）/%	≤0.06
吸氨值/（mmol/kg）	≥1000
45μm 方孔筛筛余（质量分数）/%	≤5.0
需水量比/%	≤115
活性指数/%（28d）	≥95

尽管天然沸石粉与粉煤灰都属于火山灰质材料，但是由于组成和结构的差异，在水泥基材料中表现出不同的作用。

1. 天然沸石粉的需水行为和减水作用

影响矿物外加剂需水行为的三个基本要素为：颗粒大小、颗粒形态和比表面积。颗粒大小决定其填充行为，影响填充水的数量；颗粒形态决定其润滑作用；比表面积决定其表面水的数量。

对于天然沸石粉，颗粒大小是由粉磨细度决定的。细度越高，越有利于填充在水泥颗粒堆积的空隙中，从而减少填充水的数量。天然沸石粉是通过粉磨而成的，具有不规则的颗粒形状，这种颗粒运动阻力较大，因此，不具有润滑作用。天然沸石粉具有很大的内比表面积，能吸附大量的水。由这三个基本要素来看，天然沸石粉不具有减水作用。将天然沸石粉磨得很细，可以更好地填充颗粒堆积的空隙，减少填充水量。

但是，在提高细度的同时，也增大了比表面积，相应地增加了表面水量。这两个互为相反的作用常常是得不偿失。因此，即使增大粉磨细度，也不能使天然沸石粉表现出减水作用。大量试验结果证明了这一点。非但如此，掺入天然沸石粉通常都使得需水量较大幅度地增加。

2. 天然沸石粉的活性行为和胶凝作用

天然沸石粉一般比粉煤灰等其他一些火山灰质材料的活性和胶凝作用高。粉煤灰等一些工业废渣是经过高温煅烧的，它们的活性主要是由于保留了高温时的结构特征，使其处于高能量状态。而天然沸石粉是经过长期地质演变而形成的。尽管它也经过一个高温过程，但经过长期的地质演变，高温型的结构特征已经变得不明显，特别是玻璃体结构的无序化特征已经基本消失。天然沸石粉之所以具有较高的火山灰活性，是因为在它的骨架内含有可交换的阳离子及较大的内比表面积。结构中存在着活性阳离子是胶凝材料具有活性的一个本质因素。

天然沸石粉结构中这些活性阳离子的存在，使得它具有较高的火山灰反应能力。同时，硅酸盐矿物的水化反应是一种固相反应，天然沸石粉结构中的孔穴为水和一些阳离子的进入提供了通道，而较大的内比表面积为水和阳离子提供较多与固体骨架接触和反应的面，使反应能够较快地进行。由于这两个方面的因素，天然沸石粉常常表现出较高的活性。

3. 天然沸石粉的填充行为和致密作用

天然沸石粉的填充行为取决于它的细度。一般来说，天然沸石粉表现出较好的填充行为，能使硬化水泥石结构致密。

4. 天然沸石粉的稳定行为和益化作用

在新拌砂浆中，由于天然沸石粉对水的吸附作用，使水不容易泌出，因而表现出较好的稳定行为。天然沸石粉具有较好的保水作用，这是天然沸石粉的一个重要特征，是其他矿物外加剂所不及的，以至于一些人把天然沸石粉看成是一种保水剂。此外，由于掺入天然沸石粉后，水泥浆较黏稠，增大了骨料运动的阻力，因而有效地防止了离析。

天然沸石粉的稳定性为砂浆的均匀性提供了保证。在地面施工过程中，离析和泌水将导致各部位砂浆不均匀，上部可能水或水泥浆多一些，而下部则可能集料多一些。组成上的不均匀必然导致性能的不均匀。然而，天然沸石粉的稳定行为避免或减少了泌水，也就减少了这些缺陷形成的可能性。另一方面，天然沸石粉对砂浆干缩性能的影响表现出负效应。也就是说，掺入天然沸石粉使砂浆的干缩性增大。其原因如下。

（1）掺入天然沸石粉使砂浆用水量增加：用水量越大，砂浆的干缩性也越大。由于天然沸石粉需水量较大，掺入天然沸石粉后砂浆的用水量增加，因而使得硬化砂浆的干缩性增大。

（2）较高的碱含量使硬化水泥石干缩性增大：一些研究表明，硬化水泥石的干缩性与碱含量有着密切的关系。当水泥石中碱含量增加时，其干缩变形也增大。天然沸石粉通常含碱量较高，因而掺入天然沸石粉使得水泥石中的碱含量增加，导致水泥石的干缩性增大。

由上述分析可以看出，天然沸石粉与粉煤灰的差异主要表现在三个方面：一是它的火山灰活性通常比粉煤灰高；二是它的需水量也比粉煤灰高，但具有较强的保水作用；三是体积稳定性较差。这些差异必将对砂浆的性能产生一系列的影响，必须引起注意。

简而言之，沸石粉砂浆的性能表现为：

① 内部有大小不一的孔腔和孔道，有较大的开放性和亲水性，可减少砂浆的泌

水性，改善可泵性。

②有一定数量的活性硅和铝，能参与胶凝材料的水化及凝结硬化，提高砂浆强度。

③与水化产物氢氧化钙反应，提高砂浆的密实性与抗渗性、抗冻性。

④通过离子交换及吸收，将钠钾离子吸入空腔，减少砂浆中碱含量，抑制碱集料反应。

2.3.6 硅灰

硅灰又称硅粉或硅烟灰，是从生产硅铁合金或硅钢等时所排放的烟气中收集到的颗粒极细的烟尘。

硅灰的主要成分是二氧化硅，一般占90%左右，绝大部分是无定形的氧化硅。其他成分如氧化铁、氧化钙、氧化硫等一般不超过1%，烧失量为1.5%～3%。

由于硅灰具有高比表面积，为水泥的80～100倍，粉煤灰的50～70倍，因而其需水量很大，将其作为活性掺合料须配以减水剂，以保证砂浆的拌合性能。

在《高强高性能混凝土用矿物外加剂》（GB/T 18736—2017）中，规定了硅灰的技术要求，见表2-17。

表2-17　硅灰的技术要求

项目		指标
烧失量（质量分数）/%		≤6.0
氯离子（质量分数）/%		≤0.10
二氧化硅（质量分数）/%		≥85
含水率（质量分数）/%		≤3.0
细度	比表面积/（m²/kg）	≥15000
	45μm方孔筛筛余（质量分数）/%	≤5.0
需水量比/%		≤125
活性指数/%	3d	≥90
	7d	≥95
	28d	≥115

硅灰用作活性掺合料，有以下两个方面效果：

（1）提高砂浆强度，配制高强砂浆。普通硅酸盐水泥水化后生成的$Ca(OH)_2$约占体积的20%，硅灰能与该部分$Ca(OH)_2$反应生成水化硅酸钙，均匀分布于水泥颗粒之间，形成密实的结构。由于硅灰细度大、活性高，掺加硅灰对砂浆早期强度没有不良影响。

（2）改善砂浆的孔结构，提高抗渗性、抗冻性及抗腐蚀性。掺入硅灰的砂浆，其总孔隙率虽变化不大，但其毛细孔会相应变小，大于$0.1\mu m$的大孔几乎不存在。因而掺入硅灰的砂浆抗渗性明显提高，抗冻等级及抗腐蚀性也相应提高。

由于硅灰的细度大、活性高，用其拌制的砂浆的收缩值较大，在使用时需特别注意养护，以避免出现砂浆开裂。

目前市场上也存在一些用石英砂超细粉磨制备的"硅粉"，这种"硅粉"没有活性，属于惰性细填料。在使用时应注意两者之间的区别。

📖 **任务实施**

2.3.7　实施办法

（1）砂浆原材料中掺合料选择方案的确定及其设计方案的编制。

（2）设计要求：以任务相关知识为基础，并利用学院图书资源、网络资源，查找、收集各种相关资料完成表 2-18，通过初步分析与选择，确定掺合料选择类型，并说明其候选理由。

表 2-18　掺合料的设计方案

参考选项	粉煤灰	粒化高炉矿渣粉	沸石粉	硅灰	其他
砂浆的使用环境					
砂浆的性能要求					
掺合料的突出特点					
掺合料的活性					
掺合料的质量					
砂浆的工作性能					
砂浆的外观					
砂浆的经济性					
砂浆的环保性					
砂浆的节能性					
砂浆用掺合料					

📖 **任务拓展**

地面砂浆配置时掺合料选择方案的确定及其设计方案的编制。

📖 **延展阅读**

2.3.8　膨润土

膨润土的颗粒粒径是纳米级的，是亿万年前天然形成的，因此，国外有把膨润土称为天然纳米材料的。膨润土又称蒙脱土，是以蒙脱土为主要成分的层状硅铝酸盐。膨润土的层间阳离子种类决定膨润土的类型，层间阳离子为 Na 时称钠基膨润土，为 Ca 时称钙基膨润土，为 H 时称氢基膨润土（活性白土），为有机阳离子时称有机膨润土。

膨润土具有很强的吸湿性，能吸附相当于自身体积 8～20 倍的水而膨胀至 30 倍。在水介质中能分散成胶体悬浮液，并具有一定的黏滞性、触变性和润滑性，它和泥沙等的掺合物具有可塑性和黏结性，有较强的阳离子交换能力和吸附能力。膨润土素有"万能"黏土之称，广泛应用于冶金、石油、铸造、食品、化工、环保及其他工业部门。

膨润土为溶胀材料，其溶胀过程将吸收大量的水，使砂浆中的自由水减少，导致砂浆流动性降低，流动性损失加快；膨润土为类似蒙脱土的硅酸盐，主要具有柱状结构，因而其水解以后，在砂浆中可形成卡屋结构，增大砂浆的稳定性，同时其特有的滑动效应，在一定程度上提高了砂浆的滑动性能，增大了可泵性。

膨润土用于砂浆中时需注意的问题为：膨润土的加入具有必要性，但无须进行预水化处理，可直接加入砂浆中进行搅拌，简化施工工序。膨润土不管是预水化或未预水化，它对砂浆稳定性积极作用不变。但膨润土预水化足够的时间后，与之混合的水大部分已渗入其结构之中，而约束水、自由水减少，不利于流动性的增加；膨润土未经预水化时，虽然其与水相遇，就开始水解吸水，但这是一个较慢的过程，其水解时，一定时间内还不能将大量的自由水吸收而成为约束水，因而有更多的自由水在砂浆中存在，其砂浆流动性并不一定降低。

在含有盐分的水中，由于其他可溶性离子侵入膨润土的四面体和八面体，减弱了其膨胀性、黏性、稠性、润滑性和触变性。砂浆中水泥水化后，形成硅酸盐、硫酸盐溶液，溶液中富含钙离子、钠离子，势必减弱蒙脱石水化后的膨胀性、黏性、稠性、润滑性和触变性，因此，必须对膨润土进行改性，使其在富含钙离子、钠离子的盐溶液介质中仍能保持其膨胀性、黏性、稠性、润滑性和触变性。

改性后的膨润土用于预拌砂浆，一般用量很小，起到优化配方作用，它对砂浆的防沉降有一定的帮助。

2.3.9　凹凸棒土

凹凸棒土是以凹凸棒石经由选矿提纯、挤压研磨、活化、改性、干燥、粉碎、过筛等工序加工而成，主要组成为凹凸棒石。

凹凸棒石又名坡缕石或坡缕缩石，是一种层链状结构的富含镁铝硅酸盐黏土的矿物，其理想分子式为：$Mg_5Si_8O_{20}(OH_2)_4 \cdot 4H_2O$。凹凸棒石呈单斜晶系，其晶体结构属 2∶1 型黏土矿物，即 2 层硅氧四面体夹 1 层镁（铝）氧八面体，其四面体与八面体排列方式既类似于角闪石的双链状结构，又类似于云母、滑石、高岭石类矿物的层状结构。

凹凸棒石形态呈毛发状或纤维状，通常为毛毯状或土状集合体。莫氏硬度为 2～3，加热到 700～800℃，硬度＞5，密度为 2.05～2.32g/cm³。由于凹凸棒石独特的晶体结构，使之具有许多特殊的物化和工艺性能，包括阳离子可交换性、吸水性、吸附脱色性，大的比表面积（9.6～36m²/g）以及胶质价和膨胀容。

在砂浆中作为掺合料的凹凸棒土，主要为改性凹凸棒土，由天然凹凸棒土与表面活性剂配制而成，其突出的作用是保水增稠。

保水增稠作用机理：凹凸棒土在经过适当的方法改性松解后，其针状晶体纤维形成了像树枝一样错综交叉的束状集合体。其最重要的特点之一是在相当低的浓度下可以形成高黏度的悬浮液。因此集合体在砂浆中能包裹砂子等大颗粒，从而防止砂子在砂浆中的沉降。

改性凹凸棒土晶体具有与轴平行的良好解理，层链状晶体结构、棒状与纤维状的细小晶体外形，使得其在外加压力（系统剪切力）下能够充分地分散，且溶液中晶体受重力影响比受静电影响大，因而在截留液体中形成一种杂乱的纤维网格，这种悬浮液具有非牛顿流体特征。改性凹凸棒土在各浓度下是触变性的非牛顿流体，随着剪切力的增加，改性凹凸棒土的晶束破碎，变为针状棒晶，所以流动性好。

由于上述原因，导致加入改性凹凸棒土的砂浆稠度增加，保水性能提高，触变性能变好。但其掺量应控制在不大于3%，否则砂浆的工作性能会变差。

显然，可用于商品砂浆的矿物掺合料远不止上述几种，还有许多工业废弃物和天然矿物可作为矿物掺合料用于商品砂浆中，如钢渣、磷渣等。科学地利用这些矿物掺合料，既能改善商品砂浆的性能，又能降低商品砂浆的成本，而且还有利于保护环境，应该大力提倡。

需要注意的是各种矿物掺合料有着各自不同的特性，其适用场合和应用方法也不同，因此需要在掌握它们特性的基础上，深入挖掘其潜力并科学地利用，最大限度地发挥其正面作用，尽可能避免其负面作用。

任务 2.4 预拌砂浆用外加剂的分析与选用

本任务主要对预拌砂浆用外加剂的类型、特性及用途进行分析。

【重点知识与关键能力】

重点知识：
- 掌握预拌砂浆用外加剂的类型、特性、用途；
- 掌握不同外加剂之间的性能差异。

关键能力：
- 会依据预拌砂浆的具体用途及施工性能要求，合理选择外加剂。

任务描述

（1）配制外墙传统抹面砂浆时，宜选用什么外加剂？
（2）配制内墙薄层抹灰砂浆时，宜选用什么外加剂？
（3）配制砌筑砂浆时，宜选用什么外加剂？

【任务要求】

- 确定外加剂类型，并说明选择其理由。

【任务环境】

- 每人根据工作任务，选用外加剂；
- 以小组为单位，逐一讨论备选外加剂并确定选择。

📖 **相关知识**

微课

砂浆用
外加剂

2.4.1 外加剂

砂浆品种有干混普通砂浆、自流平砂浆、保温砂浆等，在施工性能方面要求综合化、多样化，如缓凝、速凝、早强、保坍、减水等，这就需要掺入不同的外加剂来满足其要求。因而外加剂在预拌砂浆及其施工中起着重要的作用。

实际在选用砂浆外加剂时，应根据砂浆的性能要求及气候条件，结合砂浆的原材料性能、配合比以及对水泥的适应性等因素进行选取，并通过试验确定其掺量。如防水砂浆通常需要掺加防水剂，灌浆砂浆通常需要掺加膨胀剂等。下面简要介绍几种常用外加剂。

2.4.2 减水剂

减水剂是指在保持砂浆稠度基本相同的条件下，能减少砂浆拌合用水量的外加剂。减水剂一般为表面活性剂，按其功能分为普通减水剂、高效减水剂、早强减水剂、缓凝减水剂、缓凝高效减水剂、引气减水剂等。

减水剂的主要作用包括：提高水化效率，减少单位用水量，增加强度，节省水泥用量；改善砂浆拌合物的塑性，防止离析；提高抗渗性，减少透水性；增加耐化学腐蚀性等。

1. 减水剂种类

（1）木质素系减水剂。木质素系减水剂主要成分为木质素磺酸盐，包括木质素磺酸钙（木钙）、木质素磺酸钠（木钠）和木质素磺酸镁（木镁）三种，为普通减水剂。其减水率不高，而且缓凝、引气，因此使用时要控制适宜的掺量，否则掺量过大会造成强度下降且不经济，甚至很长时间不凝结，造成工程事故。一般适宜掺量为水泥质量的 0.2%～0.3%。

（2）萘系高效减水剂。萘系、甲基萘系、蒽系、古马隆系、煤焦油混合物系减水剂，因其生产原料均来自煤焦油中的不同馏分，因此统称为煤焦油系减水剂。此类减水剂皆为含单环、多环或杂环芳烃并带有极性磺酸基团的聚合物电解质，相对分子质量在 1500～10000 的范围内。因磺酸基团对水泥分散性很好，即减水率高，故煤焦油系减水剂均属高效减水剂的范畴，在适当分子量范围内不缓凝、不引气。由于萘系减水剂生产工艺成熟，原料供应稳定，且产量大、应用广，逐渐占了优势，因而通常煤焦油系减水剂主要是指萘系减水剂。萘系高效减水剂喷雾干燥后，可用于灌浆料做流平剂。适宜掺量一般为水泥质量的 0.2%～1.0%。

（3）三聚氰胺系高效减水剂。三聚氰胺系高效减水剂（俗称密胺减水剂），化学名称为磺化三聚氰胺甲醛树脂，实际是一种阴离子型表面活性剂，性能与萘系减水剂近似，均为非引气型，且无缓凝作用。其减水增强作用略优于萘系减水剂，但掺量和价格也略高于萘系减水剂。三聚氰胺系高效减水剂喷雾干燥后，可用于灌浆料、自流平砂浆等产品。适宜掺量一般为水泥质量的 0.5%～2.0%。

（4）聚羧酸盐系高效减水剂。聚羧酸盐系减水剂的分子结构设计趋向是在分子主链或侧链上引入强极性基团羧基、磺酸基、聚氧化乙烯基等，使分子结构具有梳形结构。

聚羧酸盐系高效减水剂合成中不使用甲醛，对环境不造成污染；用于预拌砂浆掺量小、减水率高，具有良好的流动性且流动度损失小，强度高，耐久性好。适宜掺量一般为水泥质量的 0.05%～1.0%。

2. 减水剂的作用机理

(1) 静电斥力理论。高效减水剂大都属于阴离子型表面活性剂，由于水泥粒子在水化初期时其表面带有正电荷（Ca^{2+}），减水剂分子中的负离子$-SO_3^{2-}$、$-COO^-$就会吸附于水泥粒子上，形成吸附双电层（G 电位），使水泥粒子相互排斥，防止了凝聚的产生。G 电位绝对值越大，减水效果越好。

(2) 空间位阻效应理论。这一理论主要适用于新型高效减水剂——聚羧酸盐系高效减水剂。该类减水剂呈梳形，主链上带有多个活性基团，并且极性极强，侧链也带有亲水性的极性基团。聚羧酸盐系高效减水剂发挥分散作用的主导因素并不是静电斥力，而是由于减水剂本身大分子链及其支链所引起的空间位阻效应。

当具有大分子吸附层的球形粒子在相互靠近时，颗粒之间的范德华力是决定体系位能的主要因素。当水泥颗粒表面吸附层的厚度增加时，有利于水泥颗粒的分散。聚羧酸盐系高效减水剂分子中含有较多较长的支链，当它们吸附在水泥颗粒表层后，可以在水泥表面形成较厚的立体包层，从而使水泥达到较好的分散效果。

减水剂的品种繁多，从理论上讲，木质素系、萘磺酸盐系、密胺系、氨基磺酸盐系、脂肪族系和聚羧酸盐系减水剂都可用作水泥浆体系的分散剂，但这些减水剂不仅自身分散、塑化和增强效果差异较大，而且与所用水泥、粉煤灰、矿渣粉等存在一定的适应性。更重要的是，预拌砂浆是一种多组分、各组分比例相差悬殊的混合体，尤其是增稠剂和保水剂的存在，大大影响了减水剂的塑化分散效果。当某种组分的增稠剂或保水剂存在于水溶液相中时，某些种类的减水剂不仅无法发挥其应有的塑化效果，有时甚至会使砂浆流动性更差。因此，在生产高流动性砂浆，选择减水剂时，必须经过大量的试验验证，选择最合适的减水剂品种，并确定其最佳掺量。

2.4.3　引气剂

引气剂是一种通过物理方法在砂浆中引入大量分布均匀、稳定而封闭的微小气泡的表面活性剂。引气剂能在砂浆搅拌过程中降低砂浆中调配水的表面张力，从而导致更好的分散性，减少砂浆拌合物的泌水和离析，提高砂浆的抗渗性与抗冻性。另外，细微而稳定的空气泡的加入，也提高了施工性能；导入的空气量取决于砂浆的类型和所用混合设备。

1. 引气剂种类

引气剂属于表面活性剂，可分为阴离子、阳离子、非离子与两性离子等类型，使用较多的是阴离子表面活性剂。常用的有以下几类：

(1) 松香类引气剂。松香类引气剂系松香或松香酸皂化物与苯酚、硫酸、氢氧化钠在一定温度下反应、缩聚形成大分子，经氢氧化钠处理，成为松香热聚物。松香化学结构复杂，含有芳香烃类、芳香醇类、松脂酸类等。其中松脂酸类具有羧基——COOH，与碱发生皂化反应生成松脂皂。

松香类引气剂至今已有60多年的应用历史，效果较好，能显著改善砂浆的拌合性、保水性、抗渗性、抗冻性，其缺点是难以溶解，使用时需加热、加碱。

（2）非松香类引气剂。非松香类引气剂包括烷基苯磺酸钠、OP乳化剂、丙烯酸环氧脂、三萜皂苷。这类引气剂的特点是在非离子表面活性剂基础上引入亲水基，使其易溶于水，起泡性好，泡沫细致，而且能较好地与其他品种外加剂复合。其中烷基苯磺酸钠易溶于水，起泡量大，但泡沫易于消失。

具体的掺量与砂浆拌合物的稠度、灰砂比有关。干硬性砂浆稠度大，不利于气泡形成，含气量降低；大流动性浆体气泡容易溢出，有利于气泡形成，含气量提高。一般地，灰砂比越小，水泥所占的比例越大，砂浆的黏聚性越大，含气量越小。

砂浆的含气量是影响引气剂砂浆质量的决定性因素，为提高抗渗性、改善砂浆内部结构、保持应有的砂浆强度，含气量以3%～5%为宜。在此前提下，合理的引气剂掺量为：松香酸钠为水泥用量的0.01%～0.03%；松香热聚物的掺量为水泥用量的0.01%；三萜皂苷引气剂为水泥用量的0.01%～0.03%。由于掺入量非常少，仅占胶凝材料总量的万分之几，必须保证在砂浆生产时精确计量，均匀掺入；搅拌方式、搅拌时间等因素也会严重影响含气量。

2. 引气剂对砂浆性能的影响

引气剂常被用来配制抹灰砂浆与砌筑砂浆。由于引气剂的加入，其对砂浆性能的影响主要有以下几点：

（1）由于气泡引入增加新拌砂浆的工作性能，减少泌水。在空气中搅拌砂浆时，可在拌合物中产生大量微小、均匀、密闭的气泡，均匀的气泡作用于骨料颗粒之间，如同滚珠一样，降低骨料颗粒之间的机械摩擦阻力，使拌合物的流动性增加，特别是在骨料颗粒较粗、级配较差及贫水泥砂浆中使用效果较好。

气泡本身有一定的体积，浆体体积的增加提高了其工作性。同时由于水分大量分布在气泡表面，这就使得自由移动的水量减少，大大提高了新拌砂浆的黏聚性、保水性，改善了砂浆的泌水和离析。

（2）减水剂需与引气剂共同使用，否则会降低砂浆的强度和弹性模量，降低其收缩。大量气泡的存在，减少了砂浆的有效受力面积，使强度有所降低。一般每增加1%含气量，强度下降5%。但由于引气剂具有一定的减水率，水灰比的降低使强度有一定的补偿，综合其对强度的贡献，对含气5%的砂浆，其强度为相同流动性非引气砂浆强度的90%～95%。

同时引气剂带来含气量增加会提高砂浆的收缩性，而减水剂的加入有助于降低砂浆的收缩性。

（3）能改善砂浆的抗渗性，显著提高其抗冻性、耐久性。引气剂能提高水泥浆体的保水能力，由于气泡的阻隔，砂浆拌合物中自由水的蒸发路线变得曲折、细小、分散，泌水大为减少，因而改变了毛细管的数量和特征，并减少了由于沉降作用所引起的砂浆内部不均匀缺陷，有利于提高砂浆的抗渗性。

引气剂能提高硬化砂浆的抗冻性、耐久性。水泥基材料在保水状态下，当温度下降到冰点以下时，毛细孔中的水-冰相变将产生强大的静水压，从而导致水泥基材料产生裂缝。加入引气剂，产生大量微小、均匀、密闭的气泡，气泡有较大的弹性变形能力，可以吸收毛细孔水-冰相变所迁移的水分，舒缓静水压，从而起到了蓄水池与泄压阀的作用。

引气剂也改善了砂浆其他方面的耐久性。引入大量微小气泡可作为体积膨胀的缓冲空间，降低和延缓其他物理膨胀（如盐晶体结晶压）和化学反应膨胀（如碱集料反应和硫酸盐反应等）引起的砂浆破坏。

2.4.4 早强剂

早强剂是一种加速水泥水化、提高砂浆早期强度的外加剂。其要求是：早期强度提高显著，凝结不应太快；不得含有降低后期强度及破坏砂浆内部结构的有害物质；对钢筋无锈蚀危害；资源丰富，价格便宜；便于施工操作等。

早强剂按其化学成分可分为无机早强剂、有机早强剂、有机-无机复合早强剂三大类。

（1）无机早强剂：主要是一些盐类，可分为氯化物系（用得较多的有氯化钠、氯化钙等）、硫酸盐系（用得较多的有硫酸钠）；此外，还有亚硝酸钠、硫酸铝以及铬酸盐等。

氯化物系早强剂：如氯化钙，作为砂浆外加剂最重要的用途是缩短初终凝时间及加速砂浆的硬化，因而在冬春寒冷季节可缩短砂浆的养护周期。掺加氯化钙作为早强剂，早期强度均明显增加，但增加的幅度因水泥细度、矿物组成等不同而有差异，且比普通砂浆有更大的收缩。掺量为水泥质量1％时，液相中$CaCl_2$的浓度将达到20g/L，足够量的氯离子能形成氯盐；当掺量达4％时，会出现明显的凝结甚至速凝，应加以避免。

硫酸盐系早强剂：如无水硫酸钠，溶解于水中与水泥水化产生的氢氧化钙作用，生成氧化钙和硫酸钙。这种新生成的硫酸钙颗粒极细，活性比掺硫酸钙要高得多，因而与C_3A反应生成水化硫铝酸钙的速度要快得多。而氢氧化钠是一种活性剂，能够提高C_3A和石膏的溶解度，加速水泥中硫铝酸钙的数量，导致水泥凝结硬化和早期强度的提高。但是硫酸盐系早强剂对混凝土中的钢筋有一定的腐蚀作用，包括氯盐的早强剂，而且衰减水泥砂浆后期的强度，所以现在的氯盐、硫酸盐系早强剂的用量逐渐减少。当水泥中C_3A矿物含量较低和C_3A与石膏的比值较小时，硫酸盐均能对水泥的凝结时间起一定延缓作用（尤其是硫酸盐掺量低于水泥质量的0.3％时）。掺加足量的硫酸盐不仅能加速水泥的凝结硬化作用，还可激发水泥混合材中玻璃体的潜在活性，因而对火山灰质水泥和矿渣水泥的增强效果更为显著。

（2）有机早强剂：有三乙醇胺、三异丙醇胺、甲醇、乙酸钠、甲酸钙、草酸钙及尿素等。

（3）有机-无机复合早强剂：工程中使用较多，例如1％的亚硝酸钠、2％的二水石膏、0.05％的三乙醇胺所配制的复合早强剂，具有显著的早强效果和一定的后期补强作用。

微量的三乙醇胺不改变水泥的水化生成物，却能加速水泥的水化速度，其在水泥水化过程中起着"催化"作用。亚硝酸盐和硝酸盐都能与 C_3A 生成络盐（亚硝酸盐和硝酸铝酸盐），可增强砂浆的早强强度并防止钢筋锈蚀。二水石膏的加入，使水泥浆体系中 SO_4^{2-} 的浓度增加，为较早较多地生成钙矾石创造了条件，这对水泥早期强度的发展起着积极的作用。

2.4.5 缓凝剂

缓凝剂是降低水泥或石膏的水化速度和水化热，延缓砂浆凝结时间，使新拌砂浆在较长时间内保持其塑性的一种外加剂。

在夏季砂浆施工、预拌砂浆运输过程中对延缓凝结、延长可工作时间、推迟水化放热过程和减少温度应力等所引起的裂缝等均起着重要的作用。在流态砂浆中，缓凝剂与高效减水剂复合使用可以减少砂浆的坍落度损失。

1. 缓凝剂的种类

（1）缓凝剂按结构可分为糖类、羟基羧酸及其盐类、无机盐类、木质磺酸盐等。

糖类：糖钙、葡萄糖酸盐等，添加量为 0.01%～0.03%。

羟基羧酸及其盐类：柠檬酸、酒石酸及其盐，添加量为 0.01%～0.1%。

无机盐类：锌盐、磷酸盐类，添加量为 0.1%～0.2%。

木质磺酸盐：所有缓凝剂中添加量最大且有较好的减水效果，添加量为 0.1%～0.2%。

（2）缓凝剂按其化学成分可分为有机物类缓凝剂和无机盐类缓凝剂两大类。

有机物类缓凝剂：较为广泛使用的一大类缓凝剂，常用品种有木质素磺酸盐及其衍生物、羟基羧酸及其盐（如酒石酸、酒石酸钠、酒石酸钾、柠檬酸等，其中以天然的酒石酸缓凝效果最好）、多元醇及其衍生物和糖类（糖钙、葡萄糖酸盐等）等碳水化合物。其中多数有机缓凝剂通常具有亲水性活性基团，因此其兼具减水作用，故又称其为缓凝减水剂。

无机盐类缓凝剂：包括硼砂、氯化锌、碳酸锌，以及铁、铜、锌的硫酸盐、磷酸盐和偏磷酸盐等。

2. 缓凝剂的作用机理

有机类缓凝剂：大多对水泥颗粒及水化产物新相表面具有较强的活性作用，吸附于固体颗粒表面，延缓了水泥和浆体结构的形成。

无机类缓凝剂：往往是在水泥颗粒表面形成一层难溶的薄膜，对水泥颗粒的水化起屏障作用，阻碍了水泥的正常水化，这些作用都会导致水泥的水化速度减慢，延长水泥的凝结时间。

缓凝剂对水泥缓凝的理论主要包括吸附理论、生成络盐理论、沉淀理论和控制氢氧化钙结晶生成理论。

2.4.6 消泡剂

消泡剂是帮助释放砂浆混合和施工过程中所夹带或发生的气泡，提高抗压强度、改善表面状态的一类外加剂。

有些预拌砂浆产品，对其外观有较高的要求，如自流平砂浆，通常要求其表面光滑、平整，而自流平砂浆施工时，表面形成的气孔会影响最终产品的表面质量和美观性，这时需使用消泡剂消除表面的气孔；又如防水砂浆，产生的气泡会影响到砂浆的抗渗性能；等等。因此，在某些预拌砂浆中，可使用消泡剂来消除砂浆中引入的气泡，使砂浆表面光滑、平整，并提高砂浆的抗渗性能和增加强度。

消泡剂的种类有：磷酸酯类（磷酸三丁酯）、有机硅化合物、聚醚、高碳醇（二异丁基甲醇消泡剂要求：表面张力低，与被消泡介质有一定的亲和性，分散性好）、异丙醇、脂肪酸及其酯、二硬脂酸酰乙二胺等。在干混砂浆中应掺加粉剂消泡剂，一般采用碳氢化合物、聚乙二醇或聚硅氧烷，掺量为水泥用量的 $0.01\% \sim 0.02\%$。

有效的消泡剂不仅能迅速使泡沫破灭，而且能在相当长的时间内防止泡沫的再生。消泡剂的功能与引气剂相反。引气剂定向吸附于气-液表面，消泡剂更容易被吸附，当其进入液膜后，可以使已吸附于气-液中比较稳定的引气剂分子基团脱附，因而使之不易形成稳定的膜，降低液膜表面黏度，使液膜失去弹性，加速液体渗出，最终使液膜变薄破裂，因而可以减少砂浆中的气泡尤其是大气泡的含量。

消泡剂的作用机理可分为破泡作用与抑泡作用。

破泡作用：破坏泡沫稳定存在的条件，使稳定存在的气泡变为不稳定的气泡并使之进一步变大、析出，使已经形成的气泡破灭。

抑泡作用：不仅能使已生成的气泡破灭，而且能较长时间抑制气泡的形成。

2.4.7　防水剂

防水剂是一类可以防止水分进入砂浆，同时还保持砂浆处于开放状态从而允许水蒸气扩散的外加剂。

防水剂的品种很多，可分为无机防水剂和有机防水剂。干混砂浆中多采用有机防水剂，主要有憎水性表面活性剂和聚合物乳液或水溶性树脂填料。掺加憎水性表面活性剂，对砂浆拌合物具有分散、引气、减水的作用，能够改善砂浆拌合物的均匀性和工作性。同时使硬化砂浆的毛细孔和表面具有憎水性，阻止水分的进入，从而使砂浆具有良好的抗水渗性和抗气渗性。

具有不同程度的憎水或防水功能对于许多砂浆来说是不可缺少的，如薄抹灰外保温系统的抹面砂浆、瓷砖填缝剂、彩色饰面砂浆和用于外墙的防水抹灰砂浆、外墙腻子、防水涂料、粉末涂料和某些修补材料等。为使砂浆具备一定的憎水功能可以掺加憎水性添加剂，它还可以与其他外加剂如减水剂等配合使用以进一步提高砂浆的防水能力，同时还可以保持砂浆处于开放状态从而允许水蒸气的扩散。

憎水性表面活性剂一般为高级饱和或不饱和有机酸以及它们的碱金属水溶性盐，其中有脂酸、棕榈酸、油酸、环烷酸混合物、松香酸以及它们的盐。环烷皂酸是最有效和最便宜的憎水剂之一。有机硅类憎水剂在建筑防水中占有重要的地位，它们可以直接掺入水泥砂浆作为防水剂，或者以水溶液或乳液形式喷涂在建筑物表面，提高砂浆的耐水性和耐久性，并且能与水泥砂浆表面产生化学结合，形成牢固的憎水性表面层。

用于干混砂浆的粉状憎水剂主要包括三种类型：

（1）脂肪酸金属盐：如硬脂酸钙、硬脂酸锌等，典型掺量为配方总量的 $0.2\%\sim$ 1%。成本相对较低。缺点是搅拌砂浆时需要较长时间才能拌合均匀。

（2）有机硅类憎水剂：如硅烷基粉末憎水剂，典型掺量为配方总量的 $0.1\%\sim$ 0.5%。硅烷在碱性条件下与水泥的水化产物形成高度持久的结合从而提供长期的憎水性能。不仅表现出高憎水效能，硅烷基粉末憎水剂还具有与砂浆快速拌合均匀的能力。

（3）特殊的憎水性可再分散聚合物粉末：可以提供良好的憎水性，但掺量较高，典型掺量为配方总量的 $1\%\sim3\%$。这些聚合物还可以改善砂浆的黏结性、内聚性和柔性。

2.4.8　减缩剂与膨胀剂

为了防止砂浆收缩开裂，特别是自流平地面和防水砂浆类薄层材料，常常采用减缩剂和膨胀剂。

减缩剂的主要化学成分可用通式 $R_{10}(AO)_n R_2$ 来表示，其中主链 A 为两种碳原子数为 $2\sim4$ 的烷基顺序嵌段聚合和随机嵌段聚合而得到；n 表示聚合度，通常为 2.5；R 为原子、烷基、硅烷基或苯基等。典型的减缩剂有：低级醇环氧乙烷加成物、聚醚和聚乙二醇等。减缩剂一般为液体产品，能增大水的黏度，降低水的表面张力，一般可以减少混凝土干缩的 $20\%\sim40\%$，早期减少干缩值可达到 50% 或者更多。经验表明，每立方米混凝土掺加 1kg 减缩剂的效果相当于掺加 5kg 膨胀剂或者少用 8kg 水。减缩剂可以与膨胀剂一起使用，两者协调作用、取长补短，在减少砂浆混凝土开裂方面可取得更好的效果。

膨胀剂用来产生一定程度的体积膨胀，在砂浆中使用膨胀剂的主要目的是补偿砂浆硬化后产生的收缩。膨胀剂品种较多，有硫铝酸盐系、石灰系、硫铝酸盐-氢氧化钙混合系、氧化镁、铁粉、铝粉等。

硫铝酸钙膨胀剂作用机理：硫铝酸钙与水泥的水化产物发生化学反应生成钙矾石，由于钙矾石的密度较水泥中的其他产物小，可以产生适度的体积膨胀，从而达到补偿硬化砂浆由于干缩、化学减缩等产生的体积变化。

石灰系膨胀剂作用机理：主要成分是生石灰 CaO，加水后反应生成氢氧化钙而产生体积膨胀。

铁粉类膨胀剂作用机理：利用催化剂、氧化剂之类的助剂，使铁粉表面被氧化而形成氢氧化铁或氢氧化亚铁使体积发生膨胀。

铝粉类膨胀作用机理：铝粉和碱性水泥砂浆反应产生氢气，使含有一定容积气体的水泥或砂浆的外观体积增大。但铝粉产生的膨胀发生在早期，水泥凝结前结束。

📖 **任务实施**

2.4.9　实施办法

（1）砂浆原材料中外加剂选择方案的确定及其设计方案的编制。

（2）设计要求：以任务相关知识为基础，并利用学院图书资源、网络资源，查找、收集各种相关资料完成表 2-19，确定外加剂选择类型，并说明其候选理由。

表 2-19　外加剂的设计方案

参考选项	减水剂	引气剂	早强剂	缓凝剂	防水剂	其他
砂浆的使用环境						
砂浆的性能要求						
外加剂的作用						
外加剂的种类						
外加剂的掺量						
砂浆的工作性能						
砂浆的外观						
砂浆的经济性						
砂浆的环保性						
砂浆的节能性						
砂浆用外加剂						

📖 任务拓展

地面砂浆配制时外加剂选择方案的确定及其设计方案的编制。

任务 2.5　预拌砂浆用添加剂的分析与选用

本任务主要将对预拌砂浆用添加剂的类型、特性及用途进行分析。

【重点知识与关键能力】

重点知识：
- 掌握预拌砂浆用添加剂的类型、特性、用途；
- 掌握不同添加剂之间的性能差异。

关键能力：
- 会依据预拌砂浆的具体用途及施工性能要求，合理选择添加剂。

📖 任务描述

（1）配制外墙传统抹面砂浆时，宜选用什么添加剂？

（2）配制内墙薄层抹灰砂浆时，宜选用什么添加剂？

（3）配制砌筑砂浆时，宜选用什么添加剂？

【任务要求】

·确定添加剂类型，并说明选择其理由。

【任务环境】

·每人根据工作任务，选用添加剂；
·以小组为单位，逐一讨论备选添加剂并确定选择。

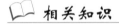 相关知识

2.5.1　添加剂

添加剂是指可再分散乳胶粉、聚合物乳液、纤维素醚（或淀粉醚等）、纤维等能改变砂浆某些性能的少量物质的总称。添加剂赋予预拌砂浆特殊的性能，是区别于传统建筑砂浆的关键所在。

预拌砂浆中最关键的原材料是添加剂，虽然其掺量很少，但所起的作用却很大，它能显著改善砂浆的性能。例如，可以通过掺加可再分散乳胶粉使砂浆具有弹性，通过掺加纤维使砂浆表面裂缝大幅度减少，等等。因此，现代砂浆技术的发展就是将各种添加剂经济合理地应用到预拌砂浆中，以满足现代建筑技术发展的需求。在预拌砂浆产品成本中，添加剂占了很大的比例，而最常用的添加剂如可再分散乳胶粉，价格较贵，导致预拌砂浆的成本大幅提高。因此，如何选用、选好添加剂，是预拌砂浆的核心，通过调配添加剂来改善预拌砂浆的性能，使之满足工程的需要。

在添加剂应用于预拌砂浆时，应充分注意的问题是，应整体考虑添加剂对砂浆性能的影响，不能仅考虑提高某一性能，而忽略了对其他性能的不利影响。例如，掺加可再分散乳胶粉可大大提高砂浆与基层的黏结性能，但胶粉会降低砂浆的耐水性。因此，在配制预拌砂浆产品时，应综合考虑各组分对砂浆各项性能指标的影响，通过试验确定经济合理、技术先进的砂浆配方。

2.5.2　聚合物乳液

聚合物乳液是一种物质以微细粒子（直径一般为 $0.1\sim0.5\mu m$ 的球状高分子）均匀地分散在水中形成的稳定体系。这种体系皆有一种最低值的稳定度，这个稳定度可因有表面活性物质或保护胶体的加入而大大增强。一般把乳液中的小液滴称为分散相，其余的相称为连续相。

1. 聚合物乳液的基本特性

（1）固含量：乳液干燥后的质量占干燥前质量的百分数，一般为 $45\%\sim60\%$。它是一个很重要的物理量，关系到乳液的用量及聚合物砂浆的聚灰比、水灰比的计算。

（2）粒径：一般是指分散在水中直径为 $0.1\sim0.5\mu m$ 的球状高分子。颗粒大小影响乳液的黏度、成膜性和渗透性。粒径大小与生产过程有关。用非离子乳化剂和保护剂生产乳液，粒径较大；用阴离子乳化剂生产乳液，粒径较小。粒径大小也影

响外观颜色，粒径较小的聚合物性能较好。

（3）黏度：乳液的一个重要指标，关系到乳液的稳定性和应用性能。黏度越高，稳定性越好，运输和储存的安全性越高。影响黏度的因素很多，如固含量、粒径和保护剂的种类、用量。

（4）机械稳定性：乳液受到机械（高速搅拌后泵送）作用、化学离子（钙离子和 pH 值稳定）作用和温度变化（冻融和高温稳定）等作用能保持稳定的能力。

（5）最低成膜温度：乳液聚合物粒子相互凝聚成为连续薄膜的最低温度（MFT）。最低成膜温度越高，聚合物的柔性越低。

2. 聚合物的种类

目前，建筑用聚合物乳液大多为非交联型的热塑性乳液。通常按其单体成分分类，主要的品种有：醋酸乙烯均聚物乳液（俗称白乳胶-PVAC 乳液）、醋酸乙烯-顺丁烯二酸酯共聚物乳液、醋酸乙烯-乙烯共聚物乳液（VAE 乳液）、醋酸乙烯-叔碳酸乙烯共聚物乳液（PVAC-VEOVA 乳液）、醋酸乙烯-丙烯酸酯共聚物乳液（醋丙乳液、乙丙乳液），醋酸乙烯-氯乙烯-丙烯酸共聚物乳液（氯醋丙乳液）、纯丙烯酸酯共聚乳液（纯丙乳液）、苯乙烯-丙烯酸酯共聚乳液（苯丙乳液）、氯乙烯-偏氯乙烯共聚物乳液（氯偏乳液）、丁二烯-苯乙烯共聚物乳液（丁苯乳液）、硅氧烷-丙烯酸酯共混乳液（硅丙乳液）。另外，还有一类通常划为无机高分子热固性（交联）乳液，即聚硅氧烷乳液（硅树脂乳液），也经常应用在建筑中。

3. 聚合物砂浆的性能

（1）硬化前聚合物（乳液）砂浆的性能。由于砂浆中的聚合物乳液含有大量水分，故砂浆的流动性变大，因此实际砂浆的水灰比要降低；聚合物砂浆在搅拌过程中，砂浆内部产生较多气泡，砂浆的体积增大，密度降低；聚合物砂浆有保水作用，有利于提高砂浆的强度；聚合物砂浆可提高抗冻性及离析性；聚合物砂浆可使砂浆缓凝。

（2）硬化后聚合物（乳液）砂浆的性能。聚合物一旦在材料内部及表面成膜，由于高分子间作用力主要为范德华力，便在无机材料表面、空隙中形成高分子网状结构，对无机材料的内聚力、弹性模量、气孔分布、水化程度、凝结时间、抗压强度、抗折强度、透气率、耐热性、耐水耐冻性、耐酸碱性、尺寸变化、黏结性能、离子渗透、耐盐腐蚀性、施工性、流变性能、变形能力、蠕变、抗渗性、介电性能、抗裂性、耐油性、抗冲击性、环保性能、材料用途以及材料性价比都有不同程度的提高或改变。

2.5.3　可再分散乳胶粉

可再分散乳胶粉是将聚合物乳液经预处理（掺加保护胶体、抗结块剂等）后，再通过喷雾干燥工艺得到的聚合物粉末；将粉末与水再次混合后，又可重新分散在水中形成新的乳液，其性能与原始乳液基本一致。

1. 可再分散乳胶粉的种类

目前市场上常见的可再分散乳胶粉品种有：苯乙烯与丁二烯共聚乳胶粉（SBR）、醋酸乙烯酯与乙烯共聚乳胶粉（EVA）、醋酸乙烯酯均聚乳胶粉（PVAC）、乙烯-醋酸乙烯酯共聚物（E/VAC）、醋酸乙烯酯-叔碳酸乙烯酯共聚乳胶粉（VAC/VEOVA）、丙烯酸酯与苯乙烯共聚乳胶粉（A/S）、乙烯-氯乙烯-月桂酸乙烯酯三元共聚乳胶粉（E/VC/VL）、醋酸乙烯酯-乙烯-叔碳酸乙烯酯三元共聚乳胶粉（VAC/E/VEOVA）、醋酸乙烯酯-丙烯酸酯-叔碳酸乙烯酯三元共聚乳胶粉（VAC/A/VE-OVA）等。

2. 可再分散乳胶粉的组成

可再分散乳胶粉通常为白色，但少数也有其他颜色。主要成分包括：

（1）聚合物树脂：位于胶粉颗粒的核心部位，也是可再分散乳胶粉发挥作用的主要成分。例如聚醋酸乙烯酯、乙烯共聚树脂等。

（2）添加剂（内）：与聚合物一起起到改性聚合物的作用。例如降低聚合物成膜温度的增塑剂（通常聚醋酸乙烯酯、乙烯共聚树脂不需要添加增塑剂），并非每一种胶粉都有添加剂成分。

（3）添加剂（外）：为了进一步改善可再分散乳胶粉的性能又另外添加的材料。如添加高效减水剂在某些助流性乳胶粉中。与内添加剂一样，不是每种可再分散乳胶粉都含有这种添加剂。

（4）保护胶体：在可再分散乳胶粉颗粒的表面包裹的一层亲水性材料。绝大多数可再分散乳胶粉的保护胶体为聚乙烯醇。

（5）抗结块剂：细矿物填料，主要用于防止胶粉在储运过程中结块，从而使乳胶粉可以像水一样从纸袋、吨袋或槽车中倾倒出来。

3. 胶粉的主要技术指标

可再分散乳胶粉的基本质量控制指标为外观、不挥发物的质量分数、pH 值以及灼烧残渣的质量分数。

外观：无粗颗粒、异物和结块。

不挥发物的质量分数：应在生产厂控制范围内。

pH 值：应在生产厂控制范围内。

灼烧残渣的质量分数：不超过生产厂控制值且不大于 15%。

4. 可再分散乳胶粉的生产过程及再分散过程

可再分散乳胶粉的生产及再分散过程，如图 2-2 所示。

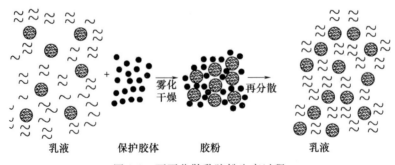

图 2-2　可再分散乳胶粉生产过程

（1）乳液的聚合。乳液聚合所采用的单体决定了可再分散乳胶粉的类型，用于制备可再分散乳胶粉的聚合物单体主要为烯，属不饱和单体，包括各种乙烯酯类和丙烯酸酯类。由于可再分散乳胶粉主要用于建筑结合材和黏合剂中，而醋酸乙烯聚合物具有低廉的价格、较高的黏结强度、无毒无害、生产和使用安全方便等优势，故其在应用于建筑结合材和黏合剂的聚合物乳液中用量最大。

一般来讲，制备可再分散乳胶粉所用的乳液，其聚合方法没有特别的限制，可以使用各种以水为分散介质的乳液聚合方法，但大多推荐使用连续或半连续乳液聚合法，也可以使用种子乳液聚合法，一般使用保护胶体和阴离子或非离子乳化剂，或不用乳化剂。制备可再分散乳胶粉所得的聚合物乳液其固体含量一般在 40%～60%，可以根据干燥器的性能、产品性能要求和干燥前需要加入的其他助剂量调节合适，对于乙烯-醋酸乙烯共聚型乳液，则应该稀释到 40% 以下。

为提高可再分散乳胶粉的可再分散性和防止在干燥和储存时结块，在干燥前一般应加入保护胶体或表面活性剂（乳化剂），使可再分散乳胶粉具有较强的亲水性和对碱的敏感性，最常用的保护胶体是部分水解的聚乙烯醇。聚乙烯醇中含有大量的羟基，耐水性相当差，而且醋酸乙烯聚合物由于其带有极性的酯基和羧基，本身的耐水性尤其是耐热水性较差。在含有 PVA 和羧基的可再分散乳胶粉中，可以添加多价金属盐来提高其耐水性，尤其是耐热水性，因为 PVA 和羧基可与金属盐反应而变得不溶于水，在含有 PVA 的乳液中，还可以加入醛类，使 PVA 缩醛而降低其吸水性。除了 PVA 外，还可以选用其他一些耐水性较好的保护胶体，以保证产品的耐水性，如聚丙烯酸、改性聚丙烯酸等。

在乳液干燥之前，其他一些助剂，如消泡剂、增稠剂、憎水剂等，可以和乳液分散体一起干燥。

（2）乳液的干燥。制备可再分散乳胶粉最常用的干燥方法是喷雾干燥法，也可以用减压干燥法和冰冻干燥法。干燥是可再分散乳胶粉制备中的一个难点，并不是所有的乳液都可以转变成为可再分散乳胶粉的，因为必须在高温下将这些室温下就可成膜甚至发黏的热塑性聚合物乳液转变为可自由流动的粉末。乳液分散体中乳液粒子的直径在数微米，在喷雾干燥过程中，乳胶粒子会凝聚，因此通常可再分散乳胶粉的粒径在 $10\sim500\mu m$，从扫描式电子显微镜（SEM）下可以看到，乳胶粒子凝结形成的是空心结构。可再分散乳胶粉在分散后，乳胶粒子的直径一般在 $0.1\sim5\mu m$，由于可再分散乳胶粉在分散时再分散液的乳胶粒子粒径分布是可再分散乳胶粉的主要质量指标之一，它决定了可再分散乳胶粉的黏合能力和作为添加剂的各种效果，因而要选用适当的分散和干燥方法，尽量使再分散液的粒子粒径与原来乳液的粒子粒径有相同的分布，以保证再分散液与原来乳液性质相近。

大部分可再分散乳胶粉使用并流式喷雾干燥工艺，即粉料运动方向和热风一致，也有使用逆流式喷雾干燥工艺的，其干燥介质一般使用空气或氮气。由于在喷雾干燥时，乳胶粒子容易出现凝结和变色等问题，因此，要严格控制乳液的添加剂、分散情况、乳液固体含量以及喷雾形式、喷雾压力、雾滴大小、进出口热风温度、风速等工艺因素。一般而言，双喷嘴或多喷嘴的效果和热利用率要优于单喷嘴，一般喷嘴的压力在 4×10^5 Pa 左右，热风进口温度在 $100\sim250$℃，出口温度在 80℃ 左右。加入高岭土、硅藻土、滑石粉等惰性矿物防结块剂可以防止结块，但如在干燥之前加入，那么防结块剂可能被聚合物包裹成微胶囊而失去作用，大部分都是在干燥器顶部与乳液分别独立地喷入，但也容易随气流流失和在干燥器与输送管道上结壳。较好的加入方法是分成两部分加入：一部分在干燥器上部用压缩空气喷入；另一部分在底部与冷空气一起进入。为防止结块，也可以在乳液聚合过程中，当聚合达到80%～90%时，对剩余部分进行皂化，或是在乳液中加入三聚氰胺-甲醛缩合物，也可利用某种乳化剂乳液。

在可再分散乳胶粉的生产过程中，胶粉是由单体乳化液滴转变而成的聚合物"固体"颗粒。严格来说，这些颗粒并不是固体，因为此处考虑的聚合物是热塑体，只有在低于某一临界温度时才成为固体，该临界温度被称为玻璃化温度（T_g）。只有在该温度以上，热塑体才失去其所有的结晶态性质，但由于聚合物像网那样相互交织在一起，这种材料实际上仍处于准固体状态。

（3）乳胶粉在砂浆中的成膜过程及作用机理。掺入可再分散乳胶粉的预拌砂浆加水搅拌后，可再分散乳胶粉对水泥砂浆的改性是通过胶粉的再分散、水泥的水化和乳胶的成膜来完成的。可再分散乳胶粉在砂浆中的成膜过程大致分为三个阶段。

第一阶段，砂浆加水搅拌后，聚合物粉末重新均匀地分散到新拌水泥砂浆内而再次乳化。在搅拌过程中，粉末颗粒会自行再分散到整个新拌砂浆中，而不会与水泥颗粒聚集在一起。可再分散乳胶粉颗粒的"润滑作用"使砂浆拌合物具有良好的施工性能；它的引气效果使砂浆变得可压缩，因而更容易进行镘抹作业。在胶粉分散到新拌水泥砂浆的过程中，保护胶体具有重要的作用。保护胶体本身较强的亲水性使可再分散乳胶粉在较低的剪切作用力下也会完全溶解，从而释放出本质未发生改变的初始分散颗粒，聚合物粉末由此得以再分散。在水中的快速再分散是使聚合物的作用得以最大程度发挥的一个关键性能。

第二阶段，由于水泥的水化、表面蒸发或基层的吸收造成砂浆内部孔隙自由水分不断消耗，乳胶颗粒的移动自然受到了越来越多的限制，水与空气的界面张力促使它们逐渐排列在水泥砂浆的毛细孔内或砂浆-基层界面区。随着乳胶颗粒的相互接触，颗粒之间网络状的水分通过毛细管蒸发，由此产生的高毛细张力施加于乳胶颗粒表面引起乳胶球体的变形并使它们融合在一起，此时乳胶膜大致形成。

第三阶段，通过聚合物分子的扩散（有时称为自黏性），乳胶颗粒在砂浆中形成不溶于水的连续膜，从而提高了对界面的黏结性和对砂浆本身的改性。

5. 可再分散乳胶粉对砂浆性能的影响

（1）可再分散乳胶粉在新拌砂浆中的作用。可再分散乳胶粉增强了新拌砂浆的保水性；延长砂浆开放时间；改进砂浆内聚力；增加砂浆触变与抗垂性；改善砂浆流动性；提高施工性能。

由于可再分散乳胶粉本身具有一定的引气作用，与纤维素醚一同使砂浆具有稳定性较高的含气量，对砂浆的施工起到润滑作用。胶粉尤其保护胶体分散时对水的亲和及黏稠度，增强砂浆的内聚力，从而提高了和易性。

（2）可再分散乳胶粉在砂浆硬化以后的作用。可再分散乳胶粉增强了硬化砂浆的抗弯折强度、拉伸强度（水泥材料中的附加黏结剂）、内聚强度、耐磨强度，提高了可变形性和密实度，使材料具有极佳憎水性（加入憎水性胶粉），从而减小弹性模量，减少材料吸水性，减低碳化深度。

乳胶颗粒在砂浆中形成不溶于水的连续膜，堵塞砂浆内部空隙。再者，具有可反应基团的聚合物可能与固体氢氧化钙表面的硅酸盐发生化学反应，改进水泥水化产物与骨料之间的黏结。还有，砂浆颗粒表面形成的聚合物膜在砂浆和基体之间形成桥接，可以想象由许多细小的弹簧连接在刚性骨架上，由于聚合物出色的拉伸黏结强度，使砂浆和水泥基体之间的界面微裂纹减少，使收缩裂缝得以愈合，使得砂浆自身强度得以加强，即内聚力得以提高，形变能力远高于水泥等无机刚性材料，可变形性得以提高，分散内外应力的作用得以大幅度提高，从而改善了砂浆的抗裂与抗外力能力。

2.5.4　纤维素醚

纤维素醚是以木质纤维或精制短棉纤维作为主要原料，经化学处理后，通过与氯化乙烯、氯化丙烯或氧化乙烯等醚化剂发生反应所生成的粉状纤维素醚。

纤维素醚的生产过程很复杂，它是先从天然纤维（棉花或木材）中提取纤维素，然后加入氢氧化钠后经过化学反应（碱溶）转化成为碱性纤维素，碱性纤维素在醚化剂的作用（醚化反应）下，并经水洗、干燥、研磨等工序生成纤维素醚。

1. 纤维素醚的种类

不同的醚化剂可把碱性纤维素醚化成各种不同类型的纤维素醚。纤维素的分子结构是由失水葡萄糖单元分子键组成的，每个葡萄糖单元内含有三个羟基，在一定条件下，羟基被甲基、羟乙基、羟丙基等基团取代，可生成各类不同的纤维素品种。如被甲基取代的称为甲基纤维素，被羟乙基取代的称为羟乙基纤维素，被羟丙基取代的称为羟丙基纤维素。由于甲基纤维素是一种通过醚化反应生成的混合醚，以甲基为主，但含有少量的羟乙基或羟丙基，因此被称为甲基羟乙基纤维素醚或甲基羟丙基纤维素醚。由于取代基的不同（如甲基、羟乙基、羟丙基）以及取代度的不同（在纤维素上每个活性羟基被取代的物质的量），因此可生成各类不同的纤维素醚品种和牌号。

纤维素醚按其取代基的电离性能可分为：离子型和非离子型。离子型主要有羧甲基纤维素盐（NaCMC）、羧甲基羟乙基纤维素盐（NaCMHEC）；非离子型主要有甲基纤维素醚（MC）、甲基羟乙基纤维素醚（HEMC）、甲基羟丙基纤维素醚（HPMC）、羟乙基纤维素醚（HEC）。

按取代基的种类，纤维素醚可分为：单醚（如甲基纤维素醚）和混合醚（如甲基羟丙基纤维素醚）。

按可溶性不同可分为：水溶性（如羟乙基纤维素）和有机溶剂溶解性（如乙基纤维素）等。干混砂浆主要用水溶性纤维素，水溶性纤维素又分为速溶型和经过表面处理的延迟溶解型。

保水性和增稠性的效果依次为：甲基羟乙基纤维素醚（HEMC）＞甲基羟丙基纤维素醚（HPMC）＞羟乙基纤维素醚（HEC）＞羧甲基纤维素（CMC）。现砂浆中常用的是：甲基羟乙基纤维素醚（HEMC）和甲基羟丙基纤维素醚（HPMC）。

2. 纤维素醚在砂浆中的作用机理

（1）砂浆内的纤维素醚在水中溶解后，由于表面活性作用保证了胶凝材料在体系中有效地均匀分布，而纤维素醚作为一种保护胶体，"包裹"住固体颗粒，并在其表面形成一层润滑膜，使砂浆体系更稳定，也提高了砂浆在搅拌过程的流动性和润滑性。

（2）纤维素醚溶液由于自身分子结构特点，使砂浆中的水分不易失去，并在较长的一段时间内逐步释放，赋予良好的保水性和工作性。

3. 纤维素醚对砂浆性能的影响

（1）纤维素醚使新拌砂浆增稠从而防止离析并获得均匀一致的可塑性。

（2）纤维素醚本身具有引气作用，还可以稳定砂浆中引入的均匀细小的气泡，提高砂浆的和易性和可操作性。同时由于细小气泡的存在，提高了砂浆的抗渗、抗冻、耐久性。

（3）纤维素醚良好的保水性能，有助于保持薄层砂浆的水分（自由水），砂浆施工后水泥可以有更多的时间水化，确保砂浆不会由于缺水、水泥水化不完全而导致的起砂、起粉和强度降低。

（4）纤维素醚的增稠效果使湿砂浆的结构强度大大增强，如瓷砖黏结剂具有良好的抗下垂能力。

（5）纤维素醚的添加可以明显改善湿拌砂浆的湿黏性，对各种基材都有良好的黏性，从而提高砂浆的上墙能力，减少浪费。

2.5.5　淀粉醚

淀粉醚是从天然植物（如马铃薯、玉米、木薯、瓜耳豆等）中提取的多糖化合物，经改性而成。与纤维素相比具有相同的化学结构及类似的性能。

淀粉醚主要用于以水泥和石膏为胶凝材料的手工或机喷砂浆、瓷砖黏结砂浆、嵌缝料和黏结剂、砌筑砂浆等。淀粉醚在水泥砂浆中的典型掺量为 $0.01\%\sim0.1\%$；在石膏基产品中为 $0.02\%\sim0.06\%$。掺量低，它仍可以显著增加砂浆的稠度，同时需水量和屈服值也略有增加。

淀粉醚在聚合物砂浆中的作用如下。

（1）保水性：由马铃薯、玉米、木薯改性而成的淀粉醚保水性显著低于纤维素醚，但其价格较低，可与纤维素醚一起使用，优势互补；由瓜耳豆改性而成的瓜尔胶，在低黏度少掺量的条件下可以等量取代纤维素醚，而具有相似的保水性。

（2）增稠性：尽管淀粉醚本身的黏度较低（2%水溶液中黏度为 $100\sim500\mathrm{mPa\cdot s}$），但在与纤维素醚配合使用时，可以使砂浆的稠度显著增加，新拌砂浆的垂流程度降低。这样使得批抹砂浆在垂直墙面上可以批得更厚，瓷砖胶能够黏附更重的瓷砖而不产生滑移。

（3）延长开放时间：特殊类型的淀粉醚可以降低砂浆对镘刀的黏附或延长开放时间。

（4）增强性：保水后延长开放时间，其黏结强度相对有所提高。

（5）兼容性：与其他产品具有相容性，可与纤维素醚共用，提高产品质量。

2.5.6　纤维

水泥砂浆本身存在抗拉强度低、抗冲击力差、抗裂性能差等固有缺陷，而克服这些缺陷的最有效办法就是掺加纤维。掺加纤维可以提高砂浆的抗裂、抗折、抗渗、抗冲击、耐冻融等性能，是提高水泥基材料的有效手段。

掺加纤维的种类很多，性能差异也很大。目前，抹面砂浆、内外墙腻子粉、保温材料薄罩面砂浆、灌浆砂浆、自流平砂浆等的生产中都开始添加合成纤维或木纤维，而有些抗静电地面材料中则以金属纤维和碳纤维为主。预拌砂浆中普遍采用化学合成纤维和木纤维。化学合成纤维，如聚丙烯短纤维、丙纶短纤维等，这类纤维经过表面改性后，不仅分散性好，而且掺量低，能有效改善砂浆的抗塑性、抗裂性。同时，对硬化砂浆的力学性能影响不大。木纤维则直径更小，掺加木纤维应注意其对砂浆需水量的增加。

1. 纤维的分类

（1）天然纤维：纤维素纤维、麻纤维、椰子壳纤维等植物纤维；石棉、纤维状硅灰石、纤维状海泡石等。

（2）有机纤维：聚丙烯纤维、维纶、腈纶、丙纶、聚乙烯与芳纶纤维等。

（3）人造无机纤维：抗碱玻璃纤维、矿棉、玄武岩纤维、碳纤维、碳化硅纤维、氧化铝纤维、钢纤维等。

2. 纤维的种类

（1）抗碱玻璃纤维。普通的玻璃纤维不能抵抗水泥材料的高碱性侵蚀，不能用作商品砂浆的抗裂和增强材料。原因在于硅酸盐水泥水化生成的氢氧化钙，与普通玻璃纤维中的二氧化硅发生化学反应生成硅酸钙，这一反应是不可逆的，直至作为普通玻璃纤维骨架的二氧化硅被完全破坏、纤维的强度损耗殆尽为止，所以必须选用抗碱玻璃纤维抗碱。

抗碱玻璃纤维是在普通玻璃纤维的生产过程中加入 16％的氧化锆，以提高玻璃纤维的抗碱性。

（2）维纶纤维。维纶纤维即维尼纶纤维，化学名称为聚乙烯醇纤维或 PVA 纤维。这种纤维抗碱性强，亲水性好，可耐日光老化，在一般有机酸、醇、酯及石油等溶剂中不溶解，不易霉蛀；缺点是耐热水性不够好，弹性较差。

产品有低弹性模量的普通维纶纤维、中强中模维纶纤维和高强高模维纶纤维。

（3）腈纶纤维。腈纶纤维的化学名称为聚丙烯腈纤维或称 PANF 纤维。腈纶纤维具有较好的化学稳定性，耐酸、耐弱碱、耐氧化剂和有机溶剂，但腈纶在碱液中会发黄，大分子发生断裂；有一定的亲水性，吸水率为 2％左右，受潮后强度下降较少，保留率为 80％～90％；对日光和大气作用的稳定性较好，室外暴晒一年强度只下降 20％。此外，腈纶还具有热弹性、耐热性好、不发霉、不怕虫蛀，但耐磨性差、尺寸稳定性差特性。

（4）聚丙烯纤维。聚丙烯纤维是利用定向聚合得到的等规聚丙烯为原料，经熔融挤压法进行纺丝而制成的合成纤维，又称丙纶。因为原料来源丰富，生产工艺简单，所以其产品价格相较其他合成纤维低廉，近年来丙纶在合成纤维中发展得比较快，产量仅次于涤纶、尼龙、腈纶，是合成纤维的重要品种。丙纶纤维具有质轻，强度高、工业耐磨、耐腐蚀性好，电绝缘性能好，回弹性好，以及抗微生物，不霉不蛀等优点，但丙纶的耐热性和耐老化性不强。

常选用较细的纤维，其单丝直径只有 $12\sim18\mu m$，能很好地分散在砂浆中，不需要特殊工艺，就能很均匀地分散开，使用起来很方便，对防止砂浆的泌水和离析有一定的作用。因这种纤维很细，但在砂浆中的根数很多，非常多的乱排纤维在砂浆中构成一个较密的纤维网，阻止砂浆中各种颗粒的运动，因而有效地防止了砂浆的泌水和离析。

（5）尼龙纤维。尼龙纤维的化学名称为聚酰胺纤维，是以含有酰胺键的高分子化合物为原料经过熔融纺丝及后加工而制得的纤维。

尼龙纤维最大的特点是耐磨性非常好，在所有的化学纤维和天然纤维中，它可算得上是耐磨冠军。尼龙纤维的强度很高，尼龙纤维的耐热性较强，加热到 $160\sim170℃$就开始软化收缩，高强度和高耐磨性，弹性和抗疲劳性也很好。但耐光性和保型性都较差，吸水性较大。因为尼龙分子中有许多亲水的酰胺基，所以尼龙纤维有一定的吸湿性，它的吸湿率可达 $3.5\%\sim5.0\%$。

（6）聚乙烯纤维。聚乙烯纤维是由线型聚乙烯（高密度聚乙烯）经熔融纺丝法纺丝而成的聚烯烃纤维。

聚乙烯纤维特点：纤维强度和伸长与丙纶相接近；吸湿能力与丙纶相似，在通常大气条件下，回潮率为0；具有稳定的化学性质，有良好的耐化学药品性和耐腐蚀性；耐热性较差，但耐湿热性能较好；有良好的电绝缘性；耐光性较差，光照下易老化。

（7）聚酯纤维。聚酯纤维的中国商品名称是涤纶，俗称"的确良"，是由二元酸和二元醇经过缩聚而制得的聚酯树脂再经熔融纺丝和后处理制得的一种合成纤维，聚酯纤维在合成纤维中发展最快，产量居于首位。

涤纶纤维的强度非常大，而且湿强度不低于干强度，因而广泛用于制备绳索、汽车安全带等。涤纶纤维，有很高的耐冲击强度和耐疲劳性，它的耐冲击强度比尼龙纤维高4倍，是制造轮胎帘子线的很好材料。但其也存在一系列缺点，如透气性差、吸湿率低、手感硬等。

（8）芳纶纤维。如果聚酰胺的原料全部改为芳香族酸（酰）和芳胺合成的原料生产的纤维则统称芳纶，它是一种高强度、高模量的纤维。同时其密度低，比强度很高；有很高的耐热性，其熔点都在 $400℃$以上，不燃、不熔；耐腐蚀性好，有弹性、韧性、编织性好，耐冲击性好。

（9）木质纤维。木质纤维是采用富含木质素的高等级天然木材（如冷杉、山毛榉等）以及食物纤维、蔬菜纤维等，经过酸洗中和，然后粉碎、漂白、碾压、分筛而成的一类白色或灰白色粉末状纤维。木质纤维是一种吸水而不溶于水的天然纤维，具有优异的柔韧性、分散性。

在水泥砂浆产品中添加适量不同长度的木质纤维，可以增强抗收缩性和抗裂性，提高产品的触变性和抗流挂性，延长开放时间并起到一定的增稠作用。

3. 纤维的阻裂机理

水泥制品、构件或建筑物，在水泥的硬化过程中由于显微结构与体积的变化，不可避免地会产生许多微裂纹，并随干缩变化、温度变化、外部荷载的变化而扩展，水泥基体的瞬间脆性断裂导致机体失效。

如果把纤维均匀无序地分散于水泥砂浆基体之中，这样水泥砂浆基体在受到外力或内应力变化时，纤维对微裂缝的扩展起到一定的限制和阻碍作用。数以亿计的纤维纵横交错，各向同性，均匀分布，就如几亿根"微钢筋"植入于水泥砂浆的基体之中，这就使得微裂缝的扩展受到了这些"微钢筋"重重阻挠，微裂缝无法越过这些纤维而继续发展，只沿着纤维与水泥基体之间的界面绕道而行。

开裂是需要能量的，要裂下去需打破纤维的层层包围，而仅靠应力所产生的能量是微不足道的，只能被这些纤维消耗殆尽。由于数目巨大的纤维存在，既消耗能量又缓解应力、阻止裂缝的进一步发展，从而起到了阻断裂缝的作用。

4. 纤维对砂浆性能的影响

纤维加入砂浆中，可以赋予砂浆高品质、高性能、高强度、抗裂、抗渗、抗爆裂、抗冲击、抗冻融、抗磨损、抗老化等方面的功能。

（1）阻裂：防止砂浆基体原有缺陷、裂痕的扩展，并有效阻止和延缓新裂缝的出现。

（2）防渗：提高砂浆基体的密实性，阻止外界水分侵入，提高耐水性和抗渗性。

（3）耐久：改善砂浆基体的抗冻、抗疲劳性能，提高了耐久性。

（4）抗冲击：改善砂浆基体的刚性，增加韧性，减少脆性，提高砂浆基体的变形力和抗冲击性。

（5）抗拉：并非所有的纤维都可以提高抗拉强度，只有在使用高强高模纤维，才可以起到提高砂浆基体抗拉强度的作用。

（6）美观：改善水泥砂浆的表面形态，使其更加致密、细腻、平整、美观、抗老化。

2.5.7 颜料

颜料按物料状态可分为液体颜料和粉末颜料；颜料按化学性质可分为有机颜料和无机颜料。有机颜料着色性强，色彩鲜艳；无机颜料则耐久性好，但用量较大。无机粉末颜料包括氧化石、铁系、铬系、铅系等。耐碱无机颜料对水泥无有害作用，常用的有：氧化铁（红、黄、褐、黑色）、氧化锰（褐、黑色）、氧化铬（绿色）、赭石（赭色）、群青（蓝）以及普鲁士红等。颜料通常用在装饰砂浆中，使得砂浆的颜色多样化。

在砂浆中使用颜料应注意以下几个问题：

（1）颜料色彩的稳定性。装饰砂浆一般直接暴露在自然环境中，太阳光的照射，风、雨、雪的反复作用都有可能影响颜料的颜色。因此，在选择颜料时，必须注意颜料在这些自然环境中的稳定性。

（2）与砂浆颜色的协调性。在装饰砂浆的使用中，最终体现的是砂浆的颜色，而砂浆的专用颜色是砂浆本体颜色和颜料颜色综合作用的结果。因此，在配置装饰砂浆时应注意，颜料的勾缝色是不够的，必须注意两者之间的协调性，才能取得更好的装饰效果。

（3）与砂浆体系的匹配。这里主要注意颜料对砂浆性能的影响。砂浆是一个复杂的体系，在这一体系中，一些颜料可能与胶凝材料中的某些组分反应，也有一些颜料与一些有机的化学外加剂形成络合物，这些反应可能会影响砂浆中各种组分作用的发挥，从而影响砂浆的性能。

另外，还应注意砂浆体系对颜料色彩的影响，在砂浆中常用一些无机的金属氧化物作为颜料，这些金属氧化物可能在不同的环境中呈不同的价态，从而表现出不同的颜色。不同砂浆的环境是不同的，水泥基砂浆中通常呈较强的碱性环境，而石膏基砂浆中则呈现弱酸性环境。

这些环境的差异可能会引起金属氧化物价态的变化，从而使颜料的颜色发生变化。此外，颜料与一些有机物形成络合物，也可能影响颜色的变化。因此，不能仅根据颜料的颜色来确定砂浆的颜色，要根据试验来确定砂浆的颜色。这些金属氧化物价态的变化有时候是较快的，但通常需要一个过程。因此，试验必须有一定的试验周期。

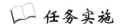 **任务实施**

2.5.8　实施办法

（1）砂浆原材料中添加剂选择方案的确定及其设计方案的编制。

（2）设计要求：以任务相关知识为基础，并利用学院图书资源、网络资源，查找、收集各种相关资料完成表 2-20，确定添加剂选择类型，并说明其候选理由。

表 2-20　添加剂的设计方案

参考选项	可再分散乳胶粉	纤维素醚	聚合物乳液	纤维	其他
砂浆的使用环境					
砂浆的性能要求					
添加剂的作用					
添加剂的种类					
添加剂的掺量					
砂浆的工作性能					
砂浆的外观					
砂浆的经济性					
砂浆的环保性					
砂浆的节能性					
砂浆用添加剂					

任务拓展

地面砂浆配置时掺合料选择方案的确定及其设计方案的编制。

延展阅读

2.5.9　矿物纤维

矿物纤维主要是从矿物开采得到的一种天然无机纤维，例如海泡石纤维、硅灰石纤维、水镁石纤维、玄武岩纤维、石棉纤维等。矿物纤维具有性能综合、安全、使用性能好、性价比高的优点，保水性、亲水性、分散性、均匀性和化学稳定性好等特点，是符合 21 世纪发展需要的新型绿色纤维。

（1）海泡石纤维。海泡石纤维是一种层链状富镁硅酸盐矿，因其特有的晶体结构，具有良好的吸附性、流变性和催化性。海泡石矿物纤维在其他高中等极性溶液中，纤维束易解散形成不规则的纤维网络，可在低浓度下形成高黏度的稳定悬浮液。在海泡石表面存在大量的 Si—OH 基，对有机物结合分子有很强的亲和力，可与有机物反应剂直接作用。

（2）水镁石纤维。水镁石纤维是一种对人体无害的天然矿物纤维，其主要化学成分是氢氧化镁。无论在化学组成、晶体结构，还是化学性质等方面均与石棉有很大的不同。水镁石纤维具有优良的力学性能、抗碱性能、水分散性能及环境安全性能。水镁石纤维的性能特点以及在经济性、安全性方面的优势，决定了它具有极大的市场潜力和应用前景。

水泥基复合水镁石纤维，在挠曲强度、耐压强度、冲击强度、耐腐蚀性等方面获得大大改善。随着水镁石纤维的增加，砂浆混凝土的机械性能均有所改善，尤其是挠曲强度。

（3）硅灰石纤维。硅灰石（$CaSiO_3$）是一种钙的偏硅酸盐类矿物，天然产出的硅灰石常呈针状、放射状、纤维集合体。其无毒，具有低吸油性、低吸水性、热稳定性和化学稳定性、白度高等物化性质。针状硅灰石可以显著改善砂浆的抗裂性能。

（4）玄武岩纤维。玄武岩纤维是以天然的火山喷出岩作为原料，将其破碎后加入熔窑中在 1450～1500℃熔融后，通过铂铑合金漏板制成。玄武岩纤维为非晶态物质，其使用温度范围大，导热系数低，吸湿能力低且不随温度变化，这就保证了其在使用过程中的热稳定性。玄武岩纤维无毒、不易燃、耐化学腐蚀性好，并具有抗拉强度高、弹性模量大的力学性能。将短切纤维用于砂浆混凝土中，可提高砂浆混凝土的韧性、抗拉强度和抗弯强度。

思考与练习

一、填空题

1. 在水的物理、化学作用下，能从浆体变成坚固的石状体，并能胶结其他物料而具有一定机械强度的物质，统称（　　）。它可分为（　　）和（　　）两大类。

2.《通用硅酸盐水泥》（GB 175—2007）中规定普通硅酸盐水泥代号为（　　），复合硅酸盐水泥代号为（　　），硅酸盐水泥代号为（　　），矿渣硅酸盐水泥代号为（　　），火山灰质硅酸盐水泥代号为（　　），粉煤灰硅酸盐水泥代号为（　　）。

3. 通用硅酸盐水泥按（　　）的品种和掺量分为（　　）水泥、（　　）水泥、（　　）水泥、（　　）水泥、（　　）水泥和（　　）水泥。

4. 硅酸盐水泥初凝时间不小于（　　），终凝时间不大于（　　）；普通硅酸盐水泥和复合硅酸盐水泥初凝时间不小于（　　）、终凝时间不大于（　　）。

二、判断题

1. 机制砂的最大粒径越大，细度模数越大。（　　）

2. 骨料的吸水率越大，砂浆的需水量也越大。（　　）

3. 随着砂细度模数减小，水泥砂浆抗压强度逐渐减小。（　　）

4. 聚丙烯纤维可以减少砂浆的收缩裂缝。（　　）

5. 早强剂能够加速水泥水化，显著提高砂浆早期强度。（　　）

6. 纤维素醚HPMC的加入，会提高砂浆的强度。（　　）

三、选择题

1. 气硬性胶凝材料是（　　）。

A. 建筑石膏　　　B. 硅酸盐水泥　　　C. 高铝水泥　　　D. 矿渣水泥

2. （　　）不属于无机胶凝材料。

A. 水泥　　　　　B. 石膏　　　　　C. 粉煤灰　　　　D. 石灰

3. （　　）不属于有机胶凝材料。

A. 沥青　　　　　B. 水玻璃　　　　C. 环氧树脂　　　D. 不饱和树脂

4. 在干混砂浆中，不宜采用（　　）级粉煤灰。

A. Ⅰ、Ⅱ　　　　B. Ⅰ　　　　　　C. Ⅱ　　　　　　D. Ⅲ

5. （　　）的加入能够提升砂浆的保水性能。

A. 减缩剂　　　　B. 乳胶粉　　　　C. 淀粉醚　　　　D. 减水剂

6. 建筑细砂的细度模数为（　　）。

A. 3.1～3.7　　　B. 2.3～3.0　　　C. 1.6～2.2　　　D. 0.7～1.5

项目 3　设计及验证预拌砂浆配合比

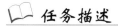 **项目简介**

预拌砂浆配合比设计在砂浆的制备和应用中占有重要地位。合理的配合比设计能保证砂浆性能优良、工艺性能良好、生产成本较低并满足使用要求，获得最佳经济效益。因此，在制备砂浆时必须重视配合比设计。配合比设计涉及配方组合（原料）的品种、类型、用量和制备工艺，这些对砂浆的性能和应用都具有决定性的影响。本项目主要是对干混砂浆配合比设计、湿拌砂浆配合比设计进行学习，涉及砂浆配合比设计原则、设计依据、设计步骤和设计实例。通过任务的完成，学会干混砂浆配合比设计、湿拌砂浆配合比设计。

任务 3.1　干混砂浆配合比设计

本任务主要将对干混砂浆配合比进行设计。

【重点知识与关键能力】

重点知识：

- 掌握干混砂浆配合比设计原则、设计依据。
- 掌握不同类型干混砂浆配合比设计步骤。

关键能力：

- 会设计干混砂浆配合比。
- 会分析不同类型干混砂浆配合比设计的区别。

 微课

干混砂浆配合比设计

任务描述

某企业要生产几种不同类型的干混砂浆，如果你是一名砂浆配合比设计人员，如何设计干混砂浆的配合比？

【任务要求】

- 进行干混砂浆配合比设计。
- 编写干混砂浆配合比设计说明书。

【任务环境】

- 三人一组，根据工作任务进行合理分工。
- 每组配置相应的原材料、试验设备进行配合比设计。

📖 **相关知识**

3.1.1 干混砂浆配合比设计原则与思路

干混砂浆配合比设计要考虑的因素很多，主要有产品的质量要求、原材料和生产工艺装备、社会效益和经济效益等。一个高质量的干混砂浆产品，不仅要符合国家标准《预拌砂浆》（GB/T 25181—2019）要求，而且要最大程度地满足用户需求。对于一个正在运行的企业，其原材料与工艺装备都受到一定的限制，砂浆的配合比设计应充分考虑企业的实际情况。在保证产品质量的同时，如何降低产品的成本也是砂浆配合比设计的主要目标之一。另外，社会效益是提高企业形象和竞争力的重要内容，在配合比设计时也应有所考虑。干混砂浆配合比设计的基本原则和思路大致可概括如下：

（1）满足《预拌砂浆》（GB/T 25181—2019）要求。标准规定了不同的干混砂浆品种和等级相应的技术指标，如保水率、2h稠度损失率和强度等，这是判断干混砂浆产品质量最基本和最直观的依据。在设计某一干混砂浆品种和等级的配合比时，必须满足《预拌砂浆》（GB/T 25181—2019）要求。

（2）最大程度地满足用户需求。干混砂浆产品满足建筑装修工程或用户需要的程度，是判断其产品是否优良的根本依据，干混砂浆配合比设计时必须以此作为根本目标。如前所述，干混砂浆质量指标有显性指标与隐性指标，标准以外的指标可归为隐性指标，这比标准要求范围更宽、层次更深，满足隐性指标比满足现行国家标准要求更难。对隐性指标的满足情况更体现砂浆配合比设计的科学性与水平。例如，一个良好的配合比，应该有更好的抗空鼓开裂能力、施工润滑性，夏季施工时有更高的保水性和较低的稠度损失率，砂浆在储运过程中的离析较小。又如，随着砌块尺寸的精准化和装配式建筑的发展，砂浆薄层砌筑和抹灰的需求日益增强，用户有需求时，砂浆配合比设计中应予以充分考虑，如提高砂浆保水率、黏结强度，适当控制砂的最大粒径等。

（3）考虑企业原材料和工艺装备等实际情况。在配合比设计时应充分考虑实际情况，与已有的原材料和工艺装备相适应。砂浆企业的原材料来源、生产能力、混合机类型、仓储情况、罐车的性能都是砂浆配合比设计时应考虑的因素。例如，企业的砂仓多，砂经过分级进行存放，则可以采用多级配设计。对于某一干混砂浆企业，变更主要的原材料及工艺装备，或受场地和时间限制，或提高成本和增加投入。因此，在配合比设计时，尽量考虑原有的原材料和工艺装备。例如，砂浆离析偏大，在工艺装备不变的情况下，可考虑适当增加水泥用量；要提高砂浆强度等级，可适当提高水泥用量，相应地减少矿物掺合料用量，而不是首先考虑更换材料品种。

（4）考虑社会效益和经济效益。在保证干混砂浆质量的前提下，如何提高社会效益和经济效益，也是砂浆配合比设计必须考虑的内容。

影响干混砂浆成本的因素有很多，砂浆配合比是一个关键因素。干混砂浆生产成本包括材料、设备和人力成本。在材料成本中，由于保水增稠材料价格最高，水泥的价格远高于砂，因此，通常通过控制保水增稠材料掺量、节省水泥用量来控制砂浆的材料成本。例如,选择合适的保水增稠材料,减少其掺量;提高矿物掺合料用量、采用良好颗粒级配的砂等以减少水泥用量。干混砂浆的生产成本又与它的强度有直接的关系。砂浆的强度偏高,不仅会提高砂浆的生产成本,而且可能会使空鼓开裂的风险加大,这就要求干混砂浆配合比设计时,不宜片面追求强度。

另外,干混砂浆配合比设计时还应考虑社会效益,在保证产品质量和经济性的同时,兼顾节约资源、能源和保护环境等方面的要求。例如,为了减少建筑垃圾和节约天然砂资源,在砂浆配合比设计时,在保证砂浆质量和经济效益的前提下,尽量以再生砂来替代天然砂。

3.1.2　干混砂浆配合比设计的主要依据和过程

干混砂浆配合比设计,主要参考依据有《砌筑砂浆配合比设计规程》和《抹灰砂浆技术规程》。本节所涉及的主要是普通干混砂浆,组成材料有水泥、粉煤灰、砂和保水增稠材料等,《砌筑砂浆配合比设计规程》和《抹灰砂浆技术规程》中对保水增稠材料没有特别加以考虑。另外,《砌筑砂浆配合比设计规程》和《抹灰砂浆技术规程》中也没有明确交代初步配合比是如何得来的,直接采用上述两个规程进行配合比设计存在较大的局限性。但是,上述两个规程提供了试配强度和砂浆中水泥用量的计算方法,对砂浆配合比设计具有指导意义。综合考虑矿物掺合料和添加剂的情况,本节进一步对配合比设计进行修正和完善。

本节主要介绍干混砂浆配合比设计方法,以《砌筑砂浆配合比设计规程》(JGJ/T 98—2010)和《抹灰砂浆技术规程》(JGJ/T 220—2010)为基础,并根据企业配合比设计的经验,对标准中的配合比设计加以补充、修正,以期更切合干混砂浆企业的实际情况。

配合比设计的主要过程如下:

(1)明确干混砂浆品种和性能指标要求。干混砂浆的品种和强度是配合比设计的目标所在。在配合比设计前,干混砂浆生产除了要满足《预拌砂浆》(GB/T 25181—2019)的要求以外,还应根据客户需求,明确砂浆品种和强度等级,了解砂浆的施工对象(墙体)性质、温度和湿度环境、施工方法、生产和应用质量水平等,提高某些性能的指标值,或增加新的性能指标要求。例如,根据用户要求,砂浆品种为DPM10,应用于烧结砖墙面,夏季施工。第一,性能指标应符合《预拌砂浆》(GB/T 25181—2019)的要求;第二,考虑到墙面吸水率较高、水泥水化硬化速度快、水分蒸发较快的特点,适当提高保水率,降低 2h 稠度损失率和延长凝结时间;第三,结合生产、储运和施工质量水平情况,适当提高 28d 抗压强度和 14d 拉伸黏结强度等指标。

(2)明确原材料品种与质量状况。砂浆的配合比设计与原材料的品种、质量状况密切相关。在砂浆配合比设计时,应明确其品种和质量状况。例如,粉煤灰的质量影响其取代水泥率及取代系数的选取,保水增稠材料的强度损失率影响水泥用量的计算。

(3)计算每立方米干混砂浆中初始水泥用量。参照《砌筑砂浆配合比设计规程》(JGJ/T 98—2010)和《抹灰砂浆技术规程》(JGJ/T 220—2010),由砂浆的强度等级和施工水平确定试配强度，计算每立方米干混砂浆中初始水泥用量。

（4）确定保水增稠材料用量。干混砂浆中保水增稠材料的用量，主要以砂浆的保水率能达到预期要求来确定。在实际的配合比设计过程中，可根据企业以往的实践经验或供应商提供的参考数据来初步确定保水增稠材料的用量。

（5）修正初始水泥用量。考虑到参照《砌筑砂浆配合比设计规程》（JGJ/T 98—2010）和《抹灰砂浆技术规程》（JGJ/T 220—2010）所计算的初始水泥用量没有考虑保水增稠材料、砂浆品种等的影响，对计算的初始水泥用量进行修正。

保水增稠材料是干混砂浆的重要组成材料，无论是企业自制还是外购，它在改善砂浆拌合物性能的同时，对硬化砂浆的强度会造成不同程度的影响，一般都会导致砂浆强度损失。因此，在配合比设计过程中应根据保水增稠材料的性能特点，引入保水增稠材料修正系数。保水增稠材料修正系数根据砂浆强度损失率来确定，强度损失率可参照供应商提供的数据或通过实验室实测取得，无参考数据时，强度损失率取 25%。例如，按供应商推荐掺量掺入保水增稠材料时，砂浆的强度损失率为 23.0%，修正系数可取 1.23。

不同的砂浆品种，其稠度要求也不一样，在同样的水泥用量下，强度也有所差异，因此，需引入砂浆品种修正系数。砂浆品种修正系数可根据企业的经验选取。如抹灰砂浆稠度较高，修正系数可取 1.05；对于地面砂浆而言，虽然标准规定的稠度比砌筑砂浆低，但实际应用时，稠度往往与砌筑砂浆相差不大，修正系数可取 1.00。

以此类推，如有其他没有考虑的影响因素，也可通过试验或总结经验等，引入修正系数，对计算的初始水泥用量进行修正。

（6）确定矿物掺合料取代水泥率和取代系数。掺加矿物掺合料一方面可以改善砂浆的施工性能，另一方面也能节约砂浆的生产成本。在进行配合比设计时，应根据矿物掺合料的种类和性能，结合砂浆的强度等级选取合适的取代水泥率和取代系数。

常用的掺合料有粉煤灰和矿渣粉。由于粉煤灰强度发展很慢，在 28d 龄期，粉煤灰对砂浆强度贡献很小，但粉煤灰可显著改善砂浆的和易性。而矿渣粉有较好的潜在水硬性，对砂浆 28d 强度贡献较大。考虑到粉煤灰价格相对较低，同时对砂浆和易性改善的效果较好，在设计强度等级较低的砂浆时，主要以粉煤灰来取代水泥。在设计强度等级较高的砂浆时，目前使用掺合料的情况较少，若考虑以掺合料来取代水泥，宜以矿渣粉为主。两者取代系数的选择可参照混凝土配合比设计：矿渣粉为等量取代，即取代系数为 1.0；粉煤灰为超量取代，根据粉煤灰的等级，取代系数为 1.3~1.7。采用其他活性掺合料时，取代水泥率和取代系数可根据其活性指标情况，参照粉煤灰或矿渣粉进行选取。

（7）计算和易性补偿用掺合料用量。砂浆拌合物的和易性是配合比设计时必须考虑的性能。和易性与砂浆中胶凝材料总量有直接关系。胶凝材料总量包括干混砂浆中的水泥、矿物掺合料和保水增稠材料的用量。根据已有的经验和文献报道，要保证砂浆拌合物的和易性较好，干混砂浆中胶凝材料总量不宜小于 350kg/m³。因此，在配合比设计过程中，若砂浆中的胶凝材料总量小于 350kg/m³，宜增加矿物掺合料的用量，来补偿砂浆和易性的不足。目前企业常通过增加粉煤灰的用量，使砂浆中胶凝材料总量调整至 350kg/m³ 左右，以补偿砂浆和易性的不足。

随着机制砂的应用日益增多，机制砂制备过程中产生的粉料也增多。粉料中较细的组分，如粒径 $75\mu m$ 以下的石粉，虽然活性不如粉煤灰、矿渣粉，但也可以作为补偿和易性的掺合料。

（8）确定每立方米砂浆中砂的用量。假设干混砂浆的混合过程是一个粉状原材料填充砂之间空隙的过程，在配合比设计过程中直接采用 $1m^3$ 砂的堆积质量作为 $1m^3$ 干混砂浆中砂的用量。

（9）计算初步配合比。计算 $1m^3$ 干混砂浆各组成材料的实际用量，其中，水泥实际用量为修正后水泥用量扣除矿物掺合料取代的水泥用量；粉煤灰实际用量为粉煤灰取代水泥率乘以取代系数加上和易性补偿的粉煤灰用量；矿渣粉实际用量为矿渣粉取代水泥率乘以取代系数。将 $1m^3$ 干混砂浆各组成材料的实际用量换算成砂浆质量比例，即干混砂浆的初步配合比。

虽然在砂堆积密度较大的情况下，粉状原材料填充砂之间空隙的假设与实际情况偏离较大，粉状原材料填充 $1m^3$ 砂后的砂浆体积不止 $1m^3$，但是配合比只是各组成材料的相对比例关系，在初步配合比计算时，为了简便，不另行考虑粉状原材料填充 $1m^3$ 砂后的砂浆体积增加的情况。

（10）确定生产配合比。生产配合比是在初步确定的配合比的基础上，通过小幅度调整水泥、砂、矿物掺合料及保水增稠材料的用量，测试各要求的技术性能，再在各组试验中选择一组质量符合要求且经济性较好的配合比作为生产配合比。例如，通过适当增减保水增稠材料用量及水泥用量，测定砂浆的稠度、保水率、表观密度、2h 稠度损失率和 28d 抗压强度，从中确定生产配合比。

3.1.3　干混砂浆配合比设计步骤

无论是砌筑砂浆、抹灰砂浆、地面砂浆还是防水砂浆，其配合比设计的步骤相同，只是品种和等级不同，性能指标要求有所差异，初始水泥用量修正系数、矿物掺合料取代水泥率选取等有一些区别。

3.1.3.1　天然砂配制干混砂浆配合比设计步骤

天然砂配制干混砂浆配合比设计步骤如下：

（1）试配砂浆目标性能指标的确定。根据砂浆品种和等级，参照《预拌砂浆》（GB/T 25181—2019），并考虑具体的施工墙体、环境温度与湿度、施工方式，以及生产、储运和施工水平等具体情况，确定试配砂浆的各项性能指标目标值。

试配砂浆的 28d 抗压强度和 14d 拉伸黏结强度（抹灰砂浆）目标值分别按式（3-1）和式（3-2）进行计算。

$$f_{m,0} = kf_2 \tag{3-1}$$

$$f_{m,0}' = kf_2' \tag{3-2}$$

式中　$f_{m,0}$——试配砂浆的抗压强度目标值（MPa），精确至 0.1MPa；

　　　f_2——砂浆强度等级值（MPa）；

　　$f_{m,0}'$——试配砂浆的 14d 拉伸黏结强度目标值（MPa），精确至 0.1MPa；

　　　f_2'——砂浆 14d 拉伸黏结强度标准值（MPa）；

　　　k——砂浆生产与施工质量水平系数，取 1.15～1.25。

砂浆生产与施工质量水平优良、一般、较差时，k 值分别取 1.15、1.20、1.25。砂浆生产与施工质量水平和出厂砂浆强度偏差、储运过程的离析及拌制水平等有关，最终反映在施工时拌合砂浆的强度偏差大小。砂浆强度标准差 σ 及 k 可参照表 3-1 取值。

表 3-1　砂浆强度标准差 σ 及 k 值

拌合砂浆强度波动	σ/MPa							k
	M5	M7.5	M10	M15	M20	M25	M30	
较小	1.00	1.50	2.00	3.00	4.00	5.00	6.00	1.15
一般	1.25	1.88	2.50	3.75	5.00	6.25	7.50	1.20
较大	1.50	2.25	3.00	4.50	6.00	7.50	9.00	1.25

当有统计资料时，砂浆强度标准差可按式（3-3）计算。

$$\sigma = \sqrt{\frac{\sum_{i=1}^{n} f_{m,i}^2 - n\mu_{fm}^2}{n-1}} \qquad (3-3)$$

式中　$f_{m,i}$——统计周期内同一品种砂浆第 n 组试件的强度（MPa）；

　　　μ_{fm}——统计周期内同一品种砂浆 n 组试件强度的平均值（MPa）；

　　　n——统计周期内同一品种砂浆试件的总组数，$n \geqslant 25$。

（2）初始水泥用量的计算。

① 1m³ 干混砂浆中的初始水泥用量 Q_{c0} 按式（3-4）进行计算。

$$Q_{c0} = \frac{1000\,(f_{m,0} - \beta)}{\alpha \times f_{ce}} \qquad (3-4)$$

式中　Q_{c0}——1m³ 砂浆的初始水泥用量（kg），精确至 1kg；

　　　f_{ce}——水泥的实测强度（MPa），精确至 0.1MPa；

　　　α、β——砂浆的特征系数，其中 α 取 3.03，β 取 -15.09。

注：也可根据本地区试验资料确定 α、β 值，统计用的试验组数不得少于 30 组。

② 在无水泥的实测强度数据时，可按式（3-5）计算。

$$f_{ce} = \gamma_c \times f_{ce,k} \qquad (3-5)$$

式中　$f_{ce,k}$——水泥强度等级值（MPa）；

　　　γ_c——水泥强度等级值富余系数，宜按实际统计资料确定，无统计资料时可取 1.0。

（3）干混砂浆中砂用量的确定。直接采用 1m³ 砂的堆积质量作为 1m³ 干混砂浆中砂的用量，即干混砂浆中砂的用量 Q_s 的数值可取砂的堆积密度 ρ_s 的数值。

（4）保水增稠材料用量的确定。干混砂浆中保水增稠材料的用量 Q_t 主要根据砂浆的保水率确定。按照《建筑砂浆基本性能试验方法标准》（JGJ/T 70—2009）中的保水性试验方法，根据试验数据确定砂浆保水率达到预期要求的保水增稠材料的用量 Q_t。在实际的配合比设计过程中，可根据保水增稠材料供应商提供的参考数据初步确定保水增稠材料的用量 Q_t。

（5）修正后水泥用量的计算。对水泥用量的修正一般只需考虑砂浆的品种、保水增稠材料质量的影响。砂浆的品种、保水增稠材料质量的修正系数 ω_1 和 ω_2 根据表 3-2 选择，其中，保水增稠材料修正系数根据它的砂浆强度损失率来确定。强度损失率数据可通过试验、经验总结或供应商提供等途径获得，若没有可参考的数据，强度损失率取 25%。

表 3-2 初始水泥用量修正系数

品种	砌筑砂浆	抹灰砂浆	地面砂浆	防水砂浆
砂浆品种的修正系数 ω_1	1.00	1.05	1.00	1.00
保水增稠材料的修正系数 ω_2	按 1.00＋强度损失率取值，无强度损失率数据时一般取 1.25			
其他因素的修正系数 ω_i	按 1.00＋强度损失率取值			

注：强度损失率数据可通过试验、经验总结或供应商提供等途径获得。

除了砂浆品种、保水增稠材料质量修正系数以外，若有必要，还可以根据实际情况引入其他因素的修正系数 ω_i。其他因素的修正系数也可以通过试验、经验总结或厂家提供的强度损失率数据来确定。例如，采用建筑垃圾再生砂，若因增加砂浆的需水量造成强度损失，可引入建筑垃圾再生砂的修正系数 ω_3，当强度损失率为 5% 时 ω_3 取 1.05。

修正后 $1m^3$ 干混砂浆中的水泥用量 Q_{ct} 按式（3-6）进行计算。

$$Q_{ct}=Q_{c0}\times\omega_1\times\omega_2\times\cdots\times\omega_i \tag{3-6}$$

式中 Q_{ct}——修正后 $1m^3$ 干混砂浆中的水泥用量（kg），精确至 1kg；

ω_1——砂浆品种的修正系数；

ω_2——保水增稠材料的修正系数；

ω_i——其他因素的修正系数。

（6）取代水泥率和取代系数的选择。取代水泥率 β 指干混砂浆中的水泥被掺合料取代的百分比，主要有粉煤灰取代水泥率和矿渣粉取代水泥率，分别用 β_f 和 β_k 表示。取代系数 δ 是指掺合料掺量与其取代水泥量的比值，主要有粉煤灰取代系数和矿渣粉取代系数，分别用 δ_f 和 δ_k 表示。

砂浆中较为适宜的取代水泥率和取代系数见表 3-3。

表 3-3 砂浆中的取代水泥率和取代系数

取代水泥率与取代系数		砂浆强度等级						
		M5	M7.5	M10	M15	M20	M25	M30
矿渣粉	取代水泥率 β_k/%	0~5	0~5	0~10	0~15	0~15	0~20	0~20
	取代系数 δ_k	1.0						
粉煤灰	取代水泥率 β_f/%	15~25	15~25	10~20	5~15	5~10	0~5	0~5
	取代系数 δ_f	1.3~1.7						

其他活性掺合料也可参照粉煤灰或矿渣粉的方法进行取代，取代水泥率和取代系数根据它的活性情况而定。

（7）水泥实际用量的计算。掺合料用量的确定是以砂浆中基准水泥用量为基础的，根据粉煤灰（矿渣粉）取代水泥率，按式（3-7）求出 $1m^3$ 砂浆中水泥的实际

用量 Q_c。

$$Q_c = Q_{ct}(1 - \beta_k - \beta_f) \tag{3-7}$$

式中　Q_c——1m³ 砂浆中水泥的实际用量（kg），精确至 1kg；

　　　Q_{ct}——修正后水泥用量（kg）；

　　　β_k——矿渣粉的取代水泥率；

　　　β_f——粉煤灰的取代水泥率。

（8）掺合料用量的计算。

① 取代水泥的粉煤灰用量按式（3-8）进行计算。

$$Q_{f1} = Q_{ct} \times \beta_f \times \delta_f \tag{3-8}$$

式中　Q_{f1}——1m³ 砂浆中取代水泥的粉煤灰用量（kg），精确至 1kg；

　　　δ_f——粉煤灰的取代系数。

② 取代水泥的矿渣粉用量按式（3-9）进行计算。

$$Q_k = Q_{ct} \times \beta_k \times \delta_k \tag{3-9}$$

式中　Q_k——1m³ 砂浆中取代水泥的矿渣粉用量（kg），精确至 1kg；

　　　δ_k——矿渣粉的取代系数。

③ 当砂浆中水泥、粉煤灰、矿渣粉、保水增稠材料总量小于 350kg/m³ 时，应进行砂浆和易性补偿。补偿和易性的粉煤灰用量按式（3-10）进行计算。

$$Q_{f2} = 350 - Q_c - Q_{f1} - Q_k - Q_t \tag{3-10}$$

式中　Q_{f2}——1m³ 砂浆中补偿和易性所需的粉煤灰用量（kg），精确至 1kg。

④ 粉煤灰的实际用量按式（3-11）进行计算。

$$Q_f = Q_{f1} + Q_{f2} \tag{3-11}$$

⑤当采用其他矿物掺合料时，也可参照粉煤灰的方法进行计算，取代水泥率和取代系数根据它的活性情况酌情取值。

（9）初步配合比的计算。根据上述 1m³ 干混砂浆中各组成材料的用量，换算成砂浆质量比例，即干混砂浆的初步配合比。

（10）配合比的试配与校核。

① 和易性校核。根据工程实际使用的材料，按设计的初步配合比试拌砂浆，根据不同品种砂浆稠度范围的要求确定用水量 Q_w。砂浆的稠度范围见表 3-4。

以计算出的初步配合比为基准组，调整保水增稠材料的用量，试配时其浮动量一般为掺量的 ±10%。测定新拌砂浆的稠度和保水率，得到满足设计性能指标要求的最小保水增稠材料用量。

表 3-4　几种常用干混砂浆的稠度要求

项目	干混砌筑砂浆		干混抹灰砂浆		干混地面砂浆	干混普通防水砂浆
	普通砌筑砂浆	薄层砌筑砂浆	普通抹灰砂浆	干混抹灰砂浆		
稠度/mm	70~80	70~80	70~80	90~100	45~55	70~80

② 强度校核。水泥用量和掺合料取代水泥率都会影响干混砂浆的强度。一般为了在短时间内进行强度校核，在试配时至少采用三个不同的配合比。其中一个为基

准配合比，另外两个配合比的水泥用量按基准配合比分别增减 10%，相应调整粉煤灰或矿渣粉的用量。根据这三个配合比，参照《建筑砂浆基本性能试验方法标准》（JGJ/T 70—2009）中的立方体抗压强度试验方法测试砂浆的 28d 抗压强度等各项性能，从中选择符合质量要求和经济性较佳的配合比作为最终的生产配合比。

配合比设计过程中涉及的矿物掺合料主要是粉煤灰与矿渣。采用其他矿物掺合料时，配合比设计也可以参考该方法，其中可根据其他矿物掺合料的活性情况，参考表 3-3 对取代水泥率和取代系数酌情取值。

3.1.3.2　机制砂配制干混砂浆配合比设计步骤

部分或全部利用机制砂配制砂浆，与天然砂配制基本相似，配合比设计基本上可参照天然砂的设计步骤进行。但是，机制砂配制砂浆也有其特殊性，尤其是针对自带制砂工艺的干混砂浆企业，因而必须对某些配合比设计步骤进行相应的修正。

（1）机制砂配制砂浆的特殊性。

① 采用机制砂时，机制砂本身含有一定量的石粉（机制砂中粒径 $75\mu m$ 以下的颗粒称为石粉），同时，制砂过程中选出的粉料中也含有较多的石粉，这些石粉可以当作掺合料。花岗岩、石灰岩等制砂产生的石粉活性较低，一般不用于取代水泥，即取代水泥率为零，仅用于补偿砂浆的和易性。

② 制砂过程中选出的粉料中粗颗粒（粒径大于 $75\mu m$），可近似地当作细砂，对前述配合比设计步骤（3）中确定的砂的用量进行修正，即在原来的砂用量基础上减去粉料中的粗颗粒的量。

③ 通常情况下，制砂过程中选出的石粉较多，处置压力大，为了尽量在砂浆中多用石粉，少用甚至不用粉煤灰、矿渣粉等掺合料，对砂浆尤其是砌筑砂浆的某些性能指标适当放宽。

（2）设计步骤修正。由于机制砂配制干混砂浆的特殊性，在配合比设计时，应在参照前述的配合比设计步骤的基础上，对掺合料用量、砂的实际用量和粉料用量等进行修正和补充。方法如下：

① 机制砂带入的石粉量的计算。机制砂带入的石粉量 Q_{sp1} 按式（3-12）进行计算。

$$Q_{sp1} = Q_s \times \theta_{sp1} \tag{3-12}$$

式中　Q_{sp1}——$1m^3$ 砂浆中机制砂带入的石粉量（kg），精确至 1kg；

　　　　Q_s——配合比设计步骤（3）中确定的 $1m^3$ 砂浆中砂的用量，精确至 1kg；

　　　　θ_{sp1}——机制砂中石粉的含量百分比（%）。

② 补偿和易性所需的石粉量的计算。砂浆中补偿和易性所需的石粉量 Q_{sp2} 按式（3-13）计算。

$$Q_{sp2} = 350 - Q_c - Q_{fl} - Q_k - Q_{sp1} - Q_t \tag{3-13}$$

式中　Q_{sp2}——$1m^3$ 砂浆中补偿和易性所需的石粉量（kg），精确至 1kg；

　　　　Q_c——$1m^3$ 砂浆中水泥的实际用量（kg），精确至 1kg；

　　　　Q_{fl}——$1m^3$ 砂浆中取代水泥的粉煤灰用量，因用石粉补偿和易性，也即粉煤灰的实际用量（kg），精确至 1kg；

Q_k——$1m^3$ 砂浆中取代水泥的矿渣粉用量（kg），精确至 $1kg$；

Q_t——$1m^3$ 砂浆中保水增稠材料的用量（kg），精确至 $1kg$。

③ 机制砂粉料用量的计算。机制砂粉料用量 Q_{sp} 按式（3-14）计算。

$$Q_{sp}=Q_{sp2}/\theta_{sp2} \tag{3-14}$$

式中　Q_{sp}——$1m^3$ 砂浆中补偿和易性所需的粉料用量（kg），精确至 $1kg$；

θ_{sp2}——机制砂粉料中石粉的含量（％）。

④ 机制砂实际用量的计算。$1m^3$ 砂浆中机制砂的实际用量 Q'_s，按式（3-15）计算。

$$Q'_s=Q_s-(Q_{sp}-Q_{sp2}) \tag{3-15}$$

⑤ 配合比的优化。根据计算（修正后）所得的 $1m^3$ 干混砂浆中各组成材料的用量，换算成砂浆质量比例，得到干混砂浆的初步配合比。不仅需要对初步配合比进行试配和校核，还必须尽可能多地用制砂过程中选出的粉料，对配合比进行进一步的优化。

另外，建筑垃圾再生砂的应用实践日益增多，用自制再生砂生产砂浆时，可参照机制砂配制砂浆的配合比设计方法进行设计。当再生砂石粉活性较高时，则可以替代粉煤灰来计算配合比，这里不再详述。

需要指出的是，以上设计方法还是比较初级的，许多参数的设定多涉及经验总结，设计过程比较粗略。例如，在砂堆积密度较大时，粉状原材料填充砂之间空隙的假设与实际偏离较大，但是，考虑到配合比只是各组成材料的相对比例关系，为了便于计算，没有对粉状原材料填充砂后的体积增加情况进行校正。希望在实践中对此类问题不断加以完善。

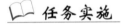 **任务实施**

3.1.4　干混砂浆配合比设计实例

微课
天然砂制备
砂浆配合比
设计实例

3.1.4.1　天然砂制备 DP M10 配合比设计实例

1. 基本情况

（1）砂浆品种和强度等级 DP M10。

（2）原材料。

① 水泥：复合硅酸盐水泥（42.5 级），28d 抗压强度实测为 48.5MPa。

② 砂：天然中砂，细度模数为 2.4，堆积密度为 $1540kg/m^3$。

③ 掺合料：Ⅲ级粉煤灰。

④ 保水增稠材料：外购，推荐掺量为 0.5％。

（3）其他。应用于加气块内墙抹灰，施工时间在 7 月。生产、运输及施工质量水平一般。

2. 配合比设计过程

（1）试配砂浆性能指标目标值的确定。加气块墙体吸水率较高，吸水时间较长，直接进行抹灰时，砂浆水分易被墙体吸走，抹灰前进行界面处理。施工期间温度高，水化反应加速，水分容易蒸发，砂浆流动性损失较大，砂浆凝结较快。因此，考虑砂浆在符合《预拌砂浆》（GB/T 25181—2019）的基础上，适当提高砂浆保水率及延长凝结时间，并适当降低 2h 稠度损失率。同时，对砂浆拌合物表观密度进行控制，以保证砂浆拌合物的和易性。

考虑到砂浆生产、运输及施工质量水平一般，质量水平系数 k 取 1.20。试配砂浆的 28d 抗压强度目标值按式（3-1）计算。

$$f_{m,0} = k f_2 = 1.20 \times 10.0 = 12.0 (MPa)$$

试配砂浆的 14d 拉伸黏结强度目标值按式（3-2）计算。

$$f_{m,0}' = k f_2' = 1.20 \times 0.20 = 0.24 (MPa)$$

设计的抹灰砂浆主要性能指标的标准值及目标值列于表 3-5。

表 3-5　设计的抹灰砂浆主要性能指标的标准值和目标值

性能	稠度/mm	保水率/%	表观密度/(kg/m³)	2h 稠度损失率/%	凝结时间/min	14d 拉伸黏结强度/MPa	28d 抗压强度/MPa
标准值	90~100	≥88	—	≤30	180~540	≥0.2	≥10.0
目标值	90~100	≥92	1800~2000	≤20	240~540	≥0.24	≥12.0

（2）初步配合比的计算。

① 取得水泥的实测强度。已知水泥的实测抗压强度值为 48.5MPa，即

$$f_{ce} = 48.5 (MPa)$$

② 计算每立方米抹灰砂浆中的初始水泥用量。已知干混抹灰砂浆的试配强度 $f_{m,0} = 12.0MPa$，$f_{ce} = 48.5MPa$，α 取 3.03，β 取 −15.09，按式（3-4）计算 $1m^3$ 砂浆中初始水泥用量 Q_{c0}。

$$Q_{c0} = \frac{1000(f_{m,0} - \beta)}{\alpha \times f_{ce}} = \frac{1000 \times (12.0 + 15.09)}{3.03 \times 48.5} = 184 (kg)$$

③ 计算每立方米抹灰砂浆中砂的用量。已知砂的堆积密度为 1540kg/m³，可直接根据砂的堆积密度得到 $1m^3$ 砂浆中砂的用量 Q_s，即

$$Q_s = 1540 (kg)$$

④ 确定每立方米抹灰砂浆中保水增稠材料的用量。厂家推荐的保水增稠材料掺量为 0.5%，假设 $1m^3$ 砂浆质量为 1700kg，$1m^3$ 砂浆中保水增稠材料用量 Q_t 按下式计算：

$$Q_t = 1700 \times 0.5\% = 9 (kg)$$

⑤ 计算修正后每立方米抹灰砂浆中水泥的用量。已知 $1m^3$ 干混抹灰砂浆中初始水泥用量 $Q_{c0} = 184kg$。砂浆品种修正系数为 ω_1，取 1.05。保水增稠材料强度损失率无试验数据和厂家提供数据，ω_2 取 1.25。按式（3-6）计算修正后 $1m^3$ 砂浆中水泥的用量 Q_{ct}。

$$Q_{ct} = Q_{c0} \times \omega_1 \times \omega_2 = 184 \times 1.05 \times 1.25 = 242 (kg)$$

⑥ 选择粉煤灰取代水泥率和取代系数。矿物掺合料为 Ⅲ 级粉煤灰，据以往经验，该粉煤灰质量较好，接近 Ⅱ 级，根据表 3-3 选取粉煤灰的取代水泥率 $\beta_f = 15\%$，取代系数 $\delta_f = 1.5$。

⑦ 计算每立方米抹灰砂浆中的水泥实际用量。已知修正后 $1m^3$ 干混抹灰砂浆中水泥用量 $Q_{ct}=242kg$，按式（3-7）计算 $1m^3$ 砂浆中水泥的实际用量 Q_c。

$$Q_c=Q_{ct}(1-\beta_f)=242\times(1-15\%)=206(kg)$$

⑧ 计算每立方米抹灰砂浆中取代水泥的粉煤灰用量。已知修正后 $1m^3$ 干混抹灰砂浆中水泥用量 $Q_{ct}=242kg$，粉煤灰的取代水泥率 $\beta_f=15\%$，取代系数 $\delta_f=1.5$。按式（3-8）计算 $1m^3$ 砂浆中粉煤灰的用量 Q_{fl}。

$$Q_{fl}=Q_{ct}\times\beta_f\times\delta_f=242\times15\%\times1.5=54(kg)$$

⑨ 计算每立方米抹灰砂浆中补偿和易性所需的粉煤灰用量。已知 $1m^3$ 砂浆中水泥的实际用量 $Q_c=206kg$，取代水泥的粉煤灰用量 $Q_{fl}=54kg$，按式（3-10）计算 $1m^3$ 砂浆中补偿和易性所需的粉煤灰用量 Q_{f2}。

$$Q_{f2}=350-Q_c-Q_{fl}-Q_t=350-206-54-9=81(kg)$$

⑩ 计算每立方米抹灰砂浆中粉煤灰的实际用量。已知 $1m^3$ 砂浆中取代水泥的粉煤灰用量 $Q_{fl}=54kg$，补偿和易性所需的粉煤灰用量 $Q_{f2}=81kg$，按式（3-11）计算 $1m^3$ 砂浆中粉煤灰的实际用量 Q_f。

$$Q_f=Q_{fl}+Q_{f2}=54+81=135(kg)$$

⑪ 计算初步配合比。根据上述计算得出 $1m^3$ DP M10 普通干混抹灰砂浆中的水泥实际用量为 206kg，粉煤灰用量为 135kg，砂用量为 1540kg，保水增稠材料用量为 9kg。将上述 $1m^3$ 砂浆中各组成材料的用量换算成质量比例，即该干混砂浆的初步配合比（表 3-6）。

表 3-6　DP M10 初步配合比　　　　　　　　　　　　单位：%

原材料	水泥	粉煤灰	保水增稠材料	砂
配合比	10.90	7.14	0.48	81.48

（3）生产配合比的确定。

① 和易性的校核。配制三组砂浆和易性校核试样，每组 10kg，其中一组为和易性校核基准组，另两组分别在基准组的基础上增加或减少 10% 保水增稠材料用量。试样配合比见表 3-7。

表 3-7　砂浆和易性校核试样配合比　　　　　　　　单位：%

编号	水泥	粉煤灰	保水增稠材料	砂
基准组	10.90	7.14	0.48	81.48
+10%组	10.90	7.09	0.53	81.48
−10%组	10.90	7.19	0.43	81.48

每组砂浆试样初步混合均匀后加入适量的水，拌制均匀后立即进行稠度测定，保证稠度介于 90~100mm 之间。按《建筑砂浆基本性能试验方法标准》（JGJ/T 70—2009）测定砂浆拌合物的保水率、表观密度、2h 稠度损失率和凝结时间，结果见表 3-8。

表 3-8 砂浆和易性校核试样的性能测试结果

编号	稠度/mm	保水率/%	表观密度/（kg/m³）	2h稠度损失率/%	凝结时间/min
目标值	90～100	≥92	1800～2000	≤20	240～540
基准组	96	92	1920	19	340
＋10％组	94	95	1880	17	380
－10％组	98	90	1950	25	350

对比三组砂浆的保水率、表观密度、2h稠度损失率和凝结时间与目标值的符合程度后发现，基准组和＋10％组均满足要求，但基准组的保水增稠材料用量比＋10％组少。从经济性等角度综合考虑，选择以和易性校核基准组配合比为后续的强度校核基准配合比。

② 强度的校核。确定强度校核基准配合比后，以此配合比为基础，分别增加和减少10％水泥用量，相应调整粉煤灰用量（表3-9），配制三组干混砂浆强度校核试样，每组10kg。按《建筑砂浆基本性能试验方法标准》（JGJ/T 70—2009）检测各试样的稠度、保水率、表观密度、2h稠度损失率、凝结时间、14d拉伸黏结强度和28d抗压强度，测试结果见表3-10。

表 3-9 砂浆强度校核试样配合比　　　　单位：%

编号	水泥	粉煤灰	保水增稠材料	砂
基准组	10.90	7.14	0.48	81.48
＋10％组	11.99	6.05	0.48	81.48
－10％组	9.81	8.23	0.48	81.48

表 3-10 砂浆强度校核试样的性能测试结果

编号	稠度/mm	保水率/%	表观密度/（kg/m³）	2h稠度损失率/%	凝结时间/min	14d拉伸黏结强度/MPa	28d抗压强度/MPa
目标值	90～100	≥92	1800～2000	≤20	240～540	≥0.24	≥12.0
基准组	96	92	1920	19	340	0.23	11.3
＋10％组	96	93	1900	19	360	0.29	13.1
－10％组	94	93	1890	17	400	0.20	9.8

比较三组砂浆的稠度、保水率、表观密度、2h稠度损失率、凝结时间、14d拉伸黏结强度以及28d抗压强度可知，仅＋10％组的砂浆各性能符合设计要求。因此，可以认为＋10％组的配合比较为理想。

③ 配合比的确定。根据初步配合比的计算及后续的试配试验结果，设计的DP M10生产配合比见表3-11。

表 3-11 设计的 DP M10 生产配合比　　　　单位：%

原材料	水泥	粉煤灰	保水增稠材料	砂
配合比	11.99	6.05	0.48	81.48

微课

机制砂制备
砂浆配合比
设计实例

3.1.4.2　机制砂制备 DP M5 配合比设计实例

1. 基本情况

（1）砂浆品种和强度等级 DP M5。

（2）原材料。

① 水泥：普通硅酸盐水泥（42.5 级），28d 抗压强度实测为 50.0MPa。

② 砂：机制砂，细度模数为 2.5，堆积密度为 1620kg/m³，其中石粉含量为 5%。

③ 掺合料：机制砂粉料（机制砂制备过程中选粉而得），其中石粉含量为 60%。

④ 保水增稠材料：企业自制，根据以往经验，掺量约为 25kg/m³。

（3）其他。该砂浆施工时段集中在 10～11 月，生产、运输及施工质量水平一般。

2. 配合比设计过程

（1）试配砂浆性能指标目标值的确定。该抹灰砂浆的应用时段为秋季，温度与湿度相对适宜。考虑到抹灰施工的可操作性，应适当控制砂浆拌合物的表观密度。由于砂浆生产、运输及施工质量水平一般，质量水平系数 k 取 1.20。试配砂浆的 28d 抗压强度目标值按式（3-1）计算。

$$f_{m,0} = kf_2 = 1.20 \times 5.0 = 6.0 (MPa)$$

14d 拉伸黏结强度目标值按式（3-2）计算。

$$f_{m,0}' = kf_2' = 1.20 \times 0.15 = 0.18 (MPa)$$

设计的抹灰砂浆主要性能指标的标准值及目标值列于表 3-12。

表 3-12　设计的抹灰砂浆主要性能指标的标准值和目标值

性能指标	稠度/mm	保水率/%	表观密度/(kg/m³)	2h 稠度损失率/%	凝结时间/min	14d 拉伸黏结强度/MPa	28d 抗压强度/MPa
标准值	90～100	≥88	—	≤30	180～540	≥0.15	≥5.0
目标值	90～100	≥88	1800～2000	≤30	180～540	≥0.18	≥6.0

（2）初步配合比的计算。

① 取得水泥的实测抗压强度。已知水泥的实测抗压强度值为 50.0MPa，即

$$f_{ce} = 50.0 (MPa)$$

② 计算每立方米抹灰砂浆中的初始水泥用量。已知干混抹灰砂浆的试配强度 $f_{m,0} = 6.0MPa$，$f_{ce} = 50.0MPa$，α 取 3.03，β 取 -15.09，按式（3-4）计算 1m³ 砂浆中初始水泥用量 Q_{c0}。

$$Q_{c0} = \frac{1000(f_{m,0} - \beta)}{\alpha \times f_{ce}} = \frac{1000 \times (6.0 + 15.09)}{3.03 \times 50.0} = 139 (kg)$$

③ 计算每立方米抹灰砂浆中机制砂的初始用量。已知砂的堆积密度为 1620kg/m³，可直接根据砂的堆积密度得到 1m³ 砂浆中砂初始用量 Q_s，即

$$Q_s = 1620 (kg)$$

④ 确定每立方米抹灰砂浆中保水增稠材料的用量。厂家推荐的 1m³ 砂浆中保水增稠材料用量 Q_t 为 25kg，即

$$Q_t = 25 (kg)$$

⑤ 计算修正后每立方米抹灰砂浆中水泥的用量。已知 1m³ 干混抹灰砂浆初始水泥用量 Q_{c0}＝139kg。砂浆品种修正系数为 ω_1，取 1.05。保水增稠材料强度损失率无试验数据和厂家提供数据，ω_2 取 1.25。按式（3-6）计算修正后 1m³ 砂浆中水泥的用量 Q_{ct}。

$$Q_{ct}=Q_{c0}\times\omega_1\times\omega_2=139\times1.05\times1.25=182(kg)$$

⑥ 计算每立方米抹灰砂浆中的水泥实际用量。已知修正后 1m³ 干混抹灰砂浆中水泥用量 Q_{ct}＝182kg，机制砂中的石粉一般不取代水泥，则修正后 1m³ 干混抹灰砂浆中水泥用量就是水泥的实际用量，即

$$Q_c=Q_{ct}=182(kg)$$

⑦ 计算每立方米抹灰砂浆中机制砂带入的石粉量。已知 1m³ 砂浆中机制砂的用量 Q_s＝1620kg，机制砂中石粉含量 θ_{sp1}＝5%。按式（3-12）计算 1m³ 砂浆中机制砂带入的石粉量 Q_{sp1}。

$$Q_{sp1}=Q_s\times\theta_{sp1}=1620\times5\%=81(kg)$$

⑧ 计算每立方米抹灰砂浆中补偿和易性所需的石粉量。已知 1m³ 砂浆中水泥的实际用量 Q_c＝182kg，机制砂带入的石粉量 Q_{sp1}＝81kg，按式（3-13）计算 1m³ 砂浆中补偿和易性所需的石粉量 Q_{sp2}。

$$Q_{sp2}=350-Q_c-Q_{sp1}-Q_t=350-182-81-25=62(kg)$$

⑨ 计算每立方米抹灰砂浆中机制砂粉料的用量。已知 1m³ 砂浆中补偿和易性所需的石粉量 Q_{sp2}＝62kg，制砂过程选出的粉料中石粉含量为 60%，即 θ_{sp2}＝60%，按式（3-14）计算 1m³ 砂浆中机制砂粉料的用量 Q_{sp}。

$$Q_{sp}=Q_{sp2}/\theta_{sp2}=62\div60\%=103(kg)$$

⑩ 计算每立方米抹灰砂浆中机制砂的实际用量。已知 1m³ 砂浆中机制砂的初始用量 Q_s＝1620kg，掺入的机制砂粉料用量 Q_{sp}＝103kg，其中石粉量 Q_{sp2}＝62kg，按式（3-15）计算 1m³ 砂浆中机制砂的实际用量 Q'_s。

$$Q'_s=Q_s-(Q_{sp}-Q_{sp2})=1620-(103-62)=1579(kg)$$

⑪ 计算初步配合比。根据上述计算得出 1m³ DP M5 砂浆中的水泥实际用量为 182kg，机制砂粉料用量为 103kg，砂用量为 1579kg，保水增稠材料用量为 25kg。将上述 1m³ 砂浆中各组成材料的用量换算成质量比例，即该干混砂浆的初步配合比（表 3-13）。

表 3-13　DP M5 初步配合比　　　　　　　　　　　　　　　单位：%

原材料	水泥	机制砂粉料	保水增稠材料	砂
配合比	9.63	5.45	1.32	83.60

（3）生产配合比的确定。

① 和易性的校核。配制三组砂浆和易性校核试样，每组 10kg，其中一组为和易性校核基准组，另两组分别在基准组的基础上增加和减少 10% 保水增稠材料用量。试样配合比见表 3-14。

表 3-14　砂浆和易性校核试样配合比　　　　　　　　单位：%

编号	水泥	机制砂料	保水增稠材料	砂
基准组	9.63	5.45	1.32	83.60
+10%组	9.63	5.32	1.45	83.60
-10%组	9.63	5.58	1.19	83.60

每组砂浆试样初步混合均匀后加入适量的水，拌制均匀后立即进行稠度测定，保证稠度介于90～100mm之间。按《建筑砂浆基本性能试验方法标准》（JGJ/T 70—2009）测定砂浆拌合物的保水率、表观密度、2h稠度损失率和凝结时间，结果见表3-15。

表 3-15　砂浆和易性校核试样的性能测试结果

编号	稠度/mm	保水率/%	表观密度/（kg/m³）	2h稠度损失率/%	凝结时间/min
目标值	90～100	≥88	1800～2000	≤30	180～540
基准组	95	92	1930	23	360
+10%组	94	94	1890	22	330
-10%组	90	87	2010	25	350

对比三组砂浆的保水率、表观密度、2h稠度损失率和凝结时间与目标值的符合程度后发现，基准组和+10%组均满足要求，但基准组的保水增稠材料用量比+10%组少。从经济性等角度综合考虑，选择以和易性校核基准组配合比为后续的强度校核基准配合比。

② 强度的校核。确定强度校核基准配合比后，以此配合比为基础，分别增加和减少10%水泥用量，相应调整机制砂粉料用量（表3-16），配制三组干混砂浆强度校核试样，每组10kg。按《建筑砂浆基本性能试验方法标准》（JGJ/T 70—2009）检测各试样的稠度、保水率、表观密度、2h稠度损失率、凝结时间、14d拉伸黏结强度和28d抗压强度，测试结果见表3-17。

表 3-16　砂浆强度校核试样配合比　　　　　　　　单位：%

编号	水泥	机制砂粉料	保水增稠材料	砂
基准组	9.63	5.45	1.32	83.60
+10%组	10.59	4.49	1.32	83.60
-10%组	8.67	6.41	1.32	83.60

表 3-17　砂浆强度校核试样的性能测试结果

编号	稠度/mm	保水率/%	表观密度/（kg/m³）	2h稠度损失率/%	凝结时间/min	14d拉伸黏结强度/MPa	28d抗压强度/MPa
目标值	90～100	≥88	1800～2000	≤30	180～540	≥0.18	≥6.0
基准组	95	92	1930	23	360	0.18	5.8
+10%组	96	92	1910	25	350	0.20	6.4
-10%组	97	91	1880	26	380	0.17	5.0

比较三组砂浆的稠度、保水率、表观密度、2h 稠度损失率、凝结时间、14d 拉伸黏结强度以及 28d 抗压强度后可知，仅＋10％组的砂浆各性能符合设计要求。因此，可以认为＋10％组的配合比较为理想。

③ 配合比的确定。根据初步配合比的计算及后续的试配试验结果，设计的 DP M5 生产配合比见表 3-18。

表 3-18　设计的 DP M5 生产配合比　　　　　　　　单位：％

原材料	水泥	机制砂粉料	保水增稠材料	砂
配合比	10.59	4.49	1.32	83.60

任务 3.2　湿拌砂浆配合比设计

本任务主要将对湿拌砂浆配合比进行设计。

【重点知识与关键能力】

微课
湿拌砂浆配合比设计

重点知识：

· 掌握湿拌砂浆配合比设计原则、设计依据。

· 掌握不同类型湿拌砂浆配合比设计步骤。

关键能力：

· 会设计湿拌砂浆配合比。

· 会分析不同类型湿拌砂浆配合比设计的区别。

 **任务描述**

某企业要生产几种不同类型的湿拌砂浆，如果你是一名砂浆配合比设计人员，如何设计湿拌砂浆的配合比？

【任务要求】

· 进行湿拌砂浆配合比设计。

· 编写湿拌砂浆配合比设计说明书。

【任务环境】

· 五人一组，根据工作任务进行合理分工。

· 每组配置相应的原材料、试验设备进行配合比设计。

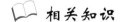 **相关知识**

3.2.1　湿拌砂浆配合比设计原则与思路

湿拌砂浆配合比设计的总原则和干混砂浆是一致的，具体参见 3.1.1 小节，但湿拌砂浆和干混砂浆有很多方面的不同。主要体现在：①砂浆状态及存放时间不同。湿拌砂浆是将包括水在内的全部组分搅拌而成的湿拌合物，可在施工现场直接使用，但需在砂浆凝结之前使用完毕，最长存放时间不超过 24h；干混砂浆是将干燥物料混合均匀的干混混合物，以散装或袋装形式供应，该砂浆需在施工现场加水或配套液体搅拌均匀后使用。干混砂浆储存期较长，通常为 3 个月或 6 个月。②生产设备不同。目前湿拌砂浆大多由混凝土搅拌站生产，而干混砂浆则由专门的混合设备生产。③品种不同。由于湿拌砂浆采用湿拌的形式生产，不适于生产黏度较高的砂浆，因此砂浆品种较少，目前只有砌筑、抹灰、地面等砂浆品种；干混砂浆生产出来的是干状物料，不受生产方式限制，因此砂浆品种繁多，但原材料的品种要比湿拌砂浆多很多，且复杂得多。④砂的处理方式不同。湿拌砂浆用砂不需烘干，而干混砂浆用砂需经烘干处理。⑤运输设备不同。湿拌砂浆要采用搅拌运输车运送，以保证砂浆在运输过程中不产生分层、离析；散装干混砂浆采用罐车运送，袋装干混砂浆采用汽车运送。因而湿拌砂浆配合比设计时还需要特别考虑如下四点：

（1）满足湿拌砂浆对强度、密度及施工和易性的基本要求。

（2）根据体积容量法进行湿拌砂浆配合比设计。

（3）根据和易性要求进行湿拌砂浆用水量取值。

（4）外加剂的使用对砂浆性能的影响。

3.2.2　湿拌砂浆配合比设计步骤

（1）试配砂浆目标性能指标的确定。根据砂浆品种和等级，参照《预拌砂浆》（GB/T 25181—2019），并考虑具体的施工墙体、环境温度与湿度、施工方式，以及生产、储运和施工水平等具体情况，确定试配砂浆的各项性能指标目标值。

试配砂浆的 28d 抗压强度目标值按式（3-16）进行计算。

$$f_{m,0} = kf_2 \tag{3-16}$$

式中　$f_{m,0}$——试配砂浆的抗压强度目标值（MPa），精确至 0.1MPa；

　　　f_2——砂浆强度等级值（MPa）；

　　　k——砂浆生产与施工质量水平系数，取 1.15～1.25。

砂浆生产与施工质量水平优良、一般、较差时，k 值分别取 1.15、1.20、1.25。砂浆生产与施工质量水平和出厂砂浆强度偏差、储运过程的离析及拌制水平等有关，最终反映在施工时拌合砂浆的强度偏差大小。

（2）计算基准湿拌砂浆的胶凝材料用量 Q_B。

$$Q_B = \frac{1000 \times (f_{m,0} - \beta)}{\alpha \times f_{ce}} \tag{3-17}$$

式中　Q_B——每立方米砂浆的胶凝材料用量，精确至 $1kg/m^3$；

　　　$f_{m,0}$——砂浆的试配强度，精确至 0.1MPa；

　　　f_{ce}——水泥的实测强度，精确至 0.1MPa；

　　　α、β——砂浆的特征系数，其中 $\alpha = 3.03$，$\beta = -15.09$。

注：① 各地区也可用本地区的试验资料确定 α、β 值，统计用的试验组数不得少于 30 组。

② 无法取得水泥的实测强度时，可按式（3-18）进行计算：

$$f_{ce}=\gamma_c \cdot f_{ce,k} \qquad (3-18)$$

式中　$f_{ce,k}$——水泥强度等级对应的 28d 抗压强度最低值；

　　　γ_c——水泥强度等级值的富余系数，该值应按实际统计资料确定，无统计资料时可取 1.0。

（3）每立方米湿拌砂浆中外加剂的用量 Q_a。

$$Q_a=\beta_1 Q_B \qquad (3-19)$$

式中　Q_a——每立方米湿拌砂浆中外加剂的用量；

　　　β_1——外加剂掺量（%），应经砂浆试验确定。

注：如为两种外加剂，则需分别进行外加剂用量的计算。

（4）修正后胶凝材料用量的计算。对胶凝材料用量的修正一般只需考虑砂浆的品种、保水增稠材料和外加剂质量的影响。砂浆的品种、保水增稠材料质量的修正系数 ω_1 和 ω_2 根据表 3-2 选择。

除了砂浆品种、保水增稠材料质量修正系数以外，若有必要，还可以根据实际情况引入其他因素的修正系数 ω_i。其他因素的修正系数也可以通过试验、经验总结或厂家提供的强度损失率数据来确定。例如，外加剂的加入引起用水量减少，导致砂浆强度上升，强度增加补偿率则按实际进行计算，当强度增加 5% 时，ω_i 取 0.95，以此类推。采用再生砂，若因增加砂浆的需水量造成强度损失，可引入再生砂的修正系数 ω_3，当强度损失率为 5% 时，ω_3 取 1.05。

修正后 $1m^3$ 干混砂浆中的胶凝材料用量 Q_{Bt} 按式（3-20）进行计算。

$$Q_{Bt}=Q_B \times \omega_1 \times \omega_2 \times \cdots \times \omega_i \qquad (3-20)$$

式中　Q_{Bt}——修正后 $1m^3$ 干混砂浆中的胶凝材料用量（kg），精确至 1kg；

　　　ω_1——砂浆品种的修正系数；

　　　ω_2——保水增稠材料的修正系数；

　　　ω_i——其他因素的修正系数。

（5）矿物掺合料用量的确定。每立方米砂浆中粉煤灰的用量 Q_f 按式（3-21）进行计算。

$$Q_f=Q_{Bt} \times \beta_f \times \delta_f \qquad (3-21)$$

式中　Q_f——每立方米砂浆中的粉煤灰用量（kg）；

　　　Q_{Bt}——每立方米砂浆中的胶凝材料用量（kg）；

　　　β_f——粉煤灰掺量（%）；

　　　δ_f——粉煤灰的取代系数。

粉煤灰适宜的取代水泥率和取代系数见表 3-3。

（6）每立方米砂浆中的水泥用量 Q_c。

$$Q_c=Q_{Bt}-Q_f \qquad (3-22)$$

式中　Q_c——每立方米砂浆中的水泥用量（kg）。

（7）每立方米湿拌砂浆中砂的用量 Q_s。每立方米湿拌砂浆中砂的用量应按干燥状态（含水率小于 0.5%）的堆积密度进行取值。

（8）每立方米湿拌砂浆中的理论用水量 Q_{w0}。湿拌砂浆中水的用量可以先按标准《砌筑砂浆配合比设计规程》（JGJ/T 98—2010），取 270～330kg 进行试配，再参照砂浆施工和易性要求进行调整，调整要求见表 3-19。

表 3-19　湿拌砂浆稠度允许偏差　　　　　单位：mm

规定稠度	允许偏差
<100	±10
≥100	−10～+5

（9）每立方米湿拌砂浆中的实际用水量 Q_w。

$$Q_w = Q_{w0}(1-\beta_2) \tag{3-23}$$

式中　Q_w——每立方米砂浆中的实际用水量；

　　　β_2——外加剂减水率（%）。

（10）初步配合比的计算。根据上述 $1m^3$ 湿拌砂浆中各组成材料的用量，换算成砂浆质量比例，即湿拌砂浆的初步配合比。

（11）配合比的试配与校核。

① 和易性的校核。根据工程实际使用的材料，按设计的初步配合比试拌砂浆，根据不同品种砂浆稠度范围的要求确定用水量 Q_w。砂浆的稠度范围见表 3-20。

表 3-20　几种常用湿拌砂浆的稠度要求

项目	湿拌砌筑砂浆	湿拌抹灰砂浆		湿拌地面砂浆	湿拌防水砂浆
		普通抹灰砂浆	机喷抹灰砂浆		
稠度/mm	70～90	70～100	90～100	45～55	50～80
保水率/%	≥88	≥88	≥92	≥88	≥88
保塑时间/h	6～24	6～24		4～8	6～24

以计算出的初步配合比为基准组，调整保水增稠材料的用量，试配时其浮动量一般为掺量的 ±10%。测定新拌砂浆的稠度和保水率，得到满足设计性能指标要求的最小外加剂用量。

② 保塑时间的校核。根据工程实际使用的材料，按设计的初步配合比试拌砂浆，根据不同品种砂浆对保塑时间的使用要求，调整外加剂的用量，试配时其浮动量一般为掺量的 ±10%。测定新拌砂浆的保塑时间，得到满足设计性能指标要求的最小外加剂用量。

③ 强度的校核。水泥用量和掺合料取代水泥率都会影响干混砂浆的强度。一般为了在短时间内进行强度校核，在试配时至少采用三个不同的配合比。其中一个为基准配合比，另外两个配合比的水泥用量按基准配合比分别增减 10%，相应调整粉煤灰的用量。根据这三个配合比，参照《建筑砂浆基本性能试验方法标准》（JGJ/T 70—2009）中的立方体抗压强度试验方法测试砂浆的 28d 抗压强度等各项性能，从中选择符合质量要求和经济性较佳的配合比作为最终的生产配合比。

配合比设计过程中涉及的矿物掺合料主要是粉煤灰。采用其他矿物掺合料时，配合比设计也可以参考该方法，其中可根据其他矿物掺合料的活性情况，参考

表 3-3 对取代水泥率和取代系数酌情取值。

　　配合比设计，只是根据经验进行的理论设计，在针对具体材料时，还需根据原材料情况进行反复试配，直到满足标准参数要求。

📖 **任务实施**

3.2.3　湿拌砂浆配合比设计实例

微课

湿拌砂浆配合比设计实例

　　1. 基本情况

　　（1）砂浆品种和强度等级 WM M5。

　　（2）原材料。

　　① 水泥：普通硅酸盐水泥，P·O32.5，实测强度 21.09MPa。

　　② 砂：河砂，Ⅰ区中砂，细度模数 2.8，含水率 0.0%，含泥量 1.7%，堆积密度 1293kg/m³。

　　③ 掺合料：Ⅱ级粉煤灰。

　　④ 保水增稠材料：根据以往经验，较佳掺量约为 10kg/m³，保水增稠材料的强度损失率约为 24%。

　　⑤ 液体外加剂：聚羧酸高性能复合型砂浆减水剂，减水率为 26.0%±1.0%，建议掺量约为胶凝材料用量的 2%，强度增加约 5%。

　　2. 配合比设计过程

　　（1）试配砂浆性能指标目标值的确定。考虑到砂浆生产、运输及施工质量水平一般，k 选用值为 1.2。试配砂浆的 28d 抗压强度目标值按式（3-1）计算。

$$f_{m,0}=1.2\times5.0=6.0(MPa)$$

　　（2）计算每立方米湿拌砂浆中胶凝材料的用量。

　　① 取得水泥的实测强度，已知水泥的实测抗压强度为 21.09MPa，即

$$f_{ce}=21.09(MPa)$$

　　② 胶凝材料用量。

$$Q_B=\frac{1000\times(f_{m,0}-\beta)}{\alpha\times f_{ce}}=\frac{1000\times[6-(-15.09)]}{3.03\times21.09}=330(kg)$$

　　（3）每立方米湿拌砂浆中外加剂的用量 Q_a。

$$Q_a=\beta_1 Q_B=2\%\times330=6.6(kg)$$

　　（4）修正后的胶凝材料用量。

$$Q_{Bt}=Q_B\times\omega_1\times\omega_2\times\omega_3=330\times1\times1.25\times0.95=392(kg)$$

　　（5）因砂浆强度等级为 M5，从表 3-3 中可选取取代率为 25%，取代系数取 1.3。每立方米砂浆中的粉煤灰用量如下：

$$Q_f=Q_B\times\beta_f\times\delta_f=330\times25\%\times1.3\approx107(kg)$$

　　（6）每立方米砂浆中的水泥用量。

$$Q_c=Q_{Bt}-Q_f-Q_{a1}=392-107-10=275(kg)$$

　　（7）每立方米砂浆中砂的用量。考虑到砂的堆积密度为 1293kg/m³，确定每立方米砂浆中砂的用量为 1293kg。

（8）每立方米砂浆中水的用量。经试验，砂浆稠度为75mm的加水量为284kg，确定其为原始用水量。

（9）掺加液体外加剂后，每立方米砂浆的基准用水量：

$$Q_w = Q_{w0}(1-\beta_2) = 284 \times (1-0.26) = 210(kg)$$

（10）初步配合比的计算。根据上述计算得出1m³ WM M5普通湿拌砌筑砂浆中的水泥实际用量为275kg，粉煤灰用量为107kg，砂用量为1293kg，保水增稠材料用量为10kg，外加剂6.6kg。将上述1m³砂浆中各组成材料的用量换算成质量比例，即该湿拌砂浆的初步配合比（表3-21）。

表3-21　WM M5初步配合比　　　　　　　　　　　单位：%

原材料	水泥	粉煤灰	保水增稠材料	砂	外加剂	水
配合比	13.92	5.42	0.51	65.45	0.33	14.37

3. 生产配合比的确定

① 和易性的校核。湿拌砂浆拌合物的稠度、2h稠度损失率、保水率、表观密度、凝结时间等性能指标与保水增稠材料的用量有直接关系。在配合比设计时，能使砂浆拌合物各方面性能满足要求时的最小保水增稠材料用量为配合比中的最佳保水增稠材料用量。

配制三组砂浆和易性校核试样，每组10kg，其中一组为和易性校核基准组，另两组分别在基准组的基础上增加和减少10%保水增稠材料。

表3-22　砂浆和易性校核试样配合比　　　　　　　单位：%

原材料	水泥	粉煤灰	保水增稠材料	砂	外加剂	水
基准组	13.92	5.42	0.51	65.45	0.33	14.37
+10%组	13.92	5.42	0.56	65.45	0.33	14.37
−10%组	13.92	5.42	0.45	65.45	0.33	14.37

每组砂浆试样初步混合均匀后立即进行稠度测定，保证稠度介于70~80mm之间（可适量加水）。按《建筑砂浆基本性能试验方法标准》（JGJ/T 70—2009）测定砂浆拌合物的保水率和凝结时间，结果见表3-23。

表3-23　砂浆和易性校核试样的性能测试结果

编号	稠度/mm	保水率/%	凝结时间/h
目标值	70~80	≥88	≥18
基准组	78	90	19
+10%组	76	95	20
−10%组	79	87	19

对比三组试配砂浆的保水率和凝结时间与目标值的符合程度后发现，基准组和+10%组均满足要求，但基准组的保水增稠材料用量比+10%组的少。从经济性等角度综合考虑，选择以和易性校核基准组配合比为后续的保塑时间校核基准配合比。

② 保塑时间的校核。湿拌砂浆由于采用在工厂预先加水拌合，工程上一般根据施工情况，对保塑时间有特殊要求，在配合比设计时一般会在外加剂中复配缓凝剂，从而形成复配外加剂。在试验时，应注意增减用水量，以满足施工要求（表3-24）。

表 3-24 砂浆保塑时间校核试样配合比 单位:%

原材料	水泥	粉煤灰	保水增稠材料	砂	外加剂	水
基准组	13.92	5.42	0.51	65.45	0.33	14.37
+10%组	13.92	5.42	0.51	65.45	0.36	14.26
−10%组	13.92	5.42	0.51	65.45	0.30	14.48

对比三组砂浆的稠度、保水率和凝结时间与目标值的符合程度后发现，基准组和+10%组均满足要求，从经济性等角度综合考虑，选择以保塑时间校核基准组配合比为后续的强度校核基准配合比。如对凝结时间有特殊要求，可适当增加复合外加剂掺量（表3-25）。

表 3-25 砂浆保塑时间校核试样的性能测试结果

编号	稠度/mm	保水率/%	凝结时间/h
目标值	70~80	≥88	≥18
基准组	78	90	19
+10%组	78	88	25
−10%组	79	86	16

③ 强度的校核。确定强度校核基准配合比后，以此配合比为基础，分别增加和减少10%水泥用量，相应调整粉煤灰用量（表3-26），配制三组干混砂浆强度校核试样，每组10kg。按《建筑砂浆基本性能试验方法标准》（JGJ/T 70—2009）检测各试样的稠度、保水率、表观密度、凝结时间和28d抗压强度，测试结果见表3-27。

表 3-26 砂浆强度校核试样配合比 单位:%

原材料	水泥	粉煤灰	保水增稠材料	砂	外加剂	水
基准组	13.92	5.42	0.51	65.45	0.33	14.37
+10%组	15.31	4.03	0.51	65.45	0.33	14.37
−10%组	12.53	6.81	0.51	65.45	0.33	14.37

比较三组砂浆的各项性能，稠度、保水率、表观密度和凝结时间均符合设计要求，而−10%组的砂浆强度在满足要求的情况下，还增加了和易性。因此，可以认为−10%组的配合比较为理想。

表 3-27 砂浆强度校核试样的性能测试结果

编号	稠度/mm	保水率/%	表观密度/（kg/m³）	凝结时间/min	28d抗压强度/MPa
基准组	78	90	1891	19	7.2
+10%组	72	89	1990	19	8.6
−10%组	80	91	1860	20	6.2

根据初步配合比的计算及后续的试配试验结果，设计的 WM M5 生产配合比见表 3-28。

表 3-28　设计的 WM M5 生产配合比　　　　　　　　　单位:%

原材料	水泥	粉煤灰	保水增稠材料	砂	外加剂	水
配合比	12.53	6.81	0.51	65.45	0.33	14.37

微课
水泥混合砂浆配合比设计

微课
水泥混合砂浆配合比设计实例

思考与练习

1. 干混砂浆配合比设计。设计要求：结合干混砂浆配合比设计步骤与设计实例，对建筑垃圾再生砂制备 DP M10 配合比进行设计，并按设计步骤完成配合比设计说明书。

已知：

（1）原材料。

① 水泥：复合硅酸盐水泥（42.5 级），28d 抗压强度实测为 46.5MPa。

② 砂：天然中砂，细度模数为 2.4，堆积密度为 1340kg/m³。

③ 掺合料：Ⅲ级粉煤灰。

④ 建筑垃圾细骨料：细度模数为 2.3，堆积密度为 1400kg/m³。

⑤ 保水增稠材料：外购，推荐掺量为 0.5%。

（2）其他。应用于加气块内墙抹灰，施工时间在 7 月。生产、运输及施工质量水平一般。

2. 湿拌砂浆配合比设计。设计要求：结合湿拌砂浆配合比设计步骤与设计实例，对天然砂制备 WP M10 配合比进行设计，并按设计步骤完成配合比设计说明书。

已知：

（1）原材料。

① 水泥：普通硅酸盐水泥（42.5 级），28d 抗压强度实测为 43.5MPa。

② 砂：天然中砂，细度模数为 2.4，堆积密度为 1340kg/m³。

③ 掺合料：Ⅲ级粉煤灰。

④ 保水增稠材料：根据以往经验，较佳掺量约为 10kg/m³，保水增稠材料的强度损失率约为 24%。

⑤ 液体外加剂：聚羧酸高性能复合型砂浆减水剂，减水率为 26.0%±1.0%，建议掺量约为胶凝材料用量的 2%，强度增加约 5%。

（2）其他。应用于普通混凝土砌块内墙抹灰，生产、运输及施工质量水平一般。

项目 4　控制预拌砂浆的生产过程及质量

项目简介

干混砂浆生产过程的质量控制是为确保生产过程处于受控状态而进行的各种活动，是保证干混砂浆产品质量的关键环节。干混砂浆生产过程包括原材料预处理、各组成材料的计量和混合等过程，各个环节的工作质量均可能对最终产品质量产生很大影响，生产过程质量控制就是要保证每个环节处于受控状态，及时改善和纠正过程中的不足。在生产过程中，以适当的频次监测、控制和验证过程参数，保证所有设备及操作人员等能满足干混砂浆质量的需要。本项目主要是对干混砂浆的工艺流程、生产设备、生产中的质量控制进行学习，涉及砂浆生产流程的合理性、设备的选型、调试运行、参数优化。通过任务的完成，学会干混砂浆工艺流程的设计、生产设备的选型、生产过程中参数调试及故障处理。

任务 4.1　干混砂浆生产工艺流程绘制及说明书编制

本任务主要将对干混砂浆工艺流程、场地规划要求进行识读分析。

【重点知识与关键能力】

重点知识：

· 掌握干混砂浆不同的工艺流程。

· 掌握不同工艺流程之间的优缺点。

关键能力：

· 会进行干混砂浆不同工艺流程的合理性选择。

· 能辨识干混砂浆不同工艺流程之间的优劣。

任务描述

某企业因经营生产需要，现要求新建年产 30 万吨的普通干混砂浆生产线一条。如果你是一名砂浆工艺设计人员，如何设计几种工艺流程让企业进行选择？其工艺方案各自的优缺点如何？请从项目的由来和意义、干混砂浆的工艺流程、产品方案、工艺布置示意图、投资核算、环境保护等方面编制一份简易的可行性报告。

要求：网上查阅干混砂浆生产线的不同工艺流程，分析其优劣。结合自己的设计思路，编制可行性报告。

【任务要求】

- 进行干混砂浆生产工艺流程的绘制。
- 编写干混砂浆生产工艺流程说明书。

【任务环境】

- 两人一组，根据工作任务进行合理分工。
- 每组配置一台计算机进行流程图绘制及说明书编写。

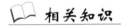 相关知识

4.1.1 预拌砂浆生产工艺流程

 微课
预拌砂浆的生产工艺流程

预拌砂浆一般是指将最初的砂经烘干筛选后加上少量的胶结材料（水泥、石膏）和微量高科技添加剂，按科学配方加工而成的均匀混合物，成品砂浆根据不同用途具有抗收缩、抗龟裂、保温、防潮等特性。产品可采用包装或散装的形式运至工地，按规定比例加水拌合后即可直接使用。其生产工艺流程如图 4-1 所示。

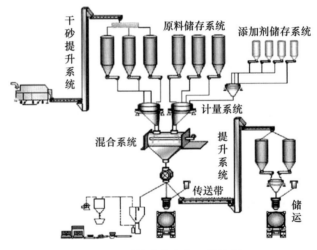

图 4-1　预拌砂浆生产工艺流程

一般按照结构划分，预拌砂浆生产工艺有三种形式：简易式干混砂浆生产线、串行式干混砂浆生产线、塔楼式干混砂浆生产线。

（1）简易式干混砂浆生产线。这种工艺设备（图 4-2）用于特殊产品的生产，设备是半自动化的，主要成分的配料、称重和装袋也可实现自动化。设备结构紧凑，模块化扩展，投资少，建设快。

（2）串行式干混砂浆生产线。这种工艺设备（图 4-3）是专为建筑高度受到限制的情况而设计的。该设备的高度和基础截面较小，其生产能力为 50～100t/h，设备的机械组件和全自动计算机控制保证了生产系统的高精度。可实现模块化扩展，性价比高。

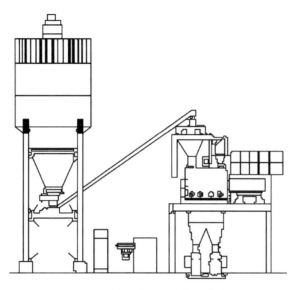

图 4-2　简易式干混砂浆生产线

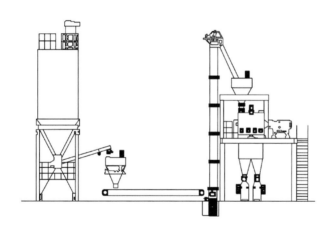

图 4-3　串行式干混砂浆生产线

（3）塔楼式干混砂浆生产线。生产线的材料流动基本上是属于重力性质的，即原材料筒仓和称量、混合和包装设备依次上下垂直架设（图 4-4）。这样的工艺线一则可以缩小建筑面积，二则节省投资后的运营财务成本。每条生产线的生产能力高达 200t/h，设备的全自动计算机控制系统具有完美的配料和称重功能、常用配方的记录和统计显示数据库、客户/后勤服务组件，设备的投资较大。

无论哪种工艺，预拌砂浆生产的基本流程如下：

① 砂预处理包括采石、破碎、干燥、（碾磨）、筛分、储存。若有河砂，则只需干燥、筛分，有条件的地方可直接采购成品砂送入砂储仓。

② 胶结料、填料以及添加剂送入相应的储仓。

③ 根据配方进行配料计量。

④ 各种原材料投入混合机进行搅拌混合。

⑤ 成品砂浆送入成品储仓进行产品包装或散装。

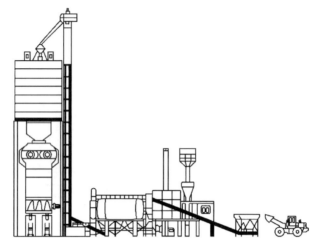

图 4-4 塔楼式干混砂浆生产线

动画
干混砂浆工
艺流程

⑥ 产品运送至工地。散装预拌砂浆必须采用散装筒仓或专用散装运输车辆运送，以防发生离析现象，影响工程施工质量。

⑦ 预拌砂浆投入砂浆流动罐、搅拌机按比例加水混合。

任务实施

4.1.2 干混砂浆工艺说明书的编制

1. 项目的由来和意义

进入 21 世纪以来，在市场推动和政策干预的双重作用下，我国干混砂浆行业已逐步从市场导入期向快速成长期过渡。随着国家相关政策的推动，国外先进管理理念和先进技术的引进，以及各级政府、生产企业、用户的积极努力，我国干混砂浆行业稳步发展。干混砂浆科研开发、装备制造、原料供应、产品生产、物流及产品应用的完整产业链已初步形成。

近年来，我国经济发展迅速且已初具规模，对建筑产品质量及环境保护的要求越来越高，加之各级政府对节约资源、环境保护方面的政策及法规的出台，对干混商品砂浆行业形成了强有力的推动。国内一些省市或地区也陆续出台相关政策，对干混砂浆行业进行推动。结合企业战略发展需要，现需在城市的东北区新建年产 30 万吨的普通干混砂浆生产线一条。

2. 干混砂浆的工艺流程

干混砂浆的生产是将外运来的湿砂烘干、筛分后储存，然后通过计量秤按照不同产品的配比要求，对砂、水泥分别进行计量，计量后分别置入干混砂浆混合搅拌机，混合达到要求的干混砂浆储存在成品罐中，或通过散装车拉走或通过包装机打包。整个生产过程中不涉及水的使用，所以本项目的车间生产用水为零，车间生产废水排放为零。

具体工艺流程如下：

（1）砂的储运：外购回来的湿砂预先堆放在密闭砂浆原料场备用。

（2）砂的烘干：装载车从砂浆原料场把湿砂运至生产线的进料斗，湿砂由进料斗通过半封闭皮带输送机（顶部设置顶棚，两端敞开）进入三回程筒式烘干机进行密闭烘干。此烘干机的热源来自生产车间的锅炉产生的热蒸汽，烘干方式采用间接烘干（热蒸汽通入烘干机的夹套中）。烘干机的烘干原理是：湿砂从进料箱溜槽进入筒体，被螺旋抄板推向后，由于烘干机倾斜放置，物料一方面在重力和回转作用下流向后端，另一方面物料被抄板反复抄起，带至上端再不断地扬撒下来，使物料在筒内形成均匀的幕帘，充分与夹套内的热气流进行热交换，由于物料反复扬撒，所含的水分逐渐被烘干，从而达到烘干的目的。

（3）砂的储存：烘干后的砂通过带有勺状装料斗的斗式提升机提升至密闭的砂仓储存。斗式提升机装有机壳，以防止提升过程中的粉尘飞扬。斗式提升机的动力由分别位于其顶端和底端的2台发动机提供。

（4）各种原料的储存：筛分出来粒径不同的砂分别从各自的出口密闭输送至干砂筒储存。同时，散装水泥由密闭罐车运至厂内，采用密闭管道通过气力输送至水泥筒仓储存备用。项目设置5个物料仓，密闭筒仓顶端设置专用布袋除尘器，以收集筒仓由排气管排出的含尘空气。

（5）计量：由计算机控制的计量系统在计量螺旋的配合下，根据普通砂浆和特种砂浆原料配比的要求，把料仓中的砂、水泥、粉煤灰等原料倒入计量仓，通过传感器的数据反馈，实现原料计量。添加剂经人工电子秤称量后，通过电动提升机直接提升至高效混合机上端。料仓的原料使用状况由筒料位计来监视，同时控制上料。

（6）混合：计量好后的砂、水泥分别通过螺旋输送机导进主斗提机，提升到混合机上部待混料仓中。卸料口采用无残余卸料设计，借助于两个卸料阀门，混合料被卸入与搅拌机等长的底斗仓中。

（7）包装：散装的干混砂浆通过密闭传输带从底斗仓中运至储存仓或者经散装车运至施工工地；需要包装的砂浆通过气动快开门，迅速放到成品料仓进行缓冲、储存，然后通过软连接进入包装机计量、打包。

以上全部生产过程由PLC计算机操作控制，全密闭式生产。

3. 产品方案

目前较为常用的方案设计是塔式工艺布局和两阶式工艺布局。

塔式工艺布局亦称一阶式砂浆生产线，涉及的所有砂浆原材料均预存于塔的最上方，自上而下经过计量、混合、成品储存和包装。该形式的最大特点是物料流动顺畅，设备简单，占地面积相对较小。工艺布局上是将原料储藏置于最顶端，粉体料通过气力输送，粒状料通过斗式提升机送入仓内；在仓底用螺旋输送机将物料喂入设置在储仓下的计量斗内称量，再进入混合机进行混合。混合好的成品砂浆进入过渡成品斗，之后分别进入包装或散装系统。散装可以直接进散装车，也可以再次提升到成品储仓再装车。包装部分是成品先进入成品中间储仓，再经过包装成袋。设备配置包括砂烘干、筛分、储存、计量、混合、包装、散装、收尘和自动控制等系统，除烘干和散装储存仓一般是侧面布置外，其他设备都采用垂直叠加的方式布置，高度一般均超过30m。由于高度和原料储存量的原因，钢结构部分量比较大，因而造价相对较高。

两阶式工艺布局是将原料储仓从混合机上方移至地面，原料计量同样设置在储料仓下方，计量后的物料通过斗式提升机二次提升到混合机。为了减少提升时间，延长生产周期，在混合机上方设置中间储仓，使得计量、混合、包装平行进行。为了避免提升机的残留可能造成的配比误差，外加剂等用量较少的原料，仍然将其储仓和计量装置设置在混合机上方。干混砂浆生产设备两阶式工艺布局，降低了钢结构的承载重量和主楼建设高度，大幅度减少了工程投资。

4. 工艺布置示意图（图 4-5）

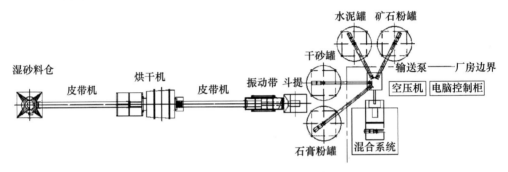

图 4-5　干混砂浆工艺布置示意图

5. 投资核算

以常州某企业的 WSL60 型干混砂浆自动生产线为例进行经济核算分析。设备占地 1000m²，考虑仓库（约 2000m²）、办公楼及预留一条生产线，用地 12～15 亩（8000～10000m²）（表 4-1）。

表 4-1　干混砂浆生产线项目投资一览表

项目	金额/万元
基建（包括设备基础、厂房、部分地面硬化）	约 200
干混砂浆生产线（一条）	约 550
散装物流设备（包括散装车、散装罐）	约 200
辅助生产设备（包括电力设施、铲车、叉车等）	约 50
规划设计及办证费	约 20
投资总计	约 1020

6. 环境保护

项目生产加工过程产生的废气以粉尘为主，主要污染物为颗粒物。该项目的废气主要来自烘砂工艺、物料储存工艺过程、搅拌混合过程产生的粉尘、成品计量包装工艺过程。

本项目在制砂工艺的烘干和筛分工艺、物料输送过程、原料成品罐区、产品输送包装处、搅拌机混合搅拌时都容易出现粉尘，因此整套设备中在容易产生粉尘的工段安装了多处除尘器（表 4-2）。

表 4-2　干混砂浆生产线产尘与除尘器数量及分布一览表

生产工序名称	除尘器位置	数量	排气筒
烘砂筛分工序	筛分	2	1
搅拌混合工序	搅拌机的原料入口	3	1
成品输送包装	进出料口各环节经集气罩收集	3	1
原料罐	水泥罐、粉煤灰罐罐顶	3	1
	砂仓顶部	2	
	小料罐罐顶	1	—

（1）制砂工序废气。根据企业及设备厂家提供的资料，制砂过程粉尘的产生量约占制砂量的 0.1%，采用布袋除尘器处理。

（2）原料罐、成品罐粉尘废气。原料罐（水泥罐、粉煤灰罐、小料罐和砂仓）以及成品罐顶部除尘器采用圆筒库顶收尘机，其中水泥罐、粉煤灰罐共用除尘器，三个紧邻的砂仓用一处除尘器，收尘器的除尘效率可以达到 99% 以上。

（3）混合机混合工序。各种物料进入混合机混合时，小粒径颗粒物会飘散形成粉尘。混合机为连续生产，属于封闭状态，混合机在配料混合过程中，粉尘的产生量约占混料量的 0.012%，采用布袋除尘器处理，除尘效率为 99%。

📖 **拓展任务**

湿拌砂浆工艺流程绘制及说明书编制。

4.1.3　任务准备

（1）湿拌砂浆工艺流程绘制及说明书编制。本任务要求备计算机一台，装有绘图工具且能上网查阅资料。

（2）设计要求：网上查阅湿拌砂浆生产线的不同工艺流程，分析其优劣。结合自己的设计思路，绘制湿拌砂浆生产线的工艺流程图，并从工艺流程、组合方案、工艺布置、环境保护等方面进行说明书的编制。

📖 **延展阅读**

4.1.4　干混砂浆与湿拌砂浆的优劣

（1）干混砂浆的定义：将干态材料混合而成的固态混合物称为干混砂浆。干混砂浆通常称为干硬性水泥混合砂浆，是指经干燥筛分处理的骨料（如石英砂）、无机胶凝材料（如水泥）和添加剂（如聚合物）等按一定比例进行物理混合而成的一种颗粒状或粉状，以袋装或散装的形式运至工地，加水拌合后即可直接使用的物料。

优点：

① 如为特种用途的砂浆，因黏度较大，无法采用湿拌的形式生产，特种砂浆只能采用干混砂浆。特种砂浆有如下种类：瓷砖黏结砂浆、耐磨地坪砂浆、界面处理砂浆、特种防水砂浆、自流平砂浆、灌浆砂浆、外保温黏结砂浆和抹面砂浆、聚苯

颗粒保温砂浆和无机集料保温砂浆。当然用量最大的还是普通预拌砂浆（包含砌筑砂浆和抹灰砂浆）。

② 干混砂浆运送到工地后可以保存较长时间，需要使用时再进行加水拌合。

③ 随拌随用，使用较为灵活，方便小批量使用。

④ 可以袋装也可以散装，使用方便。

缺点：

① 在工地需要二次搅拌，需要投入相应的搅拌设备和人力。

② 现场搅拌时，加水量较为随意，不利于砂浆质量控制。

（2）湿拌砂浆定义：将加水拌合而成的湿拌拌合物称为湿拌砂浆。湿拌砂浆都为普通砂浆，包括湿拌砌筑砂浆、湿拌抹灰砂浆、湿拌地面砂浆和湿拌防水砂浆四种。

优点：

① 不用在工地进行二次搅拌，运输到现场可直接使用。

② 工厂集中生产、搅拌，质量较稳定。

③ 相较于干混砂浆成本稍低。

缺点：

① 质量受运输因素和凝结时间影响，凝结时间过长影响后序施工，凝结时间过短容易造成砂浆报废。

② 不适宜小批量使用。

③ 运输到现场的砂浆必须在规定的时间内使用。

湿拌砂浆适合大面积同时施工同种材料，其优势是投资低，混凝土搅拌站现有的设备即可生产。

任务 4.2　干混砂浆工艺设备选型

本任务将对干混砂浆生产工艺中主要设备功能进行介绍并分析其特点。

【重点知识与关键能力】

重点知识：

· 掌握干混砂浆中主要设备的工作原理。

· 掌握干混砂浆中主要设备的特点。

关键能力：

· 能够对主要设备的内部结构进行识读。

· 具备辨识同种类型设备优缺点的能力。

📖 任务描述

新建年产 30 万吨的普通干混砂浆生产线一条，其砂干燥、筛分、输送系统，物料仓储系统，配料计量系统，混合系统，包装散装系统，收尘系统，控制系统中主要设备如何选择？工作性能如何？

【任务要求】

· 进行干混砂浆主要工艺设备的选择并说明选择理由。

【任务环境】

· 五人一组，根据工作任务进行合理分工。
· 每组配置一台计算机进行设备选型说明书编制。

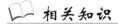 相关知识

4.2.1 砂预处理系统（干燥、筛分、输送）

干混砂浆所用的砂分为天然砂和机制砂。天然砂在干混砂浆生产过程中通常需干燥、筛分处理。干法制得的机制砂含水率较低时，可不经烘干处理。预拌砂浆主要成分是砂，其比例占总量的 70% 左右，砂的含水率变化范围大，而用于预拌砂浆的砂的含水率只能控制在 0.2%～0.5%，且须储存在密封容器内，否则将严重影响成品预拌砂浆的储存时间，为此对市场采购的原始砂必须进行砂的含水率测定、干燥、筛分、输送。

1. 原砂的干燥

原砂的干燥通过烘干机来实现。常见的烘干机为滚筒式烘干机，是一种以对流换热和辐射换热为主要加热方式来处理大量物料的干燥设备。滚筒式烘干机可分为单筒烘干机、双筒烘干机和三筒烘干机。

（1）单筒烘干机。单筒烘干机的烘干原理如图 4-6 所示。烘干机的主体是一个具有一定斜度的回转圆筒，另外配有燃料室、排气装置、收尘装置、加料装置等。它是以高温烟气为干燥介质，高温烟气在排气装置的抽吸下进入烘干筒内。湿砂由加料装置进入烘干筒内，与高温烟气接触。高温烟气以对流、辐射、传导方式将热量传给湿砂，湿砂被加热后，水分蒸发，进入干燥介质中。筒体不断回转而使砂不断运动，从筒体的高端流向低端。气体也在排气装置的驱动下，由压力高处向压力低处流，在气体与砂的运动过程中，砂被干燥后排出，废气经收尘后排至大气。

（2）双筒烘干机。双筒烘干机又称双回程烘干机，其烘干原理如图 4-7 所示。滚筒主体部分由内筒和外筒两部分构成。其中，内筒为干燥筒，筒体内布置多种叶片结构，可实现砂在干燥中形成极佳的料帘分布，使砂与热风进行充分的热交换，达到最佳的温度场分布，砂中的水分不断地蒸发，随尾气经收尘后排出。外筒为冷却筒，落入外筒的干砂在外筒反向螺旋叶片的推动下回流至出口，强大的引风机将冷却风从滚筒夹层内引出，对热砂强制逆流冷却。外筒内壁布置了扬料片，有效避免砂与内筒筒壁直接接触，为逆流冷却风与返程砂的热交换提供了充分的保障。

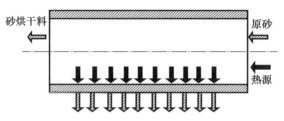

图 4-6　单筒烘干机原理图

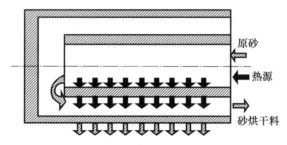

图 4-7　双筒烘干机原理图

（3）三筒烘干机。根据图 4-8 所示，电动机 2 通过万向联轴器 3 带动托轮 4 转动，然后通过磨擦力带动滚道 5，使烘干机筒身转动；热风和湿骨料进入内筒 7，通过螺旋型导料板 9，将骨料推向前方，即进入内筒 7 和中筒 6 的空腔。同样原理通过中筒 6 上的螺旋型导料板将骨料推向中筒 6 和外筒 5 的空腔，外筒 5 上导料板将烘干的骨料，通过出料口 8 排出烘干机。

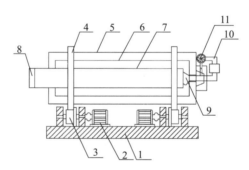

图 4-8　三筒烘干机结构示意图

1—底座；2—电动机；3—万向联轴器；4—滚道；5—外筒；6—中筒；

7—内筒；8—出料口；9—导料板；10—进料口；11—风机

三筒烘干机是对单筒烘干机的技术创新后推出的结构先进的新产品，能够有效利用热能，且热效率高。烘干机筒体部分由 3 个同轴水平放置的内中外筒套叠组成，这就使筒体的截面得到充分的利用。其筒体外形总长约为与之相当的单筒的 30%～35%，从而大幅度减少占地面积和厂房建筑面积。

该机的支承装置，采用在外筒上的轮带与托轮支承，由电动机直接带动托轮，通过托轮与轮带摩擦，使筒体转动。该机总体结构紧凑、合理、简单，为便于磨损件的检修更换，在中间设计成轴向剖分式，用螺栓固定连接。

该机工作时，热气流在排风机抽吸下，进烘干机内筒，湿料进入内筒的外表壁先预烘干，随着筒体旋转进入内筒与热气流会合，被扬料板扬起与热气流进行充分的热交换，同时向前移动，同样物料依次进入中、外筒后，物料被扬料板扬起，并均匀地撒在中、外筒壁上，随着筒体慢速回转，物料在环形空间能经历较长的滞留时间，最后沿着外筒壁和内筒上的导向卸料板流向中出口端，通过卸料阀卸出，废气则由卸料罩上部拔气管道抽入除尘器。从上述物料的干燥过程可看出，物料在被热气直接烘干的同时，又被中、内筒间接烘干。从干燥机原理上来看是非常合理科学的，低温段的外筒对高温段的内筒有保温隔热作用，并使设备的总散热面积相对于单筒烘干机减少了 50%～60%，物料终水分确保在 0.5% 以下，是预拌砂浆生产线较常见的选择。筒体自我保温热效率高达 70% 以上，较传统单筒烘干机提高热效率 35～45 个百分点。燃料可适应煤、油、气，能够烘干粒径 20mm 以下的粉粒状物料。三筒烘干机比普通单筒烘干机减少占地面积 50% 左右，土建投资降低 50% 左右，电耗降低 50% 左右，产量提高 80%，单位容积蒸发强度达 160～280kg/m³，吨料标准煤耗一般为 6～10kg。出气温度低 100℃ 左右，故降尘设备使用寿命高。

动画
砂烘干机工
作原理

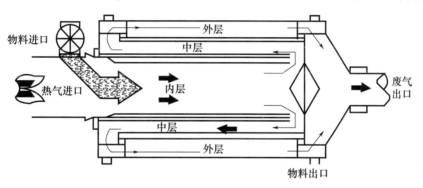

图 4-9　三筒烘干机工艺流程图

三筒烘干机技术优势如下：

① 由于采用了彼此镶嵌的组合式结构，内筒和中筒被外筒包围，形成了一个自我保温结构筒体，使散热面积大大减少，而热交换面积大大增加，而且外筒的散热面积处于低温区。为了进一步提高烘干机的热效率，减少散热损失，还可以在外筒的外表面加一层保温材料，用白铁皮或 0.2mm 不锈钢板包起来，由于采用了三筒式结构，在内筒和中筒的外表加设扬料板。这样不但增加了筒体的热容量，同时使物料在筒内的分散度进一步提高，增加了物料的热交换面积，大大提高了蒸发强度，进一步提高了烘干效率，更符合物料的干燥机理，热量得到了充分利用，降低了排出废气和干物料温度，从而进一步提高了热效率，提高了干物料产量，降低了能耗。

② 由于采用了三筒式结构，筒体的长度大大缩短，从而减少了其占地面积，一般减少 1/2～2/3，降低了土建投资费用。

③ 简化了传动系统，去掉了大小齿轮传动和笨重的传动系统，采用行星减速和电动机直联的减速电机，直接驱动托轮和轮带，从而降低了造价，提高了传动效率，降低了噪声。

④ 由于采用了三筒式结构，降低了物料在筒内的落差，从而降低了噪声和筒体的磨损。

（4）以上三种烘干机各有特点。其中，单筒烘干机结构简单、运行可靠、维护方便、产量大，但能耗和占地面积较大。从单筒到双筒再到三筒，烘干机结构越来越复杂，维护越来越不方便，但能耗与占地面积却越来越小。

2. 机制砂的制备

为了保护环境和节约资源，机制砂的应用越来越广泛，有些干混砂浆企业直接在厂内配套机制砂的生产设备。机制砂由石子或矿山尾矿等经破碎、整形和选粉后制成，含水率通常较低，可免去烘干环节。

机制砂的生产过程如图4-10所示。块石经粗碎、中碎或细碎、整形、筛分后形成成品砂。在筛分过程中，超粒径的物料会通过输送机返回破碎整形机中重新进行破碎整形，经筛分后被选出的细粉即机制砂的粉料。也可以直接采用石子进行制砂，当水分较高时，宜先烘干再制砂。

动画
机制砂制砂工艺

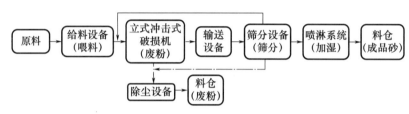

图4-10　机制砂生产过程示意图

机制砂生产系统由给料设备、破碎设备、筛分设备、收尘设备、输送设备和料仓等组成，当制砂原材料水分含量较高时，还有烘干设备。设备配置应满足给料、破碎、筛分、收尘、输送等制砂工艺要求，以获得合适的尺寸、级配和形貌的颗粒，并使石粉含量控制在合理范围内。

目前，干混砂浆生产企业自带的制砂设备，多是由计算机控制的全自动连续设备，包括输送上料、破碎、整形、筛分分级、收尘和储存系统等。

（1）原料：将经过细碎处理后的<40mm的集料输送至给料设备。

（2）制砂：将集料送进立式冲击破碎机进行制砂作业，石粉含量通过除尘设备进行调整。

（3）筛分：将制砂加工后的集料送至筛分设备，经过筛分后，满足粒度要求的集料由皮带式输送机送往料仓；不满足粒度要求的碎石由皮带式输送机输送至立式冲击式破碎机进行再次破碎，形成闭路多次循环。

（4）加湿：采用喷淋系统对制成的机制砂进行加湿拌匀处理，使机制砂具有一定的含水率，防止离析。

（5）成品：将成品机制砂通过皮带式输送机送至料仓。

常见破碎设备有立轴冲击式破碎机、滚式破碎机、圆锥破碎机、可逆反击破碎机、颚式破碎机（图4-11）和立轴冲击式破碎机（图4-12）。

颚式破碎机进料口大，破碎腔长，机体特别坚固，活动部位的平衡配重振动小，噪声小，偏心轴具有高韧性及耐冲击性，重负荷下仍可平顺运转，颚板之间的间隙调整方便迅速，适用于块石的快速粗碎和中碎。

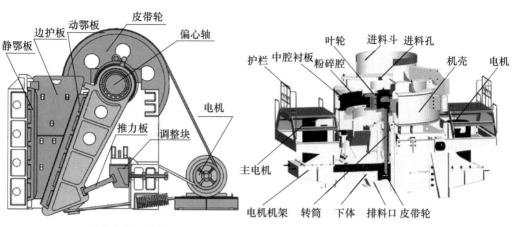

图 4-11 颚式破碎机结构示意图

图 4-12 立轴冲击式破碎机结构示意图

立轴冲击式破碎机将进入的物料经分料器分成两部分。一部分从中部进入高速旋转叶轮内，被迅速加速，从叶轮的三个流道内抛射出去。首先与由分料器四周落下的另一部分物料冲击破碎，然后一起冲击到涡动腔内物料衬层上，被物料衬层反弹，在涡动破碎腔内受多次撞击、摩擦和研磨破碎作用，被破碎的物料由下部出口排出，和筛分系统形成闭路循环。其特点是结构简单，破碎效率高，具有细碎和粗磨的功能，物料最大含水率可达 4%，破碎的成品颗粒形貌佳，粉尘污染少，安装、操作、维修方便，运行成本低。

图 4-13 为立式制砂机结构示意图。

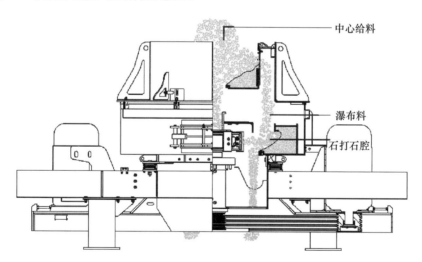

图 4-13 立式制砂机结构示意图

目前，大多数制砂设备都兼具整形功能。机制砂的整形是制备过程中的一个重要环节，其目的是提高机制砂颗粒的圆度，减少棱角。制砂机工作原理为：物料落入瀑流给料装置，经制砂机中心进料孔进入高速旋转的转子后被充分加速并经发射口抛出，首先与反弹后自由落下的一部分物料进行撞击，然后一起冲击到周围的涡流腔内的涡状料衬上，先被反弹到破碎腔顶部，由偏转向下运动与从叶轮流道发射出来的物料撞击形成连续的物料幕，最后经由下部排料口排出。机制砂颗粒特点是"两头大，中间小"，在破碎整形工艺过程中，为了增加中间档颗粒的含量，可降低筛网网孔尺寸，但同时也增加了机制砂的粉料含量。

3. 砂的筛分

干混砂浆生产过程中，需要将砂中粒径大于 4.75mm 的颗粒除去，有时还需要将物料分为若干颗粒级别的产品，因而需要对砂进行筛分处理。常用的筛分设备为振动筛和滚筒筛。

 动画
振动筛

振动筛的种类繁多，但主要都是由激振器、筛箱、隔振装置、支架等几个部分组成。其中，隔振装置一般为金属螺旋弹簧或橡胶弹簧。金属螺旋弹簧用得最广，寿命长，内摩擦小，且对使用环境无特殊要求。筛箱内含筛网，筛网为易损件。激振器一般多采用振动电机或偏心电机。

振动筛可分为旋振筛和直线筛，目前干混砂浆企业大多采用直线筛。直线筛的运动轨迹近似为直线。激振器大多为振动电机，根据双振动电机自同步直线振动原理制成。

在振动过程中，由电机产生的纵向激振力使筛体在与水平面成一倾斜角度的方向做直线振动，使物料在筛网上向前不断地做抛料运动，从而达到筛分目的。其结构紧凑，运动平稳，效率高，能耗小，全封闭结构，粉尘较少，使用、维修方便。

单层直线筛和直线概率筛是干混砂浆企业常用的两种直线筛。

天然砂排出烘干机后，需要进行筛分处理，筛分的目的是筛除砂中粒径大于 4.75mm 的颗粒。此时所采用的振动筛多为单层直线筛（图 4-14），该筛只具有一层筛网。

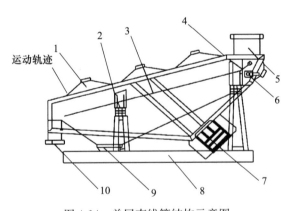

图 4-14　单层直线筛结构示意图

1—检视盖；2—橡胶弹簧；3—筛网；4—链条；5—进料斗；
6—张紧弹簧；7—振动电机；8—支架；9—细颗粒出口；10—粗颗粒出口

有些企业还对烘干后的砂进行分级处理。砂的分级处理一般采用直线概率筛。直线概率筛采用多层大倾角筛面，利用概率理论，筛孔大于所需筛分粒度，大大提高了筛分效率和生产率。直线概率筛结构见图 4-15。工作时，物料由进料斗进入振动筛，在振动电机的作用下，物料在筛网上做抛料运动。

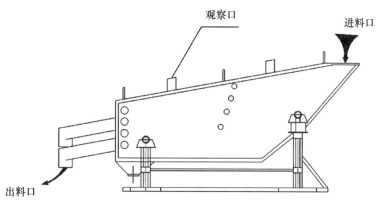

图 4-15　直线概率筛示意图

当筛机启动后，呈对称布置的两台相同型号和规格的振动电机或激振器做同步反向运转，其产生的激振力通过传振体——电机或激振器底座传递到整个振动体——筛箱上，使筛箱带动筛面做周期性振动，从而使筛面上的物料随筛箱一同做定向跳跃式运动，其间，小于筛面孔径的物料通过筛孔落到下层，成为筛下物，大于筛面孔径的物料经连续跳跃运动后从排料口排出，完成筛分作业（图4-16）。

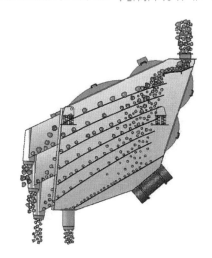

图 4-16　多层筛网筛出不同粒径物料示意图

滚筒筛也是在砂的筛分过程中应用非常广泛的一种设备，结构如图 4-17 所示。它是通过控制砂的筛网孔径大小来对砂进行筛分处理的，筛分的精度较高。滚筒筛的筒体一般分几段，可视具体情况而定，筛孔由小到大排列，每一段上的筛孔孔径相同。

滚筒筛主要由电机、减速机、滚筒装置、机架、密封盖、进料口与出料口组成。它的工作原理是：将滚筒装置倾斜安装于机架上，电机经减速机与滚筒装置通过联轴器连接在一起，驱动滚筒装置绕其轴线转动。当砂进入滚筒装置后，滚筒装置的倾斜与转动，使筛面上的砂翻转与滚动，粒径符合要求的砂（筛下砂）经滚筒后端底部的出料口排出，粒径过大的砂（筛上砂）经滚筒尾部的排料口排出。由于砂在滚筒内的翻转和滚动，卡在筛孔中的砂可被弹出，防止筛孔堵塞，筛分稳定性和可靠性较高。

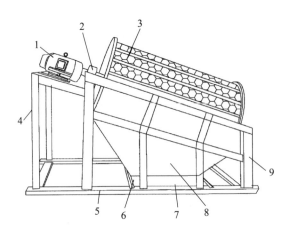

图 4-17　图 4—17 滚筒筛结构示意图

1—电机；2—主轴；3—筛筒；4—筛架体；5—支架；6—下料仓；

7—细料排料口；8—盖板；9—粗料排料口

4. 砂的输送

砂的输送通常应采用斗式提升机或皮带运输机。

（1）斗式提升机。该机在带或链等挠性牵引构件上每隔一定间隙安装若干个钢质料斗，连续向上输送物料。斗式提升机具有占地面积小、输送能力大、输送高度高、密封性好等特点，因而是干砂的重要输送设备（图 4-18）。

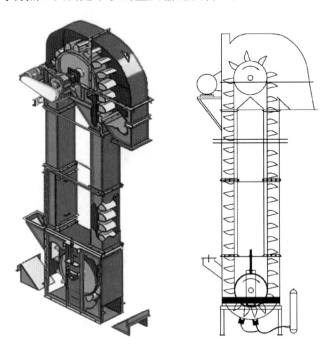

图 4-18　斗式提升机示意图

（2）皮带运输机。皮带运输机的优点是生产效率高，可以连续作业而不易产生故障，维修费用低，只需定期对某些运动件加注润滑油。为了改善环境条件，防止砂的飞散和雨水混入，可在皮带运输机上安装防护罩壳（图 4-19）。

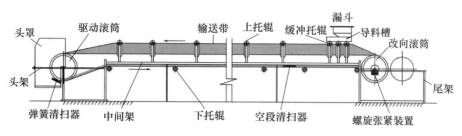

图 4-19   皮带输送机

4.2.2   物料仓储系统

除了砂，水泥、粉煤灰和保水增稠材料等物料应储存于密封的粉料筒仓内。物料的输送有气浮式料仓排料系统和螺旋式排料系统，以保证配料过程中物料的正常输送。粉状物料储存系统主要有粉料储仓、气浮式料仓排料系统和螺旋输送机。

链式刮板机

1. 粉料储仓

粉料储仓根据生产工艺要求可以设置多个相同规格或不同规格的筒仓。筒仓一般由钢板焊接而成，由仓体、仓顶、下圆锥、底架和辅助设备五部分组成。有时为了运输和安装等需要，容量较大的筒仓也有制成拼装式的，但是这种形式的筒仓密封性不够好，而且制造费用高。向筒仓内输送物料，可以采用管道气力输送、斗式提升机，也可采用螺旋输送机输送。

（1）粉料破拱。为了防止粉料在筒仓内搭拱阻塞，筒仓锥部一般都设有不同形式的破拱装置，用以防止粉料供应的中断，从而保证混合设备能连续地运转。国内外生产厂商一般采用机械式破拱、气动破拱和振动破拱。

机械式破拱类型较多，基本原理都是靠机械在物料中的运动来破坏物料拱层。机械式破拱的优势主要有可靠性好，破拱效果佳，可直接破坏松散物料内摩擦剪切应力的平衡，有利于实现均匀给料，提高物料的计量精度。其不足之处主要体现在：造价太高，在物料内工作的机件容易磨损，甚至产生故障，维修困难等。

气动破拱的原理是通过压缩空气的冲击来破坏拱形平衡的。采用气动破拱比较经济，破拱效果一般也能满足要求，但是在下料均匀性方面欠佳，特别是在湿度较大的环境中。

振动有助于破拱，因为任何颗粒性散体物料振动时其内摩擦系数减小，剪切强度就降低，这也是振动破拱的主要原理。振动破拱的特点是简单方便，易于控制，有一定的破拱效果。但在物料振动后静放时间长时，就有可能失效，甚至因为振动密实而使物料产生结块或堵塞料门。同时，由于在锥部振动，振动能量容易被锥体的钢板吸收，导致破拱效果下降。

（2）料位指示。为了测控筒仓内的储存量，在筒仓内设置各种料位指示器。筒仓中料面的高度是通过料位指示器来显示的。料位指示器根据设定可发出进行装料或停止装料的指令。料位指示器根据其功能不同，分为两类。

① 极限料位测定：可指示料空或料满。常见的有薄膜式料位指示器、浮球式料

位指示器和阻旋式料位指示器。

薄膜式料位指示器一般装在料斗壁上，当筒仓内的物料装满时，会压迫橡皮膜，触动开关，发出信号。浮球式料位指示器则是通过物料装满时压迫浮球，使其偏摆，发出信号；阻旋式料位指示器是物料装满时，迫使由电机带动的叶片停转，发出信号。

② 连续料位测定：连续测定料面位置，可随时了解储料的多少。常见的有电容式料位指示器和超声波料位指示器。

电容式料位指示器是以悬挂在料仓内的重锤作为一个测量电极，以料仓壁作为另一个电极，随着料仓内料的增加或减少，电极之间的介质被改变，从而引起电容量的变化，通过电容式传感器感应仪表显示料位的变化。超声波料位指示器是一种无触点、连续测定式料位指示器，不受温度和湿度的影响。其不与物料接触，因此也不会受到冲击。这种装置能连续测量料面的位置，同时能够在料满和料空时发出警报。

2. 气浮式料仓排料系统

气浮式料仓排料系统由均匀安装在料仓锥形底部的浮化片构成。气浮效果是根据物料特性，手动或自动调节气量，使压缩空气均匀地透过这些特制的浮化片实现的。这种有效的料仓排料方式几乎适用于所有精细干混物料。气浮式料仓排料系统所需压缩空气的量很小，是较经济的排料送料方式。

3. 螺旋输送机

动画
螺旋输送机

干混砂浆企业采用的螺旋输送机分为U形螺旋输送机和管式螺旋输送机。根据输送物料的特性要求和结构的不同，螺旋输送机有水平螺旋输送机、垂直螺旋输送机、可弯曲螺旋输送机、螺旋管输送机（滚筒输送机）。螺旋输送机的工作原理是旋转的螺旋叶片将物料推移而进行输送。

4.2.3 配料计量系统

干混砂浆的配料计量系统是干混砂浆生产工艺中的重要环节，控制着各种混合料的配合比。精确高效的称量设备不仅能提高生产效率，而且是生产优质砂浆的可靠保证。

配料计量系统采用精确的电子秤和先进的计算机控制，并具有落差跟踪、称量误差自动补偿、故障诊断等功能。可靠的送排料系统保证了物料送排时的均匀流畅，以达到精确的计量效果，有效地保证了产品的质量。

为保证计量结果的准确可靠，根据国家规定，计量器具应定期到相关部门进行鉴定。配料计量系统采用电子秤。电子秤没有复杂的杠杆系统，它是用电阻式传感器来测定物料质量，测量控制都很方便，自动化程度也易提高。电子秤可分为电子正秤和电子负秤。电子正秤为料仓向秤斗投料后称重；电子负秤中料斗、秤斗合二为一，只要物料离开秤斗，秤斗就将物料质量称出，降低了上料高度，简化了工艺，无落差，也避免了皮重以及秤斗未卸空对下次质量的影响。

配料计量系统如图4-20所示。计量方式分为单独计量和累积计量。单独计量是指把每一种材料放在各自的料斗内进行称量，称量完后都集中到一个总料斗内，再加入混合机。累积计量是指把各种材料逐一加入同一个料斗内进行叠合称量。单独计量称量精度高，但称量斗太多就难以布置，从而使结构复杂。一般情况下，周期分批计量装置可用于计量砂、粉料等，由斗体、传感器、蝶阀等组成。其中，斗体有物料进料口及出气口，物料进料口与螺旋输送机相接，出气口与收尘装置相接，有时物料计量斗上需增加振动器，以保持下料畅通。

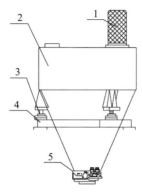

图 4-20　配料计量系统结构示意图
1—收尘布袋；2—斗体；3—传感器；4—支架；5—蝶阀

4.2.4　混合系统

微课
砂的混合系统

　　混合是干混砂浆生产工艺过程中极为重要的一道工序，它的好坏直接影响产品质量和效益。只有将各配合料快速混合均匀，才能获得高品质的干混砂浆产品。

　　混合机是干混砂浆生产中最关键的设备。一台好的混合机应具备如下性能：①混合均匀度和效率高。可将万分之几掺量的小料在数分钟内混合均匀。②混合能耗低。消耗较低的能量就能满足混合质量和效率的要求。③卸料快而干净。生产中更换产品时，基本无须清洗混合机。④寿命长。耐磨性好，可靠稳定，以保证混合机的使用寿命。

　　干混砂浆混合机的种类繁多。目前，干混砂浆生产企业常用的混合设备主要有以下四种。

　　1. 双轴无重力桨叶式混合机

　　其结构特点为：卧式筒体，双轴多桨结构，混合机体呈 W 形，物料自顶部加入，混合后由底部大开门卸出，顶部可配置飞刀（图 4-21）。

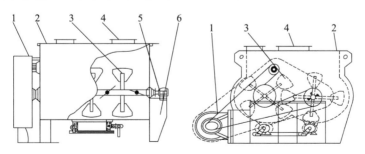

图 4-21　双轴无重力桨叶式混合机结构示意图
1—传动机构；2—筒体；3—桨叶；4—进料口；5—机轴；6—机架

双轴无重力桨叶式混合机具有两个旋向相反的转子，电机通过减速机、链条带动双轴以大于临界转速的速度同步旋转时，以一定角度安装在双轴上的桨叶将物料抛撒到筒体内整个空间。一方面，桨叶带动物料沿筒体内壁做轴向旋转；另一方面，物料受桨叶翻动抛撒，在转子的交叠处形成失重区域，在此区域内，无论物料的形状、大小和密度如何，都能上浮而处于瞬间失重状态，使物料在筒体内形成全方位的连续对流、扩散和相互交错剪切，从而达到快速、柔和、均匀的效果。其主要特点如下。

① 适用范围广，尤其是与密度、粒度等物性差异较大的物料混合时不产生偏析。

② 混合速度快，混合精度高，混合过程温和，不会破坏物料的原始物理状态。

③ 多角度交叉混合，均匀无死角。

④ 设双大开门及取样装置，下料迅速干净、免清扫、无残留，并可随时观察机内物料搅拌情况。

⑤ 采用耐磨衬板及活桨叶片，便于更换、维修、保养，使用寿命长。

⑥ 能耗低，密封操作，运转平稳，噪声低，粉尘浓度低，不污染环境。

双轴无重力桨叶式混合机适用于各种不同形式的砂浆生产线。全容积可分为 $2m^3$、$4m^3$、$6m^3$ 等不同规格，可根据用户的产量大小来设计。

双轴无重力桨叶式混合机有两种形式：一种是装有可调换耐磨合金衬板和搅拌叶片的 I 型混合机，适用于较粗砂的普通干混砂浆的生产，有很好的耐磨性和使用寿命。另一种是无衬板的 II 型混合机。搅拌叶片端部装有可调换耐磨合金铲片，适用于粉料和较细砂的特种干混砂浆的生产，还可以加装高速飞刀，进一步提高混合性能，扩大适用范围。

2. 犁刀式混合机

犁刀式混合机内的犁刀随主轴旋转，使物料沿筒壁做径向圆周湍动，同时物料流经飞刀组，被高速旋转的飞刀抛散，不断更迭、复合，使物料在较短时间内混合均匀。犁刀式混合机的结构如图4-22所示。

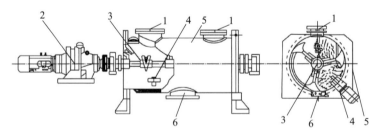

图4-22 犁刀式混合机结构示意图

1—进料口；2—传动机构；3—犁刀组轴；4—飞刀组；5—筒体；6—出料阀

犁刀式混合机出料阀装在筒体的底部（连续出料除外），用于关闭和放出物料，其工作是通过手柄和四连杆机构来实现的。犁刀式混合机筒体的近圆形结构（弧度经过科学计算，符合混合力学原理）很好地保证了物料在混合机内部做径向漂移。犁刀组独特的结构保证了被混合物料在混合机内部沿轴向移动，犁刀间距保证了被混合物料强有力的湍动。犁刀式混合机与双轴无重力桨叶式混合机的投料方式相同，均为动态投料。

犁刀式混合机有以下特点：

① 主要为粉体、颗粒的混合，混合的物料可以带少量短纤维。

② 混合时由于飞刀的高速运动，对物料有很大程度的破坏。

③ 与同样容量的混合设备相比，它的主混合动力要求居中，但加入高速飞刀动力，动力要求并不低于双轴无重力桨叶式混合机。

④ 混合效率较高，混合均匀度较好，能实现带载启动。

3. 卧式螺带混合机

卧式螺带混合机的传动主轴上布置双层螺旋叶片，内螺旋将物料向外侧输送，外螺旋将物料向内部聚集。物料在双层螺旋带的对流运动下，形成一个低动力、高效的混合环境。安装于搅拌轴上的内、外径螺旋带动筒体内物料，使搅拌器在筒体内最大范围地翻动物料。搅拌装置工作时，内螺旋带动靠近轴心处物料做轴心旋转，轴向由内至两侧推动，外螺旋带动靠近筒壁处物料做轴心旋转，轴向由两侧至内推动，物料能够在较短时间内均匀混合。混合机底部出料通过气动大开门结构，具有卸料快、无残余等优点。卧式螺带混合机的结构如图 4-23 所示。

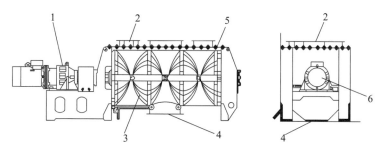

图 4-23　卧式螺带混合机结构示意图

1—传动机构；2—进料口；3—螺带搅拌叶片；4—出料口；5—筒体；6—机轴

卧式螺带混合机有以下特点。

① 在混合物料时不受颗粒的大小、密度影响。

② 对有黏性物料亦有很好的混合效果。

③ 平稳的混合过程减少了对易碎物料的破坏，加装飞刀结构亦起破碎作用。

④ 机身高度低，便于安装。

⑤ 正、反旋转螺带安装于同一水平轴上，形成一个低动力、高效的混合环境。

4. 单轴桨叶式混合机

单轴桨叶式混合机与双轴无重力桨叶式混合机的特点基本相同，但单轴桨叶式混合机的性价比更高。

其工作原理是：当主轴在一定的转速下旋转时，柄座和内、外桨叶同时以一定的速度旋转，由于柄座和桨叶自身的形状不同，以及它们在主轴轴向上的分布有倾斜角度的缘故，柄座和内桨叶在混合时使物料以一个中间层面为中心向两端端板处扩散，而外桨叶把分布在外层圆周方向上的物料向中间层面聚合，内、外桨叶和柄座的共同作用能使在筒体内的物料在短时间内产生对流混合。单轴桨叶式混合机的结构如图 4-24 所示。

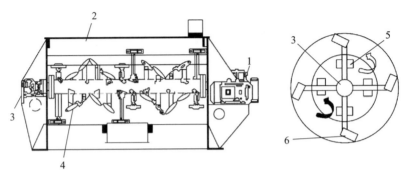

图 4-24　单轴桨叶式混合机结构示意图

1—驱动电机；2—筒体；3—机轴；4—桨叶；5—内桨叶；6—外桨叶

4.2.5　包装散装系统

动画

干混砂浆包
装机

动画

干混砂浆包
装过程

根据企业生产工艺流程设置的不同，干混砂浆混合均匀后可以直接经混合机下口的散装机放入散装车，也可以输送至成品仓存储，再由成品仓下面的散装机放入散装车。需要包装出厂时，也可以由成品仓输送至包装机进行包装。普通干混砂浆在通常情况下采用散装出厂的方式。

散装系统主要由成品仓（当设有成品仓时）、螺旋输送机、自动伸缩散装头、称重仓等组成。散装头在专用散装运输车到位后，自动伸出，进入加料口加料，散装头上配有料位传感器和收尘装置，可自动控制加料量和防止粉尘飞扬。

包装系统主要由成品仓、螺旋给料机、截料装置、传感器、称重夹袋装置、电气控制柜、缝包机、皮带输送机等组成，一般采用无级变速控制加料的快慢。该系统还配置收尘设备，确保无粉尘污染。

4.2.6　收尘系统

收尘系统是指能将空气中粉尘分离出来的设备。收尘是改善预拌砂浆生产设备现场工作环境的重要手段。粉料由气力输送进入筒仓时，要求收尘，混合料与粉料进入混合机时也要求收尘。目前常用的收尘设备有旋风收尘器和袋式收尘器。其中，旋风收尘器是利用颗粒的离心力而使粉尘与气体分离的一种收尘装置；袋式收尘器是一种利用天然纤维或无机纤维作过滤布，将气体中的粉尘过滤出来的收尘装置。

4.2.7　电气控制系统

电气控制系统应用现代编程技术和控制元件，将整个生产过程的监控可视化，具有配方、记录、统计、显示及数据库的监测控制功能，有客户服务器数据库的系统扩展及网络功能。控制系统采用的人机界面，模拟显示砂浆生产线的整个动态工艺流程，操作直观、简单、方便，以确保产品的高质量。干混砂浆生产控制系统通常由以下几部分组成：①电器控制柜；②信号传感系统；③控制器 PLC/计算机（工控机）；④控制软件。控制系统采用人机界面，使得生产的各项指令准确无误地顺利执行。

📖 **任务实施**

4.2.8 对图示砂浆工艺图（图 4-25）进行各系统主要设备的选型，并说明选型理由

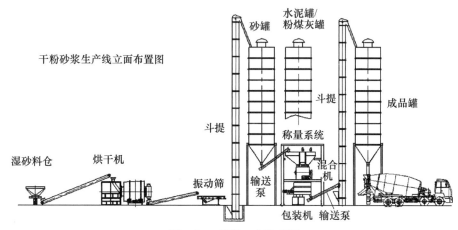

干粉砂浆生产线立面布置图

图 4-25 砂浆工艺流程图

要求：分别从砂的干燥、筛分、输送系统，物料仓储系统，配料计量系统，混合系统，包装散装系统，收尘系统，控制系统等中对主要设备进行选型，并完成表 4-3 中各项技术指标。

表 4-3 干混砂浆工艺主要设备的选型

设备	特点	规格	技术指标	选型理由
皮带运输机				
烘干机				
筛分机				
斗式提升机				
原料筒仓				
配料计量秤				
混合机				
包装机				
收尘器				
其他设备				

📖 **拓展阅读**

4.2.9 湿拌砂浆生产工艺及要求

目前，湿拌砂浆主要由商品混凝土搅拌站生产、供应。由于砂浆供应量与混凝土相比要少得多，如果单独设计一条砂浆生产线，既造成浪费，使用率又不高。因此，目前砂浆与混凝土共用一条生产线，均采用混凝土搅拌机进行搅拌，但需要安

排好生产任务。湿拌砂浆的典型生产工艺如下：

1. 砂的筛选

砂浆用砂的最大粒径应不大于5mm，因此湿拌砂浆的生产应增加一道筛分工序，以保证砂全部通过5mm筛网。过筛砂应堆放在专用堆场，称之为专用砂。筛分机一般选用滚筒筛，其长度和直径可根据产量决定。砂浆生产时应注意控制砂的含水率，若砂的含水率过高，砂容易黏结成团，砂粒易堵塞筛网，导致筛分效率降低。筛网应有排堵装置，及时除去堵塞筛网的砂粒和泥团。

2. 原材料计算

固体原材料的计算应按质量计，水和液态外加剂的计算可按体积计。由于固体组成材料因操作方法或含水状态不同而密度变化较大，如按体积计量，易造成计量不准，从而难以保证砂浆性能和均匀性，因此各种固体原材料的计量均应按质量计。

计算设备应能连续计量不同配合比砂浆的各种材料，并应具有实际计算结果逐盘记录和储存功能。计算设备应按有关规定由法定计量部门进行检定，使用期间应定期进行校准。

水泥、粉煤灰和砂浆稠化粉均为粉状材料，可采用螺旋输送，电子秤称量计算。水泥、粉煤灰可采取叠加计算，砂浆稠化粉采取单独计算。砂采用皮带输送机输送，电子秤称量计算。

在用电子秤计算时，不能仅根据电子秤的精度来确定材料的计量误差，还应考虑螺旋的计量误差。在保证称料精度的前提下，应兼顾称料速度。每盘料称量大的组分，螺旋输送速度可快些。根据砂浆配合比各组分不同和对砂浆性能影响的大小，确定合理的称料螺旋。一般来讲，水泥的螺旋输送速度最快，粉煤灰其次，砂浆稠化粉最慢。砂的计量应考虑其含水率波动对计量精度和加水量的影响，砂的含水率测定每班不宜少于1次，如果气候和原材料发生变化，应加倍测试频率。对液态外加剂应经常核实固含量，以确保计量准确。

3. 砂浆搅拌

湿拌砂浆搅拌时间应略长于混凝土搅拌时间。因为砂浆不含粗骨料，可搅拌性低于混凝土，砂浆各组分混合均匀程度较混凝土难。砂浆搅拌时间应不小于90s，一般为120s。

4. 砂浆运输

搅拌好的砂浆应由带有搅拌装置的运输车运输。如果容器不带搅拌装置，那么砂浆在运输过程中，由于车辆运输途中的颠簸、振动，易使砂浆中的砂下沉，水分上浮，产生离析现象。砂浆也可由混凝土搅拌输送车运输，但是，混凝土搅拌输送车运输砂浆前，应清洗干净，确保旋转筒体内没有残余的混凝土等杂物。

任务4.3　干混砂浆生产环节控制

本任务主要将对干混砂浆生产过程中各个环节，包括原材料预处理、配料与称量、搅拌混合和成品出厂等工序，进行科学的、经常的、系统的严格控制，使干混砂浆生产的每个工序都处于受控状态，从而确保生产的正常进行。

【重点知识与关键能力】

微课

干混砂浆生产质量控制

重点知识：

·掌握干混砂浆生产过程中质量控制点、取样点。

·掌握干混砂浆生产过程中质量控制内容、控制对象。

·掌握干混砂浆生产过程中原料的质量控制、配合比质量控制、生产工艺质量控制、砂浆成品质量控制。

关键能力：

·能够准确识别干混砂浆中各质量点的位置。

·能够进行各质量点的取样、留样。

·能够结合质量分析数据调整生产过程中的工艺参数。

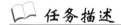 **任务描述**

结合干混砂浆的生产质量控制点的选择，确定生产质量控制指标，进而对原材料预处理环节、配料计量环节、砂浆混合环节、砂浆成品出厂环节等进行质量控制。

【任务要求】

·进行干混砂浆主要环节的质量点控制，并制作干混砂浆生产质量控制表。

【任务环境】

·五人一组，根据工作任务进行合理分工。

·每组配置一台计算机进行生产质量控制表的编制。

 **相关知识**

4.3.1　干混砂浆生产质量控制点的确定

1. 质量控制点的定义

质量控制点是指为了保证干混砂浆生产过程质量而确定的重点控制对象、关键部位或薄弱环节。它是对生产现场质量管理中需要重点控制的质量特性进行控制，体现了生产现场质量管理的重点管理原则。只有抓住了生产线上重点对象的质量控制，才算抓住了要害，通过"抓重点带一般"，保证产品质量稳定。

2. 质量控制点的确定原则

质量控制点，要能及时、准确地反映生产和应用的真实质量情况，并能够体现"事先控制，把关堵口"的原则。

① 如果是为了检验某工序的产品质量是否满足要求，质量控制点应在该工序的终止地点或设备的出口处，即工艺流程转换衔接，并能及时和准确地反映产品状况和质量的关键部位。

② 如果是为了提供某工艺过程的操作依据，则应在物料进入设备前取样。

3. 干混砂浆生产质量控制点

干混砂浆生产过程中，对砂浆产品质量影响较大的关键部位或薄弱环节因企业的原材料、工艺和装备等实际情况而有所不同，但是，对一般的干混砂浆企业而言，关键部位或薄弱环节包括：原材料进厂、原材料预处理、计量配合、混合、砂浆出厂（包装或散装）。干混砂浆生产质量控制的重点是对这些关键部位与薄弱环节进行控制，也即干混砂浆生产过程通常应设置以下质量控制点。

① 进厂原材料。对进厂的水泥、砂、粉煤灰、保水增稠材料等质量进行控制。

② 入库原材料。主要是控制砂的烘干与筛分质量，如控制入库的砂的水分、级配等。

③ 混合机配合料。主要控制计量配合的准确性，使入混合机配合料的配合比与要求一致。

④ 出混合机砂浆。主要是控制混合质量，快速了解出混合机砂浆质量。

⑤ 出厂砂浆。检验砂浆的各项性能与设计要求的一致性。

当然，企业也可以根据自身的原材料、工艺及装备等实际情况，梳理其他关键部位与薄弱环节，增加质量控制点，以达到保证砂浆生产质量的目的。例如，某干混砂浆企业砂库离析比较严重，则可增加出库砂为质量控制点。

4.3.2 取样检验

取样检验是指按一定方案从物料或产品中抽取能代表总体物料或产品的样品，通过检验样品而对总体的物料或产品的质量做出评价和判断。取样检验是干混砂浆生产质量控制的重要环节。

1. 取样点和取样方法

首先，取样点的样品应具有代表性，能真实、正确地反映生产过程中的物料或产品的质量。如果取的样品没有代表性，不仅不能正确反映生产实际情况，造成人力、物力的浪费，而且会误导对生产过程质量的判断，给生产带来损失。其次，取样点应适合取样，具有安全性、可靠性和方便性。另外，取样点要根据取样检验的目的不同而定。例如，如果取样检验是为了给下一个工艺环节提供依据，取样点应选在进入下一个工艺环节之前的部位；如果取样检验是为了判断某工艺环节的工作质量，那么取样点应选在该工艺环节的末端。

取样方法有连续取样法、瞬时取样法两种。在一个随机时间，从一个部位取出的规定量的样品称为瞬时样；不间断取出的物料样品为连续样。综合样则是指一个时间段内取出的瞬时样或连续样，经充分混合均匀后制得的样品。

取样方法的选择，应使所取样品具有实际生产的代表性和取样的可能性。要检验某一阶段内产品，如每天烘干的天然砂、每批混合均匀的砂浆等的质量，则可在一段时间内取平均样，即连续取样。要控制某工序的操作稳定性，或取平均样有困难，如砂浆各种原材料的进厂取样等，应取瞬时样，但取样应该有代表性。

2. 取样次数和检验次数

取样次数与检验次数对于质量控制的准确性影响极大，应根据实际生产中的技术要求和质量波动情况来确定。

控制项目对产品质量影响很大时，应增加检验次数。如经过烘干处理的天然砂的含水率会对后续砂浆的计量、混合乃至储存造成巨大的影响，因此，检验次数较多，如1次/h。再如进厂的原材料波动较大时，取样与检验次数相应要增加；反之则可减少。

3. 检验方法

在实际生产的检验过程中，为了保证生产的连续性和高效性，不可能为了等待取样检验结果，频繁地让生产停下来，因此对砂浆的生产原材料和砂浆产品应设置一些简单、迅速、准确而又比较重要的检测项目和检测方法。例如，可以采用微波炉加热的方法，快速去除砂中的水分，测得烘干砂的含水率；对于成品砂浆的控制也可以通过筛分试验，测得粒径0.15mm以下粉粒的含量和粒径0.15mm以上颗粒的含量（主要是砂的用量），通过简单计算砂率，来验证混合的均匀性等。

4.3.3　干混砂浆生产质量控制指标的确定

干混砂浆原材料和产品等的控制指标，是指企业为保证产品质量、正常生产和合理经营而对这些原材料、中间物料和产品在技术管理方面的具体技术要求。制定技术指标的目的是便于考核与检查，保证各工序的工作质量。其内容包括物料名称、检查项目、检查规格、合格率、指标的上下限、检查的次数与时间、负责单位、取样地点和考核办法等。

1. 质量控制的内容

质量控制是有组织、有计划的系统活动，既涉及专业技术问题，又涉及管理问题，必须把两者结合起来，才能达到控制质量的目标。

① 制定质量控制计划和控制标准。根据干混砂浆企业生产的实际情况，制定合适的控制指标；正确选择取样地点、取样方法、检验频次、试验方法，准确、及时地提供原材料进厂、预处理、混合一直到砂浆产品出厂的各道工序、各种情况下真实的质量数据。

② 处置和纠正措施。根据大量质量数据反映出的各种物料、各道工序的质量状况，分析异常的原因，并及时采取各种有效的调整措施，保证出厂的干混砂浆各项技术指标符合国家标准及设计要求。在确保达标的前提下，尽可能提高产品的用户满意程度，同时考虑节能、减排、降耗，增加产量，提高效益。

2. 质量控制的对象

生产过程的质量控制是对生产过程的各个因素，包括影响工序质量的工艺、装备、材料和人为因素等进行控制。根据干混砂浆生产实际，质量控制的重点对象是原材料的控制、设备的控制、关键工序的控制、工艺参数更改的控制、不合格品的控制等。

① 原材料的控制。进厂的原材料必须符合相关的标准要求，实际生产过程中应坚持先检验、后使用的原则。首先，对进厂的原材料进行复检，各个原材料进厂时需复检的项目见表4-4。如果干混砂浆生产过程中还涉及表4-4以外的其他原材料，其复检应参照与之相应的标准。各原材料复检合格后才能入库存放。对入库后的原

材料，实验室人员应及时记录其进厂批号、来源（产地）、规格型号、进厂日期和存放库号（场地）等，以便实现砂浆生产原材料的可追溯性。

表 4-4 原材料进厂复检项目

原材料种类		复检项目	执行标准
水泥		细度、安定性、凝结时间、强度	GB 175—2023
砂	天然砂	含水率、含泥量、泥块含量、表观密度、堆积密度、颗粒级配、氯化物含量*	GB/T 14684—2022
	机制砂	含水率、含泥量、泥块含量、表观密度、堆积密度、颗粒级配、MB 值	
掺合料	粉煤灰	细度、含水量、需水量比、烧失量、活性指数	GB/T 1596—2017
	矿粉	密度、比表面积、含水量、流动度比、烧失量、活性指数、初凝时间比	GB/T 18046—2017
保水增稠材料		匀质性、受检砂浆性能	JC/T 2389—2017

注：＊当使用淡化海砂时，应测定砂中的氯化物含量。

② 设备的控制。要按照设备管理规程的要求，用好设备、管好设备，坚持定期检查、定期维修的制度，使设备处于良好状态。

③ 关键工序的控制。砂的预处理、计量、混合和仓储等都是干混砂浆生产的关键工序，都需要重点控制。重点岗位要配备素质较高的工人，对重要工艺参数增加检验频次并加强监督。

④ 工艺参数更改的控制。若工艺条件或原材料发生重大变化，或改变生产品种，质量控制指标必须及时更改。更改必须遵循一定的报批程序，并在技术文件上注明，及时通知有关部门和生产岗位。

⑤ 不合格品的控制。不合格是指"未满足规定的要求"。进厂的原材料、预处理后的原材料、生产出的砂浆成品乃至运输到工地的砂浆产品都有可能出现不合格品。因此，在生产过程中要对不合格品进行有效控制，制定出控制不合格品的有关制度和处置办法。出厂干混砂浆不合格应按重大质量事故处理。

3. 质量控制指标的确定

每一控制点上的控制项目及控制指标应根据国家、行业和地方标准、砂浆生产企业质量管理规程等制定，但这些文件仅规定了控制产品质量的最低限度。在实际的生产应用中，考虑到砂浆质量影响因素的多变性，为了严格控制各工序的产品质量，还必须制定切合本厂实际情况、严于上述标准的企业内控指标。

4.3.4 干混砂浆生产环节质量控制

4.3.4.1 原材料的预处理环节质量控制

干混砂浆原材料的预处理主要指砂的预处理。其质量控制环节主要包括天然砂的烘干、机制砂的破碎整形和砂的筛分。预处理质量主要通过砂的含水率、砂的级配和砂的温度等指标来反映。

砂分为天然砂和机制砂，不同种类砂的含水率指标控制方法各不相同。对于天然砂而言，主要是通过烘干机对原砂进行烘干处理，来控制其含水率指标。机制砂经破碎和整形后，其自身的含水率已经较低时，一般不需再进行烘干处理。但当机制砂含水率达不到要求时，也需要进行烘干处理。

砂的颗粒级配控制是通过筛分机得以实现的，通过对砂筛分处理，使其粒度、级配等各项指标符合要求，方能入仓存储。

砂是干混砂浆中用量最大的组分，砂的预处理质量对砂浆的质量影响很大，企业应根据自身的砂和设备情况合理地设定每个环节的质量控制点和检验频次。

1. 天然砂烘干过程控制

对于采用以天然砂（主要是指天然河砂）为原材料的干混砂浆生产企业，为了保证砂浆产品的质量，首先需要对进厂的湿砂进行干燥处理。干燥处理的目的是把湿砂的含水率降至 0.5% 以内，同时控制干砂出机温度，以保证入混合机的干砂温度在 65℃ 以下。

砂的含水率对砂浆生产和质量影响很大。砂的含水率过高，将使干混砂浆产品在使用前与水反应，造成实际施工后砂浆硬化体的强度下降。干混砂浆中的水泥等胶凝材料遇到砂中的水后会发生水化反应，出现结块现象。但总体来说，这种结块结构是比较疏松的，强度也较低。当加水再搅拌时，它又会被打开，分散到砂浆硬化体中，由于其已水化失去了活性，结构疏松、强度较低，在砂浆硬化体中，必然是缺陷所在。在遇到外力时，破坏就会首先从此处引发、扩展，从而导致砂浆硬化体的强度降低。

此外，砂含水率过高还会导致上料困难、筛分困难、配料不准、混合困难；造成物料的休止角变大，干混砂浆装车困难等；在使用过程中，移动储罐内的干混砂浆容易起拱，导致下料不畅，造成砂浆拌合物稀稠不均。

由于保水增稠材料对温度的敏感性高，在对原砂的烘干处理过程中，干砂的出机温度不宜过高，否则会导致保水增稠材料的使用性能降低，影响其保水增稠效果，造成最终的砂浆成品质量不达标。以纤维素醚为例，一旦砂浆温度大于 65℃，纤维素醚的活性就会受到影响，保水性降低，从而影响它的保水增稠作用。砂的温度过高也会影响设备，如对（砂罐）料位计、（斗式提升机）轴承的损害，甚至影响成品料的包装和包装袋的质量。

进厂的天然砂含水率不宜过高，进厂后应测试湿砂的含水率。含水率较高时，应经过堆放、翻晒等程序自然降低其含水率。进入干燥设备的天然砂含水率的控制值应根据不同的供需情况、企业的场地情况等因素合理设定。一般而言，原砂的含水率越低，砂的烘干效率越高。但有的企业受原材料含水率、晾晒场地等限制，以及生产需求等因素的影响，为了满足生产需求，也可将进入干燥设备的原砂含水率控制值适当放宽。入烘干机的天然砂含水率一般以 7% 以下为宜。

（1）砂烘干质量和效率的主要影响因素。影响砂的烘干质量和效率的主要因素如下。

① 砂的初含水率。砂的初含水率越高，需蒸发水量也就越高，通常需要通过增加砂在烘干机内的停留时间或强化通风等措施来保证其烘干效果，因而增加了砂的烘干能耗，降低了砂的烘干效率。有条件的企业往往可以通过晾晒的方式，降低进

入烘干机砂的初始含水率（一般以 7% 以下为宜）。砂在烘干之前含水率越低，相应的烘干速度也就越快。

② 砂的终含水率。烘干后期是降速烘干阶段，对烘干后砂的终含水率的要求也在一定程度上决定着等速和降速过程的长短，从而影响着砂的烘干时间或速度。

砂的终含水率越低，烘干难度就越大，烘干时间也越长。砂烘干后的终含水率要小于 0.5%。

③ 砂的进料方式。给料装置是砂烘干作业中不可或缺的组成部分。对于不同型号的烘干机，要求配置的给料装置也是有所差异的。在其他烘干条件都一样的情况下，砂的进料速度越快，进料量越大，就越容易导致砂的烘干不完全或者不均匀，影响砂的烘干质量和效率。

④ 烘干机。烘干介质和湿砂的接触面积越大，烘干的速度相对越快。所以，为了提高砂的烘干速度，一般在烘干机内部设置合适的扬料板装置，以此来增加烘干介质与砂的接触面积，提高砂的烘干速度，从而缩短砂的烘干时间，增加产量。

⑤ 热风炉。在砂的烘干过程中，热风炉是必不可少的热源设备。锅炉工人在给热风炉添加燃料（天然气、生物质燃料和煤等）的时候，应根据燃料热值的大小进行，这样不仅能保证热风炉稳定地提供热量，而且能保证烘干机内烟气温度稳定，提高砂的烘干效率。相反，如果添加燃料方式不当，也会影响砂的烘干效果。所以，对热风炉正确的操作是有效提高砂的烘干效率的重要因素之一。

此外，随着温度的不断上升，烘干速度也在不断加快。烘干速度与烘干机内烟气温度密切相关：烟气温度越高，与砂的温差越大，对砂与烟气的热交换越有利，砂的烘干速度就越快。因此，在条件允许的情况下，适当提高砂烘干机内烟气的温度也是加快砂的烘干速度、保证烘干质量的重要措施。

⑥ 收尘器的风量。收尘器通风效果直接影响烘干机的台时产量。要想高产，必须选择处理风量大的收尘器，保证烘干机有一定的负压，及时将热风炉产生的高温气体吸入烘干机，使之与烘干物料迅速发生热交换并及时排出，尽可能降低出烘干机的废气温度，达到快速烘干的目的。

烘干机收尘器的废气处理风量大小应根据烘干机的规格、砂的初含水率和终含水率要求等因素合理选择。

⑦ 风、燃料、砂的平衡。烘干机高产量的关键是做到风、燃料、砂的平衡。首先，先确定收尘器的通风量和烘干机的规格、型号，再确定高温热风炉的供热大小是否合适。其次，要精心操作，加料要均匀，水分波动不宜太大，热源温度调整要及时，炉温及废气温度保持稳定，通风收尘要保证风量、风压正常。只有做到这几点，才能做到大风、大料、大火，实现高产低耗。

（2）天然砂烘干环节的质量控制指标。天然砂烘干环节质量控制项目主要有初含水率、终含水率和出机温度三个方面。

① 砂的初含水率。

控制值：进入烘干机的砂的初含水率应根据企业场地等实际情况而定，一般宜控制在 7% 以下。当砂的初含水率过高时，有条件的企业可以设置晾晒场、防雨棚等，通过自然晾晒的方式来降低砂的初含水率。

检验频次：在实际生产中，首先应对进厂的每车（船）或每批砂的初含水率进行控制，也就是说每车（船）一次或每批一次。同时，应根据企业防雨棚等防雨设施的布置及当地的气候情况，对进入烘干机的砂的初含水率进行测定，频度可根据企业实际情况和当地的气候情况而定，通常每天或每批测试一次。

试验方法：砂的初含水率试验方法参照《建设用砂》（GB/T 14684—2022）中"7.20 含水率"的试验方法。为了提高检测速度，烘干设备也可改用电磁炉或微波炉。

取样地点：砂的初含水率取样点可设置在砂堆场、湿砂输送带、烘干机进料口等便于取样的部位，所取的样品应具有代表性，能够反映进入烘干机时砂的含水率。

取样方法：可采用瞬时取样法。

② 砂的终含水率。

控制值：砂的终含水率应不高于 0.5％。在实际生产中，砂烘干后的终含水率过高会对砂的储存、输送、计量、混合和砂浆的质量造成负面影响，国家标准也明确规定用于干混砂浆生产的砂的含水率不得超过 0.5％。但是，也并不是将砂的终含水率控制得越低越好，当砂的终含水率控制值较低时，烘干的速度会大大降低，相应的烘干成本会大大增加。

检验频次：砂的终含水率的检验频次可按企业实际情况而定，通常为 1 次/h。砂的烘干工艺多为连续式烘干。如果企业烘干过程比较稳定，可以适当降低检验频次。当烘干过程中出现异常现象时，应及时进行检验和增加检验频次，直至砂的终含水率满足控制要求。

试验方法：砂的终含水率试验方法与初含水率试验方法一致，可参照《建设用砂》（GB/T 14684—2022）中"7.20 含水率"的试验方法进行。为了提高检测速度，烘干设备也可改用电磁炉或微波炉。若烘干设备中具有砂在线测湿系统，也可以直接从测湿系统上读取含水率数值。

当今使用较多的是微波自动测湿系统。它的原理是利用水对微波具有高吸收能力，不同含水率的砂的微波吸收程度不相同，通过微波能量场的变化，测量出正在通过的物料湿度百分比。

取样地点：砂的终含水率取样点可设置在烘干机出料口、干砂提升机、输送带或砂库入口等便于取样的部位。

取样方法：可采用瞬时取样法。

③ 砂的出机温度。

控制值：砂的出机温度控制值可根据砂的输送和储存等具体情况而定，主要是为了保证砂进入混合机时温度不高于 65℃。如果从出烘干机到进混合机过程中，砂的降温较大，砂的出机温度的控制值可适当提高。

检验频次：砂的出机温度应根据企业的实际情况设定，如 1 次/4h。如果砂的出机温度很稳定，可适当降低检验频次。当砂的出机温度有异常时，应增加检验频次。

试验方法：可以采用插入式温度计进行测量。当烘干设备上配备自动测温装置时，也可直接从测温装置上读取砂的出机温度。

取样地点：取样点宜设置在烘干机出料口、干砂提升机、输送带或砂库入口等。

取样方法：宜采用瞬时取样法。

在实际生产中，出烘干机的尾气温度与砂的出机温度之间有一定的关系，许多企业通常以尾气温度来判断砂的出机温度。但是，尾气温度与砂的出机温度之间关系的影响因素较多，有时也可能把握不准，从而使砂的出机温度失控。因此，企业宜对砂的出机温度进行实测控制。

天然砂烘干环节的质量控制指标见表4-5。

表4-5　天然砂烘干环节的质量控制指标

控制项目	初含水率	终含水率	出机温度
控制值	据企业情况而定，以7%以下为宜	≤0.5%	据企业情况而定，保证进混合机温度≤65℃
检验频次	据企业情况而定	据企业情况而定，通常1次/h	据企业情况而定，通常1次/4h
试验方法	《建设用砂》（GB/T 14684—2022）标准中规定方法测试		插入式温度计测试，或读取自动测温装置数据
取样地点	堆场、湿砂输送带或烘干机进料口等	烘干机出料口、干砂提升机、输送带或砂库入口等	
取样方式	瞬时		

2. 砂筛分环节质量控制

无论是机制砂还是天然砂，在入库前都应进行筛分，以保证砂浆的质量。在实际生产过程中，砂的筛分主要有两个过程：一是烘干或整形后砂的筛分，筛除砂中粒径大于4.75mm的颗粒；二是入库前的筛分，对入库砂进行分级，不同等级的砂分别存储在不同的筒仓内。

在《建设用砂》（GB/T 14684—2022）标准中规定了砂的粒径应小于4.75mm。在实际生产中对砂最大粒径的控制对保证干混砂浆的质量具有重要的意义。通过控制砂的最大粒径，可以改善砂浆拌合物的施工性能。特别是对于抹灰砂浆而言，砂的最大粒径直接影响砂浆的抹面效果，当含有较多的大颗粒时，墙面易出现坑洞、毛糙等外观质量问题。此外，可以减少生产事故的发生，若砂中含有较多的大颗粒，在砂和砂浆的储运过程中可能出现堵管、堵仓现象，造成生产事故。

砂的分级主要是为了便于砂颗粒级配的控制。颗粒级配是指粒径大小不同的砂互相搭配的情况。颗粒级配良好，砂的堆积空隙率较低，砂的比表面积也较低，从而使砂浆具备较好的性能。砂通过分级处理，按照粒径的不同分别存储。例如，把机制砂分为粒径>2.36mm、粒径0.60～2.36mm和粒径<0.60mm三级，分别储存在三个储仓中。生产时，可根据砂浆的品种和等级，选用不同粒径的砂或搭配使用。

（1）砂的筛分效率和筛分质量的影响因素。

① 砂的性质。

a. 砂的颗粒形状。球形颗粒容易通过方孔和圆孔筛；条状、片状以及多角形物料难以通过方孔和圆孔筛，但较易通过长方形孔筛。

b. 砂的堆积密度。过筛能力与物料的堆积密度成正比。但在堆积密度较小的情况下，尤其是轻质物料，由于微粒的飘扬，上述正比关系不易保持。

c. 砂的粒径。粒径为 1～1.5 倍筛孔尺寸的砂极易卡在筛孔中，影响砂通过筛孔。粒径大于 1.5 倍筛孔尺寸的颗粒形成的料层，对过筛影响并不大。因此，把粒径为 1～1.5 倍筛孔尺寸的颗粒称为阻碍粒或难筛粒。物料含阻碍粒越多，则筛分效率越低。

d. 砂的含水率和含泥量。干法筛分时如果物料含有水分，筛分效率和筛分能力都会降低，特别是在细筛网上筛分时，水分的影响更大，因为砂表面的水分使细粒互相黏结成团，并附着在大颗粒上，这种黏性物料将堵塞筛孔。此外，附着在筛丝上的水分，因表面张力作用，可能形成水膜，把筛孔掩盖起来，也会阻碍物料的分层和通过。

② 筛面结构参数及运动特性。

a. 筛孔形状。一般采用方孔筛，筛的开孔率较大，筛分效率较高。筛分粒度较小且水分较高的物料宜采用圆孔筛，以避免方孔筛的四角发生颗粒粘连，造成堵塞。对于含条状、片状颗粒较多的机制砂，应采用长方形孔筛。

b. 筛面开孔率。筛孔面积与筛面面积之比称为开孔率。开孔率大的筛，筛分效率和生产能力都较大，但会降低筛面强度和使用寿命。

c. 筛面尺寸及倾角。筛面宽度越大，料层厚度越薄；长度越大，筛分时间越长。料层厚度减小和筛分时间加长都有助于提高筛分效率。筛面倾角过小，生产能力减小；反之，倾角过大，物料沿筛面运动速度过快，物料筛分时间缩短，筛分效率降低。

d. 筛面运动特性。物料在振动筛上以接近于垂直筛孔的方向被抖动，而且振动频率高，筛分效率高。砂在摇动筛上主要是沿筛面滑动，摇动频率不高，相应的筛分效率也不高。回转筛由于筛孔容易堵塞，筛分效率也较振动筛低。筛分效率主要是依靠振幅与频率的合理调整来得到改善的。砂浆企业处理的物料由于粒度较小，筛分时宜用小振幅、高频率的振动。

③ 操作条件的影响。

a. 给料的均匀性。连续均匀地给料，不仅使单位时间的加料量相同，而且入筛物料沿筛面宽度分布均匀，才能使整个筛面充分发挥作用，有利于提高筛分效率和生产能力。在细筛筛分时，加料的均匀性影响更大。

b. 加料量。加料量少则筛料层薄，这样虽可提高筛分效率，但生产能力降低；加料量过多则料层过厚，容易堵塞筛孔，增加筛子负荷，不仅降低筛分效率，而且筛下料总量并不增加。

(2) 砂筛分环节的质量控制指标。目前，对天然砂而言，砂的筛分环节质量控制项目首先是砂的最大粒径，其次是砂的颗粒级配。

① 最大粒径。

控制值：砂的最大粒径不得大于 4.75mm；当企业有特殊要求时，可根据实际需要设定最大粒径控制值，但粒径不得大于 4.75mm。例如，控制机制砂最大粒径不大于 2.36mm。

检验频次：根据企业实际情况设定。例如，以 1 次/4h 检验砂的最大粒径，发生异常时应增加检验频次，检查筛网是否破损。

试验方法：参考《建设用砂》（GB/T 14684—2022）中"7.3 颗粒级配"的试验方法，用与控制值相应的筛网进行筛分。

取样地点：可设置在筛分机出料口、提升机出入口或砂库入口，取样时应保证样品的代表性。

取样方法：可采用瞬时取样法。

② 颗粒级配。

控制值：根据企业实际情况自定。如果颗粒级配偏离控制要求，应检查原砂质量。

若为复配砂，还应检查复配比例。

检验频次：根据企业实际的筛分情况设定。

试验方法：砂的颗粒级配试验方法参照《建设用砂》（GB/T 14684—2022）中"7.3 颗粒级配"的试验方法。

取样地点与取样方法：与"最大粒径"的方法相同。

砂的筛分质量控制指标见表 4-6。

表 4-6　砂筛分环节的质量控制指标

控制项目	最大粒径	颗粒级配
控制值	根据实际需要设定最大粒径控制值，但≤4.75mm	据企业情况而定
检验频次	据企业情况而定，异常时加大检测频次	
试验方法	单一筛筛分法	套筛筛分法
取样地点	筛分机出料口、提升机出入口或砂库入口	
取样方式	瞬时	

出烘干机时的筛分主要作用是去除砂中粒径大于 4.75mm 的颗粒，可以通过筛分试验进行控制，经验丰富的岗位操作工人或实验室人员，能够通过观察和手抓等方式对砂的最大粒径进行把握。

不同品种的砂浆对所用砂的最大粒径要求各不相同。一般砌筑和抹灰用砂的最大粒径控制在 4.75mm 以下，机喷砂浆用砂的最大粒径不宜大于 2.36mm，具体要求根据实际情况确定。

对于自带制砂工艺的企业，机制砂整形是一个重要环节，与筛分环节相连，是一个在破碎、选粉和筛分之间的循环过程。通过整形，颗粒的圆度得到提高，砂的含水率也有所降低，但是，粉料含量也会明显增加。此时，宜进一步对机制砂的粉料含量、颗粒形貌和含水率进行控制。

粉料含量控制值由企业根据实际情况自定，通常粉料宜控制在 10% 以下。检验频次由企业根据实际情况自定，例如 1 次/4h。试验方法、取样地点和取样方式与"颗粒级配"的方法相同。

机制砂粉料含量偏大时，可采取以下措施。①选择坚固性和压碎值大的石料；②石料粒径不宜过大；③选择筛网合适的孔径；④及时清理堵孔的筛网；⑤加大收尘系统的功率。

颗粒形貌的控制可以通过目测或光学显微镜观察是否有明显棱角。检验频次由企业自定。取样地点与取样方法与颗粒级配相同。含水率控制与天然砂终含水率控制一致。棱角过多和含水率过高时，宜适当减小筛网孔径，增加砂的循环量。

4.3.4.2　生产配合比的传递环节控制

在干混砂浆生产用各种原材料配料前，实验室应首先将《砂浆配合比通知单》传递到中控室，中控室应严格按照《砂浆配合比通知单》中原材料比例进行配料。配合比的传递是砂浆从实验室到实际生产的重要环节之一，配合比及其后续执行的准确性直接影响砂浆的质量。

干混砂浆生产过程中配合比的传递一般经历了三个过程：砂浆生产任务单的下达；《砂浆配合比通知单》的出具和签发；砂浆生产配合比的录入、核对与调整。

1. 砂浆生产任务单的下达

砂浆生产任务单一般是由生产部调度或经营部在收到施工单位购货需求后下达的。这一环节的关键点是核对任务单与合同是否相符，避免出现下达任务单的干混砂浆品种等级与实际要求不符。由于生产过程中有大量的信息需要进行核对，信息核对是避免出现致命性错误的重要手段，因此，砂浆生产企业宜建立操作性强、可追溯、可考核的核对制度，并全面涵盖整个生产质量控制流程的有关环节。

2. 《砂浆配合比通知单》的出具与签发

砂浆生产配合比由实验室专人设计和复核，由实验室主任签发至砂浆生产中控室，应注明签发时间和执行时间。由于砂浆的品种、等级相对较多，为了保证配合比及原材料的正确性，宜建立专门的《配合比选用表》。配合比有变动时，实验室应及时进行更新。

3. 砂浆生产配合比的录入、核对与调整

① 录入与核对。实验室将纸质或电子版的《砂浆配合比通知单》发送到企业砂浆生产中控室，由实验室专职人员指导操作工进行生产配合比的录入，对生产配合比各参数进行核对，确认无误后方可使用。

② 使用。干混砂浆的生产和计量已实现自动化，按照《砂浆配合比通知单》将各种原材料的用量输入计算机。计算机具有存储功能，可以记录历史生产配合比等信息。

③ 授权。实验室负责人应对生产配合比微调的范围、权限进行授权。生产配合比微调授权应有依据。

④ 调整。当生产过程中原材料质量发生变化，或者发现出厂砂浆质量发生变化时，应对生产配合比进行调整，并重新出具《砂浆配合比通知单》。

干混砂浆的生产配合比传递环节虽然简单，但意义重大。该过程牵涉的部门和所需协调的工作较多，要做到认真、细致，确保所传递和执行的配合比准确、可靠。

4.3.4.3　原材料的配料计量控制

在计量环节中，应根据原材料种类的多寡，尽可能设计较多的称量装置，以增加配料的灵活性，防止原材料的交叉污染。当《砂浆配合比通知单》传递到中控室后，操作人员应根据《砂浆配合比通知单》上的要求进行配料和计量。水泥、砂、掺合料以及保水增稠材料通过提升机或输送机等进行输送，用计量秤进行计量，计量完成后分别储存于过渡仓，然后进入混合机内混合。在此过程中，各原材料计量的准确性直接影响各原材料的实际用量，进而影响砂浆产品的质量。

1. 计量准确性的影响因素

① 计量秤的类型。目前，我国干混砂浆生产线上用于各原材料计量的计量秤多为电子秤，它是通过电阻式传感器来测定各原材料的质量。常用的计量秤一般可分为电子正秤和电子负秤。电子正秤是将砂浆各原材料放在秤斗内进行计量，计量完成后再将秤斗内的各物料放入中间过渡仓或混合机；电子负秤则是通过各原材料离开秤斗，利用减法反映离开秤斗的物料质量进行称量的。两种类型计量秤的称量原理有所差异，对计量的准确性影响各不相同。电子正秤称量时需要考虑秤斗内物料的剩余，即所谓的皮重。当秤斗内有物料残余时会影响下次称量的准确性；秤斗内物料长期不清理也会影响秤的准确度。电子负秤的使用不仅降低上料高度，工艺相对简单，而且避免了皮重以及秤斗未卸空对下次称量准确性的影响，但是维修困难。

② 计量秤的量程。每个计量秤都有最大和最小称量值，在称量不同材料时，应按照质量标准，使用不同称量范围的计量秤进行称重。计量秤量程的设置与所要称重的原材料和每次配料所需的质量有关。不同量程的秤不得混用，当所称质量超出称量范围时，会造成称量不准确，甚至损坏计量秤。

③ 计量秤的精度。干混砂浆各种原材料的掺量差异相对较大。水泥、粉煤灰（矿渣粉）和砂的掺量多为百分之几到百分之几十；保水增稠材料的掺量一般较低，通常为千分之几到千分之十几，有时甚至只有万分之几。针对不同的原材料，应选择不同精度的计量秤，以保证计量的准确性。

④ 计量方式。在干混砂浆各种原材料计量环节中，常用的计量方式有单独计量和累计计量两种。单独计量是指把水泥、粉煤灰（矿渣粉）、砂和保水增稠材料等放在各自的料斗内进行称量，称量完成后，将它们集中到一个总斗（中间过渡仓）内，再一次性加入搅拌机的计量方式；累计计量则是按照先后顺序把各种原材料逐一加入同一个秤斗内进行称量的计量方式。

采用单独计量时，称量精度相对较高，但会面临着秤斗众多的问题，工艺上较难布置，机构相对复杂，使用时应注意各种原材料的称量情况，以免漏称、错称。累计计量方式只需一个秤斗即可完成计量，但计量的精度相对较低，称量错误时较难弥补。因此，干混砂浆生产企业应根据实际情况选择合适的计量方式。

⑤ 计量秤的使用环境。计量秤所处的环境，特别是温度、湿度也会对称量的准确性有所影响。砂烘干后一般都高于正常的使用温度，若在配料时仍然具有较高的温度，会直接影响电子秤中的电阻式传感器，进而影响计量的准确性。此外，若计量秤长期处于高湿度环境下，各个工作部件的锈蚀也会对计量造成较大影响。

2. 原材料计量环节的控制指标

① 配合比的传递。为保证干混砂浆的生产质量，配料岗位应根据试验室下达的《砂浆配合比通知单》的要求进行配料。配料要严格，计量要准确，操作要精心，力求配料均匀、稳定。保水增稠材料的掺入必须均匀、准确。

② 计量秤的校准。计量秤的准确性很大程度上决定了干混砂浆实际的生产配合比与设计的生产配合比的相符程度。在日常生产过程中，计量秤的精度会受到使用

过程中各种因素的影响。因此，计量秤应由法定计量部门进行定期检定。使用期间还应定期进行校准，例如每半个月进行一次。另外，企业应经常将实际生产量与地磅称重数量进行比较，当发现偏差量较大时，应及时进行计量秤的校准。

常用的计量秤校准方法是采用 50kg 的计量砝码累计至计量秤量程 20%～80% 范围内进行校准，校准计量精度一般为 0.2%。

③ 计量秤的功能及要求。计量设备应能连续计量不同配合比砂浆的各种材料，并应具有将实际计量结果逐盘记录和存储的功能。此外，计量设备还应具有法定计量部门签发的有效合格证。

计量秤应满足计量精度的要求。各种原材料的计量以质量计，允许偏差不应大于表 4-7 规定的范围。当配料误差较大时，一般通过调整变频继电器等电气设备和阀门开度等进行控制。

表 4-7　干混砂浆原材料计量的允许偏差

原材料	水泥	砂	保水增稠材料	矿物掺合料	其他材料
计量允许偏差	±2	±2	±2	±2	±2

4.3.4.4　混合环节质量控制

为了保证砂浆的生产质量和企业效益，混合过程应当高效，混合后的砂浆产品应当均匀。要提高混合机的效率，混合均匀所需的时间越短越好，卸料时间也越短越好，通常混合时间为 60～120s。目前，人们对混合机性能有一个普遍的误解，认为只要混合的时间长，均匀度就会高。其实，均匀度的提高和保持主要与混合机的技术含量有关，与混合时间没有线性关系，有时均匀度反而在一定时间后呈下降的趋势。

干混砂浆的混合质量通过砂浆混合均匀度来表征。混合均匀度是指在外力的作用下，各种物料相互掺合，使在任何容积里每种组分的微粒均匀分布的程度。混合均匀度是评定混合机性能最重要的指标。干混砂浆各种原材料之间的混合是一个复杂的随机过程，混合质量的评估及测定方法一直是个棘手问题。对混合均匀度进行定量分析，必然要有取样、检测、统计分析（数据处理）几个过程，从而得到一个单一的量值来表达混合物的均匀度。通过方差曲线可以确定所需的混合时间。通常，混合系统应具备在线取样装置。

影响砂浆混合均匀度和效率的主要因素有：

(1) 混合设备。我国普通砂浆生产线上的混合系统的混合周期通常设计为 12 次/h，混合量一般选择 3～10t/次。如果混合机过大，生产线系统要求就复杂，系统出现故障的可能性高，当其中一个设备出现问题或检修时，工厂将停止工作。换句话说，不是仅提高一条生产线的生产能力大小就可以提高企业的生产能力，如果企业需要更高的生产能力，可设计成多条独立的生产线，这样既提高产量，又不会在其中一台设备检修时令企业停产。

(2) 混合时间。砂浆各原材料的混合均匀度并非时间越长越好，混合均匀度具有周期性振荡的特点。固体物料混合时存在混合作用和离析作用。在混合初期，混合作用占主导，经过一定时间的混合，体系的混合均匀度达到较大值；在物料混合均匀度达到较大值后，物料的混合作用也逐步减弱，离析作用缓慢占据主导地位，此时物料的混合均匀度反而出现减小的趋势；经过一段时间后，两者趋于动态平衡。因此，在生产时把握好混合时间是提升混合效率、保证砂浆质量的关键因素之一。一般混合时间宜控制在 60~120s。

（3）混合机转速。混合机转速会对砂浆的混合质量和混合效率造成影响，转速与最大混合均匀度的关系曲线呈抛物线形。试验表明，转速对混合均匀度影响较大，且先增大后减小。

（4）砂的细度模数。在相同混合时间下，砂的细度模数的差异会对砂浆混合均匀度造成不同程度的影响。当砂的细度模数约为 2.4 时，在较短时间内（2min 左右）就能实现最大混合均匀度，提高效率，降低能耗。这也是干混砂浆生产企业多选用中砂的原因之一。

（5）装载系数。装载系数是指装入混合机中的物料体积占混合机总体积的比例。装载系数过小时，物料间相互的碰撞分散作用较小，不容易保持既有混合效果，同时也会严重影响生产效率；装载系数过大时，混合机内物料拥挤，固体颗粒的运动受阻，使混合效果变差，需要延长混合时间才能达到较好的混合效果，同时还会降低生产效率，增加生产成本。因此，合适的装载系数不仅使物料分散较好，而且能较好地保持既有的混合效果。装载系数的大小跟混合机的类型和物料的粒径都有较大关系，一般宜控制在 0.4~0.7。

《预拌砂浆》（GB/T 25181—2019）对干混砂浆的混合过程进行了规定，主要技术要求如下。

① 干混砂浆宜采用计算机控制的干粉混合机进行混合。

② 干混砂浆应采用机械强制搅拌混合。混合时间应根据砂浆品种及混合机型号合理确定，一般为 60~120s，并应保证砂浆混合均匀。

③ 应定期检查混合机的混合效果以及进、出料口的封闭情况。

④ 不同品种、强度等级的预拌砂浆应按生产计划组织生产。

⑤ 更换砂浆品种时，混合及输送设备等应清理干净。

干混砂浆混合均匀度的定量评定主要是通过取样、检测、统计分析（数据处理）几个过程进行的。一般在混合机上都设有取样口，取样的频次应根据砂浆产品的稳定性进行设置。为了保证砂浆成品的质量稳定性，宜对生产的每盘砂浆产品都进行取样、测试。干混砂浆混合环节中的质量控制指标见表 4-8。

表 4-8　干混砂浆混合环节的质量控制指标

控制项目	粒径 0.075mm 以下粉料含量	砂浆性能			
		稠度	保水率	表观密度	含水量
控制值	根据配合比确定	满足设计要求或标准要求			
检验频次	自定	自定			
试验方法	筛分法	JGJ/T 70—2009			
取样地点	混合机取样口/成品仓/散装车				
取样方式	瞬时	瞬时/连续			

在实际生产中为了实现检测的快速性，可以对取出的样品进行0.075mm方孔筛筛余检测，分析所取砂浆样品中的砂和细颗粒含量，并与生产配合比的砂和细颗粒含量进行对比，以此反映砂浆成品的混合均匀度。为了快速、便捷地粗略估计砂浆的混合均匀度，有些企业也会采用0.15mm方孔筛进行手动筛分，此种方式只适合用于砂中粒径0.15mm以下颗粒含量较少的情况。当发现误差较大时，以0.075mm方孔筛筛余来评价为宜。

此外，在了解干混砂浆混合均匀度的基础上，为了更好地控制干混砂浆的质量，控制项目还可以包括砂浆的稠度、保水率、表观密度和含水率。检验频度根据企业情况自定。检验方法参照《建筑砂浆基本性能试验方法标准》（JGJ/T 70—2009）。

4.3.4.5 过程控制记录

干混砂浆的生产过程包括诸多环节，只有保证各个环节的连续和有效集成，才能使砂浆的生产连续高效，才能保证干混砂浆的质量。为了保证干混砂浆质量的可追溯性，无论是哪个生产环节，都应做好详细记录并将其保留。具体包括：

① 各原材料的进厂记录，包括材料的品种、批号、批量、进厂时间、供应商、生产商等信息。

② 各原材料库的入库记录。

③ 烘砂过程控制记录。

④ 计量、混合控制记录，包括使用的原材料库号、数量，混合设备的工作状态、参数等。

⑤ 包装过程控制记录。

⑥ 包装质量抽查记录。

4.3.4.6 砂浆成品质量控制

干混砂浆成品质量控制是砂浆出厂前的最后一个质量控制环节，是防止不合格砂浆成品出厂的关键所在。干混砂浆成品质量控制主要包括产品的出厂检验、型式检验、交货检验（有需要时）、不合格产品判定与处置几个方面。

1. 出厂检验

（1）出厂检验项目。干混砂浆出厂检验项目应符合表4-9规定。干混砂浆出厂检验项目的检测方法参照《建筑砂浆基本性能试验方法标准》（JGJ/T 70—2009）。

表4-9 干混砂浆出厂检验项目

品种		检验项目
干混砌筑砂浆	普通砌筑砂浆	保水率、抗压强度、2h稠度损失率
	薄层砌筑砂浆	保水率、抗压强度
干混抹灰砂浆	普通抹灰砂浆	保水率、抗压强度、2h稠度损失率、拉伸黏结强度
	薄层抹灰砂浆	保水率、抗压强度、拉伸黏结强度
干混地面砂浆		保水率、抗压强度、2h稠度损失率
干混普通防水砂浆		保水率、抗压强度、2h稠度损失率、拉伸黏结强度、抗渗压力

在日常生产过程中，干混砂浆的出厂检验报告一般包括《干混砂浆出厂检验报告》和《干混砂浆出厂检验报告（补报）》两个部分。《干混砂浆出厂检验报告》随车交付干混砂浆使用单位，主要包括出厂砂浆基本信息和用水量、保水率、2h稠度损失率等性能指标；《干混砂浆出厂检验报告（补报）》要在砂浆出厂28d后才能补报砂浆使用单位，主要包括砂浆的拉伸黏结强度、抗压强度和抗渗压力等性能指标。

（2）组批。根据生产厂产量和生产设备条件，按同品种、同规格型号分批。

① 年产量 $10×10^4$t 以上，不超过800t或1d产量为一批。

② 年产量 $4×10^4～10×10^4$t，不超过600t或1d产量为一批。

③ 年产量 $1×10^4～4×10^4$t，不超过400t或1d产量为一批。

④ 年产量 $1×10^4$t 以下，不超过200t或1d产量为一批。

每批为一取样单位，取样应随机进行。

（3）取样。出厂检验试样应在出料口随机采取，试样应混合均匀。试样总量不应少于试验用量的4倍。

（4）留样。干混砂浆留样主要是为了便于对每批出厂的成品砂浆质量状况的可追溯性提供客观依据，从而确保出厂砂浆的质量。

干混砂浆样品的留样有效期为3个月，每次留样的数量宜为10～20kg，留样时应记录好样品相对应的批号或编号、砂浆的品种等级、留样日期、留样数量、留样人等。样品应装在塑料袋或塑料桶中，防止受潮，贴上封条。

留样样品满3个月后应进行处理，记录好处理日期和处理人。

2. 型式检验

在正常生产情况下，干混砂浆生产企业每年应对其产品进行至少一次型式检验，在新产品投入生产前、原材料发生重大变化时、生产工艺进行调整时、连续停产超过六个月后恢复生产时、国家质量监督检验机构提出要求时均应进行产品的型式检验。

干混砂浆产品的型式检验项目为《预拌砂浆》（GB/T 25181—2019）中包含的所有项目（表4-10）。检测方法可参照《建筑砂浆基本性能试验方法》（JGJ/T 70—2009）。

表 4-10　干混砂浆型式检验项目

品种		检验项目
干混砌筑砂浆	普通砌筑砂浆	保水率、抗压强度、2h稠度损失率、抗冻性、抗压强度
	薄层砌筑砂浆	保水率、抗冻性、抗压强度
干混抹灰砂浆	普通抹灰砂浆	保水率、凝结时间、抗压强度、2h稠度损失率、拉伸黏结强度、收缩率、抗冻性
	薄层抹灰砂浆	保水率、抗压强度、拉伸黏结强度、收缩率、抗冻性
干混地面砂浆		保水率、抗压强度、2h稠度损失率、收缩率、抗冻性
干混普通防水砂浆		保水率、抗压强度、2h稠度损失率、拉伸黏结强度、收缩率、抗冻性、抗渗压力

注：有抗冻性要求时，应进行抗冻性试验。

3. 交货检验

交货检验为交货时的质量验收，可抽取实物试样，以其检验结果为依据，或以同生产批次干混砂浆的出厂检验报告为依据。干混砂浆交货检验项目由需方确定，并经双方确认。检测方法参照《建筑砂浆基本性能试验方法标准》（JGJ/T 70—2009）。采取的验收方法由供需双方商定，并应符合国家相关标准的要求，在合同中注明。当判定干混砂浆质量是否符合要求时，交货检验项目以交货检验结果为依据，其他检验项目按合同规定执行。交货检验的结果应在试验结束后 7d 内通知供方。

交货检验以干混砂浆生产企业同生产批次出厂检验报告为验收依据时，检验报告应在交货时提供给需方。同时，需方在收货时应在同编号的干混砂浆中抽取试样留样，试样不应小于试验用量的 4 倍，双方共同签封后，由需方保存 3 个月。

当需方对干混砂浆质量有疑问时，应该在 3 个月内将签封的试样送省级或省级以上质量监督检验机构进行仲裁检验。

交货检验以抽取实物样品的检验结果为验收依据时，供需双方应在交货地点共同取样和签封，每一编号的取样应随机进行，试样总量应不小于检验需用量的 8 倍。将试样分为两等份：一份由供方封存 40d；另一份由需方按规定进行检验。

在 40d 内，需方认为产品质量有问题而供方又有异议时，双方应将供方保存的试样送省级或省级以上质量监督检验机构进行仲裁检验。

4. 不合格产品判定与处置

（1）目的。对不合格的砂浆成品进行控制，防止性能指标不满足标准要求和设计要求的产品出厂，确保交付砂浆的质量。

（2）判定规则。不合格品是指所生产的砂浆成品经过检验，出厂检验项目中至少有一项性能指标不符合标准要求或设计要求。

（3）处置方法。

① 在产品出厂前发现不合格品，应在 24h 内召开不合格品评审会，由评审会组长给出返工或报废的处置意见。

② 在产品出厂后发现后续性能不合格时，应将该批次产品全范围召回。

③ 不合格品按要求进行返工后，必须重新进行质量检验，检验合格方可入库；报废的不合格品应存放在指定的废品区，并及时进行处理。

5. 质量记录、档案、资料的管理

各项检验要有完整的原始记录和分类台账，并按月装订成册，由专人保管，按期存入技术档案室。原始记录保存期为三年，台账应长期保存。

各项检验原始记录和分类台账必须清晰、完整，不得任意涂改。出现笔误时应修改，在其上方书写更正后的数据并加盖修改人印章。

对质量检验数据要及时整理和统计，每月应有月统计报表和月统计分析总结，全年应有年统计报表和年统计分析总结。

📖 **任务实施**

干混砂浆生产质量控制包括原材料质量控制和生产环节质量控制两个方面。生产质量控制图表以简明的形式，集中反映企业的生产工艺流程及其质量控制情况。请结合某砂浆企业生产质量控制图（图 4-26），编制生产质量控制表。完成表 4-11 中生产质量控制表中各控制点的控制项目、取样地点、取样方法、检验项目、控制指标、合格率要求等。

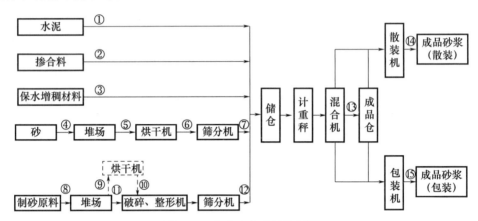

图 4-26　企业生产质量控制图

表 4-11　干混砂浆生产质量控制表

控制点	控制项目	检验频次	取样方法	取样地点	控制指标或要求	合格率	备注
水泥（示例）	80μm 筛余、凝结时间、安定性、强度	每批一次	瞬时	散装车或水泥仓	符合 GB 175—2023	100%	
粉煤灰							
矿粉							
保水增稠材料							
进场天然砂							
烘干前的砂							
烘干后的砂							
筛分后的砂							
进场制砂原料							
堆放后烘干前的制砂原料							
堆放后破碎整形前							
烘干后破碎整形前的制砂原料							
筛分后的机制砂							
出混合机的砂浆							
成品砂浆（散装）							
成品砂浆（包装）							

 **延展阅读**

预拌砂浆企业设备典型案例及解决方法如表 4-12 所示。

表 4-12 预拌砂浆企业典型案例及解决方法

典型案例名称	典型案例表现	原因分析与解决方法
皮带输送机跑偏	皮带偏向一侧或者中心导致皮带磨损严重甚至撕裂	1. 检查皮带输送机机身焊接和装配问题，机架安装时有没有按照标准安装，安装误差较大都会出现输送带跑偏的情况。长距离皮带输送机主要用螺栓紧固件装配，要检查装配是否合格，是否出现较大误差。出现误差的要及时解决，焊接问题要及时进行更正和维修 2. 检查输送带张紧力是否足够，这时候需要调节头尾滚筒及拉紧装置，以便使输送带达到最佳张紧效果 3. 输送带张紧之后，如果在运行过程中还发现跑偏现象，需要看下托辊支架安装是否合理，紧接着需要调节托辊安装位置。可能还需要调心托辊来防止皮带输送机发生跑偏
螺旋机不出料	粉料不能下料	1. 检查控制螺旋机的过电流保护器是否移位，如果移位了，将它复位 2. 检查螺旋机是否粉料堵塞，堵塞的应该清理干净 3. 调整螺旋机上面的手动阀门，控制粉料流量
螺旋包装机不出料	在包装过程中包装机不出料	1. 检查包装料斗里面是否有料，下料口手动阀门调到合适位置并锁紧防松动螺母 2. 检查包装机皮带轮是否能转动，如果转不动，应该检查螺旋是否有铁片等异物卡住，最后检查轴承是否出现故障
黄砂筛网破裂	筛网破裂，烘干砂的废石进入黄砂储存罐，导致提升机卡塞，搅拌机叶片被废石磨损，砂浆运输车出料口被大块废石堵塞无法正常打料，工地现场施工使用时材料有大颗粒废石，导致现场工人无法施工	进场的砂子废石含量过多，废石粒径过大，筛网承受荷载有限，导致磨损破裂。从源头控制砂子的质量和废石含量，烘砂速率降低，烘砂人员和实验室人员及时检测废料出口的废石情况，发现异常及时停机进行维修，筛网定期检查更换
电磁阀的故障	直接影响到切换阀和调节阀的动作，一旦出现电磁阀不动作的问题	1. 插头、插座出现问题：如果电磁阀是有插头、插座的那种，有可能出现插座的金属簧片问题、插头上接线的问题等；如果电磁阀线圈的插头配备有发光二极管电源指示灯，那么采用电源驱动电磁阀时极性就要接对，否则指示灯不会亮。如果不带电源指示灯，电磁阀线圈是不用区分极性的 解决方法：插头插在插座上之后把固定螺丝拧上，线圈上在阀芯杆之后把固定螺母拧上。总之，出现这样问题的处理方法即修正接线错误、修复或更换插头、插座

典型案例名称	典型案例表现	原因分析与解决方法
电磁阀的故障	直接影响到切换阀和调节阀的动作，一旦出现电磁阀不动作的问题	2. 漏气问题：漏气会造成空气压力不足，使得强制阀的启闭困难，原因是密封垫片损坏或滑阀磨损而造成几个空腔窜气 解决方法：在处理切换系统的电磁阀故障时，应选择适当的时机，等该电磁阀处于失电时进行处理，若在一个切换间隙内处理不完，可将切换系统暂停，从容处理 3. 电磁阀卡住问题：电磁阀的滑阀套与阀芯的配合间隙很小，一般都是单件装配，当有机械杂质带入或润滑油太少时，很容易卡住 解决方法：可用钢丝从头部小孔插入，使其弹回。根本的解决方法是要将电磁阀拆下，取出阀芯及阀芯套，用专用清洁剂清洗使得阀芯在阀套内动作灵活。拆卸时应注意各部件的装配顺序及外部接线位置，以便重新装配及接线正确，还要检查油雾器喷油孔是否堵塞，润滑油是否足够 4. 线圈短路或断路：先用万用表测量其通断，检查是否线圈短路或断路。如果测量其阻值正常（几十欧），还不能说明线圈一定是好的，需进行最终测试：找一个小螺丝刀放在穿于电磁阀线圈中的金属杆的附近，然后给电磁阀通电，如果感觉到有磁性，那么电磁阀线圈是好的，否则是坏的 解决方法：更换电磁阀线圈
搅拌楼成品仓设备改造	料仓成品料有离析现象	从混合机生产出来的成品料经过提升机进入成品仓，因成品仓比较高，落差大，成品料从仓顶进入成品仓的时候黄砂比水泥等各种粉料重，下落的速度比粉料快，黄砂在下面一层，粉料在上面一层，产生离析现象。应放弃使用成品仓，重新安装一套螺旋输送机，从混合机生产出来的成品料经过螺旋输送机直接进入运输车，从而彻底解决这一离析现象
三回程烘干机震动	三回程烘干机4套轨道支撑轮有磨损，烘干机运行震动	黄砂烘干生产线三回程烘干机轨道支撑轮运行一段时间，表面就会磨损得高低不平，从而导致烘干机运行的时候产生震动，经过调校不能解决震动的问题，更换4套表面加工平整的轨道支撑轮，再经过几次调校和修正，就能够基本让烘干机平稳运行
引风机震动	引风机叶轮磨损	引风机运行时有震动现象，经过检查发现叶轮磨损后失去动平衡。更换经过维修校准过的叶轮以后，引风机运行平稳，无震动现象
除尘器不运行	除尘袋老化破损	除尘器不能正常工作，检查发现除尘袋老化破损。更换新除尘袋后，除尘器内部产生一定的负压后运行正常

续表

典型案例名称	典型案例表现	原因分析与解决方法
移动式砂浆储料罐	搅拌机内搅拌轴磨损	移动式砂浆储料罐搅拌机使用一段时间，搅拌轴就会磨损。把搅拌叶片修复安装以后再调整出料口轴承到合适的位置，就可以正常使用
散装成品料运输车气压上升慢	手动蝶阀处漏气	散装成品料运输车在给罐体加压时气压上升很慢，手动蝶阀处有漏气的声音。拆下蝶阀发现橡胶密封圈有磨损，与蝶阀之间有缝隙，会有漏气现象。更换橡胶密封圈完好的蝶阀后，使罐体产生密闭的空间，气压正常上升，气力输送时才有动力把散装料输送到移动式砂浆储料罐
烘干后的物料中水分大于规定值	托轮装置与底座连接被破坏，滚圈侧面磨损	1. 消除方法是校正紧固连接部位，使其处于正确位置 2. 消除方法是根据磨损程度，对滚圈进行车削或更换
轴承温度过高	缺少润滑油或有脏物	调整过偏，或目测有抱死现象，应及时处理
无重力双轴桨叶混合机不均匀地混合	—	1. 定期补充减速机、链条润滑油，主轴轴承、开门轴承油脂 2. 链条要经常略紧，否则链条松动易造成跳齿、桨叶打架等故障，造成不必要损失 3. 定期检查补充气动系统油雾器内润滑油，检查气水分离器内集水量，保证罐内水位不超过80%～90%位置 4. 检查气动气路管道、接口有无漏气（油）现象，如有应更换气管或重新插紧接头 5. 定期检查混合机转子，清除编织带、尼龙线头等杂物 6. 经常检查混合机轴头处是否漏料，如有漏料应将密封压盖螺栓略紧，填料磨尽后应更换填料。经常检查混合机开口处四角有无漏料，如有漏料应调节门门臂支撑、紧固螺丝
HT300提升机使用时下部轴上下跳动，常性脱落的现象	—	理论原因： 1. 安装垂直度不足 2. 下部配重箱没有放钢板配重 停机检测真正原因：下部轴上下跳动主要原因是部分传动链不是在下部轴槽轮的槽中运行，而是在轮缘上运行的。找出这部分传动链在轮缘上运行的原因并解除 解决方案： 1. 核实安装垂直度 2. 将配重箱放满钢板

续表

典型案例名称	典型案例表现	原因分析与解决方法
皮带输送机运行时皮带跑偏	—	1. 调整承载托辊组，皮带机的皮带在整个皮带输送机的中部跑偏时可调整托辊组的位置来调整跑偏；在制造时托辊组的两侧安装孔都加工成长孔，以便进行调整 2. 安装调心托辊组，一般在皮带输送机总长度较短时或皮带输送机双向运行时采用此方法比较合理，原因是较短皮带输送机更容易跑偏并且不容易调整。而长皮带输送机最好不采用此方法，因为调心托辊组的使用会对皮带的使用寿命产生一定的影响 3. 调整驱动滚筒与改向滚筒位置，驱动滚筒与改向滚筒的调整是皮带跑偏调整的重要环节。经过反复调整直到皮带调到较理想的位置。在调整驱动或改向滚筒前最好准确安装其位置 4. 张紧处的调整 5. 转载点处落料位置对皮带跑偏的影响 6. 双向运行皮带输送机跑偏的调整
皮带输送机撒料的处理	—	1. 载点处的撒料：载点处撒料主要是在落料斗、导料槽等处 2. 凹段皮带悬空时的撒料：因为皮带已经离开了槽形托辊组，一般槽角变小，使部分物料撒出来。因此，在设计阶段应尽可能地采用较大的凹段曲率半径来避免此类情况的发生 3. 跑偏时的撒料：皮带跑偏时的撒料是因为皮带在运行时两个边缘高度发生了变化，一边高，而另一边低，物料从低的一边撒出，处理的方法是调整皮带的跑偏
重锤张紧皮带运输机皮带打滑	—	使用重锤张紧装置的皮带运输机在皮带打滑时可调整配重来解决，调整到皮带不打滑为止。但不应添加过多，以免使皮带承受不必要的过大张力而缩短皮带的使用寿命
螺旋张紧或液压张紧皮带机的打滑	—	使用螺旋张紧或液压张紧的皮带运输机出现打滑时可调整张紧行程来增大张紧力。但是，有时张紧行程已不够，皮带出现了永久性变形，这时可将皮带截去一段重新进行硫化
沸腾炉电机震动	1. 轴承损坏，轴不同心 2. 地脚螺丝松动	更换轴承 紧固螺栓
电机温度高	流量超过规定值	调节风门 减少风量

续表

典型案例名称	典型案例表现	原因分析与解决方法
风机、电机轴承温度过高、震动过大	1. 轴承内油量不够或有杂物 2. 两轴线不在一水平位置 3. 轴承保持架与其他部位磨损 4. 轴承游隙过大 5. 轴弯曲 6. 轴承损坏	1. 清洗或增减油量及时汇报当班工长 2. 调整 3. 更换
鼓风机风机剧烈震动	1. 基础的刚度不够或不牢固 2. 叶轮铆钉松动或叶轮变形 3. 风机进、出风口管道安装不良，产生共振 4. 叶片积灰、叶片上有污垢、叶片磨损、叶轮变形、轴弯曲使转子产生不平衡 5. 轴承损坏	及时处理
烘干机托轮与轨道接触面积过小（小于70%）	—	在保证对滚筒整体运转无影响的前提下，通过调节调节螺栓来增加接触面积，如托轮的右侧未接触，通过下述方法调节： 1. 松开有问题的轴承座紧固螺栓 2. 紧固右侧调节螺栓顶轴承座的方式或是松左侧螺栓调整，反之亦然。注意每次旋进一圈后（前进2.5mm）即开机观察效果。若仍不满足要求，接着按上述方法操作
单侧挡轮受力过大，磨损严重	—	操作前需保证托轮复位，即4个托轮前后左右需对齐，若不对齐应该按照下面方法调整： 1. 用千斤顶顶起不对齐一侧的筒体 2. 用拉线法确定托轮偏移的角度或位置 3. 画好需移动目标位置的位置线，松紧固轴承座螺栓，调整调节螺母到目标位置。此调节通过调节单侧的调节螺栓将托轮形成八字形，产生轴向力来抵消螺旋力 若筒体向入料端一侧跑偏则： 1. 画好轴承座需调整前进的位置线（一次移动2.5mm，即螺栓前进一圈），再松开轴承座紧固螺栓 2. 先调节一端调节螺栓至目标位置，再观察托轮磨损情况，若仍向该方向跑偏则继续按上述方法调整另一端，若仍是跑偏考虑加大轴承座倾斜量（螺栓旋紧2圈或更多） 若筒体向出料端跑偏则反之

续表

典型案例名称	典型案例表现	原因分析与解决方法
进料端、出料端密封罩漏灰	—	一般为密封面断裂、弹性不够、螺栓松动等原因造成，应采取以下措施： 1. 更换密封片，拆除损坏的密封片上两个连接螺栓，更换新的密封片 2. 注意紧固好螺栓
烘干后的物料终水分小于规定值	—	原因是热量供应过多或是湿料的喂入量偏少 解决的方法是加大湿料的喂入量，使物料在筒内填充截面积不大于筒体截面积的20%。也可以减少热气流的供应量，即减少供油、供气或供油量

思考与练习

一、判断题

1. 机制砂将会逐渐替代天然砂用于干混砂浆的生产。（　　）

2. 预拌砂浆生产线一般分为塔楼式、阶梯式、站式等形式。（　　）

3. 普通干混砂浆应根据生产厂家产量和生产设备条件，按同品种、同规格型号分批，年产量 10×10^4 t以上，不超过800t为一批。（　　）

4. 企业应建立健全内部产品质量管理制度，严格实施岗位质量规范、质量责任以及相应的考核办法。（　　）

5. 不同品种的散装干混砂浆应分别储存在散装移动筒仓中，不得混存混用，并应对筒仓进行标识。（　　）

6. 通常砂的粗细程度是用细度模数来表示，细度模数越大，砂越粗。（　　）

7. 预拌砂浆质量的检验分出厂检验、型式检验和交货检验。（　　）

8. 普通干混砂浆应根据生产厂家产量和生产设备条件，按同品种、同规格型号分批，年产量 4×10^4 t以下，不超过400t或4d产量为一批。（　　）

9. 从业人员有权对本单位安全生产工作中存在的问题提出检举、控告。（　　）

10. 机器防护罩的主要作用是防止机器积尘。（　　）

11. 湿拌砂浆强度检验的试样，其取样频率和组批应按下列规定进行：用于出厂检验的试样，每 $50m^3$ 相同配合比的湿拌砂浆，取样不应少于一次；每一工作班相同配合比的湿拌砂浆不足 $50m^3$ 时，取样不应少于一次。（　　）

二、选择题

1. 干混砂浆生产时，各种材料的计量允许偏差是（　　）。

A. ±1.0%　　　　B. ±1.5%　　　　C. ±2.0%　　　　D. ±2.5%

2. 普通干混砌筑砂浆出厂检验项目为（　　）。

A. 保水率　　　　B. 2h稠度损失率　　C. 黏结强度　　　　D. 抗压强度

3. 干混砂浆生产工艺按照结构形式可分为（   ）。

A. 塔楼式   B. 阶梯式   C. 站式   D. 卧式

4. 干混砂浆产品出厂时必须做（   ）。

A. 型式检验   B. 出厂检验   C. 工地检验   D. 交货检验

5. 推广使用预拌砂浆可以（   ）。

A. 减少城市污染   B. 实现资源综合利用

C. 改善大气环境   D. 节约资源

6. 我国安全生产的方针是（   ）。

A. 安全第一   B. 预防为主   C. 综合治理   D. 重点突出

7. 岗位消防安全的要求是（   ）。

A. 会报警   B. 会使用消防器材

C. 会扑救初期火灾   D. 生逃生

8. 发生电器火灾时应使用（   ）进行扑救。

A. 水   B. 干粉灭火器

C. 泡沫灭火器   D. 二氧化碳干粉灭火器

9. 生产型粉尘按照性质可分为（   ）。

A. 无机性粉尘   B. 有机性粉尘   C. 混合性粉尘   D. 空气扬尘

10. 普通干混地面砂浆出厂检验项目为（   ）。

A. 保水率   B. 2h稠度损失率   C. 黏结强度   D. 抗压强度

11. 预拌砂浆出厂前应进行（   ）。

A. 型式检验   B. 出厂检验   C. 交货检验   D. 配合比检验

12. 交货检验的结果应在试验结束后（   ）天内通知供方。

A. 7   B. 14   C. 28   D. 35

13. 生产中测定干燥骨料或轻骨料的含水率，每一工作班不应少于（   ）次。

A. 1   B. 2   C. 3   D. 4

14. 交货检验以抽取实物试样的检验结果为验收依据时，试样不应少于实验用量的（   ）倍。

A. 4   B. 6   C. 8   D. 10

15. 出厂检验试样应在出料口随机采样，试样应混合均匀，试样不应少于实验用量的（   ）倍。

A. 4   B. 6   C. 8   D. 10

项目5　控制预拌砂浆储运及施工过程质量

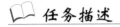项目简介

　　预拌砂浆相比于传统现场拌制砂浆，可以免去原材料采购、运输、堆放、加工、实验室配比测试，现场搅拌生产质量控制等一系列过程，现场工人只需加水拌合即可。预拌砂浆相比于传统现拌砂浆的另一个优点是可以采用机械喷涂，这样能够有效地降低施工方的运营成本，提高施工效率。本项目主要从常用预拌砂浆储运设备、施工工艺流程、施工机械、施工各个环节质量控制方面进行学习。通过任务的完成，掌握预拌砂浆储运状态、施工工艺流程、施工机械的选择原则、质量控制要点和施工过程中的注意事项。

任务5.1　预拌砂浆的储运及质量控制

动画
预拌砂浆的
储运及质量
控制

　　本任务的实施，要求学习者掌握预拌砂浆运输过程中砂浆的离析、运输车和砂浆的存储设备，及运输过程中砂浆的质量控制。

【重点知识与关键能力】

重点知识：
- 掌握预拌砂浆的运输设备的性能特点。
- 掌握预拌砂浆的工地存储设备特征。
- 掌握储运中砂浆离析的原因及解决方法。

关键能力：
- 能区分预拌砂浆的不同运输设备。
- 能够及时发现砂浆离析及提出解决方案。
- 能够掌握存储设备的质量管控要点。

任务描述

　　预拌砂浆生产完成后，选用何种预拌砂浆运输设备转运到工地现场？工地砂浆的储存设备有何要求？运输设备和存储设备的内部结构如何设计？

【任务要求】

- 正确进行预拌砂浆的装运流程说明，标明卸料步骤。
- 正确进行运输车内部结构的识别，分析砂浆运输车的特点。
- 对干混砂浆移动储罐的内部砂浆流动过程进行说明，绘出卸料步骤。

【任务环境】

·两人一组，根据工作任务进行合理分工。

·每组配置一台计算机进行流程图绘制及说明书编写，计算机装有绘图工具软件且能上网查阅资料。

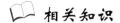 相关知识

5.1.1　干混砂浆储运

干混砂浆从制备完成到在工地加水搅拌，经历了进出储料仓（成品仓、储罐）、车辆运输、气力卸料等过程，大致可分为以下几个环节。

（1）砂浆从混合机至成品仓的堆料。

（2）干混砂浆出成品仓的下料。

（3）干混砂浆至运输车散装罐（或移动仓）的装料。

（4）砂浆运输车从生产企业至工地的路途运输。

（5）从砂浆运输车的散装罐至工地储罐顶部入料管的卸料。

（6）由工地储罐顶部入料管至储罐内的堆料。

（7）从储罐至搅拌机（混浆机）的出料。

5.1.2　储运装备

干混砂浆在整个储运过程中涉及的主要装备有成品仓、散装机、运输车、移动储罐等。为了更好地理解在储运过程中的离析问题，下面对这些主要装备进行简单介绍。

1. 成品仓

干混砂浆成品仓就是成品的储存库，与袋装砂浆储存车间并列。成品仓的布置有两种方式：一种是在搅拌机下方设一个大容量的过渡仓（20m³左右），下边接散装机；另外一种布置方式是成品仓与主楼并列，通过螺旋输送机及斗式提升机等将成品料二次提升进仓。

第一种设置方式的优点是减少了中间环节，从而降低了砂浆在该环节的离析。缺点有：①生产调配不灵活。如果该仓里面有存料，而又需要其他品种或等级的砂浆，那么就必须等到该仓内的物料处理完毕后才能进行生产。②增加主楼负载的同时还将增加主楼的总体高度。此种设置方式应用较少。

目前主流的成品仓布置方式为侧列式，即在主楼侧边架设成品仓。侧列式布置又分为并联式和串联式。并联式即为成品仓散装机与主楼混合机下散装机各有独立的散装车道；串联式即成品仓与主楼混合机下的散装机共用一条散装车道。一般来说，如果场地布置允许，并联式为最优方案，可同时拥有两个或两个以上车位散装接料，提高了装车效率，允许产品供应的多样化。而串联式一般仅为场地受限时选用。

　　成品仓下的散装机设置也可分为两种情况（图 5-1 和图 5-2）：一是多个成品仓共用散装机；二是各成品仓独立使用散装机。前者适合成品仓的串联式布置，而后者更适合并联式布置。

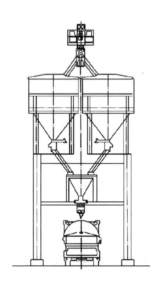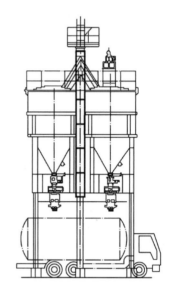

图 5-1　多个成品仓共用散装机　　　　图 5-2　各成品仓独立使用散装机

　　从成品仓的设立初衷上来说，成品仓相当于工厂的仓库，用于储存产品。其容量（包括单个仓容量或者总仓容量）越大，产能调节力就越强；数量越多，产品储仓种类越多。当然，这要结合工厂的规模及其产品的特性，在设计产能充足、砂浆品种变化不大等情况下，过分地强调成品仓的数量与容量并没有多大意义，还可能增加砂浆离析的风险。

　　2. 散装机

动画

干混砂浆车
装料过程

　　普通干混砂浆主要以散装出厂，袋装出厂的比例很低。散装环节主要是通过散装机将干混砂浆装入运输车的散装罐中。根据干混砂浆生产线类型的不同，散装机可以直接装在混合机出口下部，砂浆混合完成后直接散装至运输车中，也可以安装在砂浆成品仓下部，砂浆通过成品仓散装至运输车中。可伸缩散装机由底座、卷扬机构、松绳机构、驱动机构、滑轮组件、下料管、收尘风机、收尘管、护管、防尘护罩、散装头、料位计等构成（图 5-3）。物料通过下料管靠自重流入料罐，下料管与收尘管间灰尘经收尘风机排入收尘袋或灰库。下料管与收尘管是可伸缩管，借助散装头的升降进行上升或下降，散装头的升降通过卷扬机传动系统及其安全控制装置、松绳机构来实现。散装机下降头宜为锥式结构，外部应衬橡胶层，与罐车密封，装料完成后提升，将下料口自动封闭。料位计的质量要好，灵敏准确。

　　装车时，运输车开到指定位置，使其罐上的进料口位于散装头的正下方。开启升降系统，将散装头降下，至运输车的下料口后停止。依次开启给料器、螺旋闸门、锁灰阀、空气输送斜槽风机（库底散装机没有），开始下料装车，同时离心鼓风机、袋式收尘器（无收尘器的无此程序）和料位控制仪等也全部投入工作。给料器（用空压机或压缩空气）向库内充气后使库内物料松动流化，经由气动锁灰阀、空气输送斜槽进入散装头后装入运输车。该过程所有设备的动作顺序均采用连锁控制，操作安全简单，装车效率高。

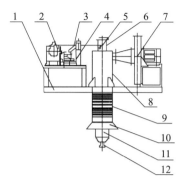

图 5-3 散装机

1—底座；2—卷扬机构；3—松绳机构；4—驱动机构；5—滑轮组件；6—下料管；
7—收尘风机；8—收尘管；9—护管；10—防尘护罩；11—散装头；12—料位计

3. 运输车

目前，国内常见的干混砂浆运输车是卧式散装水泥运输车的改进型。由于受施工现场作业场地的限制，干混砂浆的运输多为单车运输，且有效容积集中在 18～22m³。由于受物流距离及砂浆的各种组成物料特性差异等因素的影响，在运输与气卸过程中或多或少会产生离析现象。

根据运输过程中产生离析程度的不同，以及气卸性能的差别，市场上干混砂浆运输车分为以下几类：与仓筒式干混砂浆连续搅拌一体机组合使用的背罐车、自带举升机构的气卸式运输车、多漏斗流化结构的卧式罐装运输车、改进的散装水泥基型运输车等。由于受资金限制，干混砂浆生产企业对运输车的要求相对较低，主要考虑能否顺利地将干混砂浆送入工地移动储罐，所采用的干混砂浆运输车多为价格低廉的改进的散装水泥基型运输车。

① 与仓筒式干混砂浆连续搅拌一体机组合使用的背罐车。该组合模式是通过背罐车将干混砂浆移动储罐运输至工地的一种物流运输方式，如图 5-4 所示。其优点是有效避免或减轻了干混砂浆在运输途中的离析和气卸上料时产生的离析。此外，单罐储量适中，移动方便，适合用于建设工程较大的施工现场。其缺点是在工地和干混砂浆生产企业之间需要反复置换，为不影响施工进度，必须配置大量的移动储罐，才能满足工地的使用要求，而运输过程中也需配备较多具有自装自卸能力的专用背罐车和驾驶人员，投资成本大幅提高；由于其组合使用的特性，车辆必定超长，给交通带来诸多不便；在施工现场，由于受其工况条件限制，要将移动储罐平整和牢靠地安放于工地，必会花费一定的时间；目前国内市场上尚未有成熟的满装背罐车。

② 自带举升机构的气卸式运输车。自带举升机构的气卸式运输车如图 5-5 所示。其优点有：在举升状态下，半倾斜的气卸料方式减轻了运输过程中产生的离析；由于其流化系统床层面积较小而不易导致罐内物料分层，减少了气卸时罐内离析的发生；卸料速度快，物料几乎无剩余。缺点有：在气卸到移动储罐时，仓罐内产生少量的离析；气卸过程中因结拱而产生堵管问题；由于大多数施工现场

受实际工况所限，不能很好地为车辆提供可靠的举升气卸条件，存有车辆侧翻的危险性。

动画

干混砂浆背罐车内部结构

图 5-4 与仓筒式干混砂浆连续搅拌一体机组合使用的背罐车

图 5-5 自带举升机构的气卸式运输车

动画

干混砂浆卧式罐车内部结构

③ 多漏斗流化结构的卧式罐装运输车。多漏斗流化结构的卧式罐装运输车如图 5-6 所示。其优点有：能够有效地保持气卸速度、较低的残余率；降低卸料时罐内物料分层离析程度。其缺点有：制造成本高、操作烦琐；运输过程中存在少量的离析现象；气卸过程中存在结拱堵管问题；在气卸进入移动储罐时，也会产生少量离析。

图 5-6 多漏斗流化结构的卧式罐装运输车

④ 改进的散装水泥基型运输车。改进的散装水泥基型运输车如图 5-7 所示。其优点有：制造成本相对低廉；卸料速度可靠。其缺点有：残余率相对较高；卸料时由于罐内大面积的物料运动而容易产生分层离析；运输过程中物料也容易产生离析；气卸过程中偶发结拱堵管问题；在气卸进入移动储罐时，将产生少量离析。

图 5-7 改进的散装水泥基型运输车

4. 移动储罐

干混砂浆移动储罐是由上部储料系统和下部搅拌系统两部分组成的。上部储料系统主要包括罐体、进料管、防分离装置、收尘系统、排气管、人孔盖系统、称重料位、背罐装置等；下部搅拌系统则由喂料、加水、搅拌及电控系统组成。干混砂浆的储罐类型有很多，其中使用较多的是标准型砂浆储罐和滚筒式砂浆储罐。图 5-8 为一种标准型砂浆储罐的示意图。

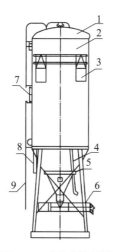

图 5-8 干混砂浆储罐

1—罐顶；2—筒体；3—运输支撑（背耳）；4—进料管；
5—振动器；6—搅拌器；7—人孔；8—排气口；9—扶梯

动画

干混砂浆的
下料仓结构

应用时，干混砂浆通过散装运输车运输到工地，依靠压力泵输送到干混砂浆储罐体内，同时在罐体的排气口使用收尘设备进行收尘。进入罐体中的干混砂浆依靠自身重力和罐体振动而均匀下落至搅拌机内，通过供水软管加水，在搅拌机内搅拌，从而得到砂浆拌合物。

干混砂浆储罐通常集合了库存计量显示、自动加水搅拌、自动出料等功能，可以实现砂浆即拌即用，从而节省了施工时间，减少了砂浆材料的浪费，避免在施工场地上堆放砂浆，有效改善了施工的卫生状况，减少了对环境的污染，提高了文明施工水平。

5.1.3　干混砂浆储运过程中各环节的离析

1. 从混合机至成品仓的离析

干混砂浆混合完成后，以自由落体方式进入成品仓，这个环节类似于单点下料和定点堆料过程。干混砂浆下落过程对干混砂浆的离析有着重要的影响。物料在一个位置下料，形成料堆，并到达一定高度，在下落的过程中撞到料堆上的颗粒，形成一薄层快速移动的物料。在移动层内，粗颗粒在重力的作用下下落速度较快，并且在形成料堆的过程中顺着料堆边缘自然滑落到底部边缘。较细的颗粒渗透到下面的静止层，并固定在某个适当的位置上。这时，流动颗粒层具有过筛作用。这样在料堆的中间区域分布着中等尺寸的颗粒，而在料堆的最上面细颗粒的含量较多。在取料时，上层的物料颗粒主要为细颗粒，中层的物料颗粒有细颗粒、中颗粒和少量粗颗粒，下层的物料颗粒有细颗粒、中颗粒和大量粗颗粒，如图 5-9 和图 5-10 所示。由此可见，单点位置下落所产生的离析现象很明显。

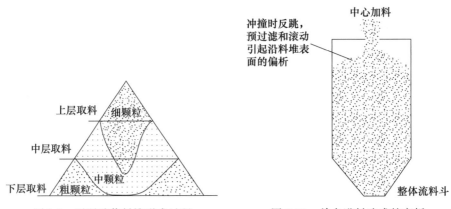

图 5-9　干混砂浆料堆形成过程　　　　图 5-10　单点进料造成的离析

在下料的过程中，改进下料装置固然可以降低离析的程度，但是在料堆形成的过程中，休止角始终是影响物料离析的重要因素。在料堆到达休止角之前，形成料堆过程始终伴随着离析。不同尺寸的颗粒具有不同的休止角。颗粒尺寸比较小的物料，休止角比较大，而且质量较轻，因而在料堆形成过程中，不易沿着料堆边缘滑落；相反，颗粒尺寸比较大的物料休止角比较小，因而在料堆形成过程中，会沿着料堆边缘滑落。这最终导致底部粗颗粒较多而上部细颗粒较多，使均匀性变差。

2. 干混砂浆出成品仓的离析

干混砂浆从成品仓卸出主要是靠重力，即干混砂浆由于自身重力克服整体中的内部摩擦力、黏结力而产生的流动。干混砂浆若内部摩擦、黏结力较大，将对砂浆出仓产生较大的影响，甚至不能自由卸出，这时需要外加振动或采用其他手段强制其流出。

成品仓出料也可能有两种基本流型，即整体流和漏斗流。在整体流中，全部物料处于运动状态，并贴着垂直部分的仓壁和收缩的料斗壁滑移。干混砂浆从成品仓卸出时，再次发生颗粒的重新排列。在整体流中，加料时形成的离析物料在离开料仓垂直部分并进入整体流料斗的过程中，会发生部分细颗粒与粗颗粒混合，因而可以缓解加料过程中产生的离析。

漏斗流料仓存在许多缺点。例如，经常发生突然涌动而使物料流出；料仓内的局部流动实际上减少了料仓的有效容积；既存在"死区"，又容易发生坍塌；物料卸出时容易产生较大的离析；在加料期间形成一个较细颗粒的中央芯料，在料斗卸空时，最后排出的干混砂浆将是最粗的。

不过在生产实际中，出现这种漏斗流的情况并不多。更多的情况是：在卸料过程中，由于料斗斜坡的作用，颗粒尺寸比较小的物料休止角比较大且质量较轻，不易滑落；相反，颗粒尺寸比较大的物料休止角比较小，容易滑落。细颗粒则倾向于透过粗颗粒空隙向料斗壁富集和黏附，因此，随着卸料的进行，细颗粒含量增加。

干混砂浆本身性质对料仓出料离析的影响表现为：粗颗粒与细颗粒之间的粒径比越大，越容易发生离析；细颗粒含量越高，离析发生的概率越小；颗粒平均粒径与料斗出口尺寸的比例越小，离析程度越小，反之则会产生较严重的离析。料仓卸料过程的离析既与干混砂浆本身的性质有关，又与料仓的几何特性等因素有关。从外部条件来看，料仓的几何特性是一个很大的因素。料仓的几何特性包括料斗的倾角、出口尺寸等。研究表明，减少离析的有效方法是对料斗的仓壁倾角进行处理，通常建议将仓壁做得较陡来得到整体流。另外，装料的高度对料仓卸料离析也有重要影响，装料高度越低，离析现象可能越严重。

3. 干混砂浆装入运输车或移动仓的离析

干混砂浆经散装头、入料管道，以自由落体方式进入运输车散装罐或者移动仓，这与干混砂浆由混合机装入成品仓环节类似，也经历砂浆的自由下落与成堆的过程，其产生的离析机制可以参考干混砂浆进入成品仓环节的离析。在自由下落过程中，粗、细颗粒的下落速度会由于空气阻力的不同而不同，通常粗颗粒下降更快。而在堆料过程中，颗粒尺寸比较小的物料休止角比较大，在形成料堆的过程中不易沿着料堆边缘滑落；相反，颗粒尺寸比较大的物料休止角比较小，在形成料堆的过程中会沿着料堆边缘滑落。这个环节的离析最主要原因是在形成料堆的过程中不同物料的休止角不同，其次是因为不同尺寸物料的下落速度不同，两者的共同作用导致干混砂浆的离析。两者离析的方向是一致的，共同的结果是致使散装罐或移动仓底部粗颗粒较多，相应地，上部和中心位置细颗粒较多。

4. 干混砂浆在运输途中的离析

干混砂浆装入运输车散装罐或移动仓后需要运送到施工工地，在途中不可避免会经受颠簸而产生振动。一般情况下，在振动过程中，相同属性的物料的运动趋势一致，粗颗粒有向上运动的趋势，相应地，细颗粒有向下运动的趋势。

有研究表明，干混砂浆的离析除了与运输车所受的振动大小有关外，还与运输车散装罐或移动仓尺寸、装载量，砂浆粒径比等因素有关。振动越大，干混砂浆离析越明显。在振动方式与振动时间一定的条件下，料仓的尺寸越小，离析程度越小。料仓内干混砂浆的离析程度随着物料的增加而减小。颗粒的粒径尺寸相差越大，物料发生的离析现象越明显。振动过程中夹杂着渗透离析，其中颗粒尺寸越大，渗透离析越明显。

因此，影响这个环节的离析，除了干混砂浆的组成材料颗粒属性，还有运输车散装罐或移动仓的大小、结构、装载量，以及车况、路况等。

5. 干混砂浆从散装车卸料的离析

动画

干混砂浆车到达现场装入砂浆罐的过程

这个环节是干混砂浆运输至工地后以水平及垂直气力输送方式，经散装罐底送入砂浆储罐内的垂直管道顶端的过程。干混砂浆卸料系统如图 5-11 所示。从运输车散装罐底送入储罐内的垂直管道顶端，这是一个气力输送的过程。在气力输送的卸料过程中，干混砂浆流态化是基础。由于干混砂浆中各种成分的密度、颗粒大小各不相同，导致临界流化速度也有很大差别，有些颗粒粒径或密度比较小，对临界流化速度要求较低，另外一些对临界流化速度要求比较高，相对不容易流化。因此，当一部分颗粒进入流态化时，不易流化的颗粒还没有进入流态化状态，会沉于底部。随着气流速度加大，各种颗粒都进入流态化后，对流化速度有相同要求的颗粒会聚集在一起，分为不同的层次，从而形成比较严重的离析。

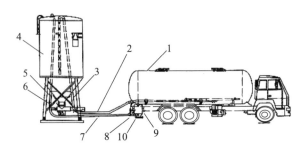

图 5-11　干混砂浆卸料系统

1—砂浆罐车；2—砂浆输送管；3—砂浆储罐上料管；4—罐体；

5—罐体回风管；6—回风管接口；7—回风软管 8—车载集灰箱

9—车载集灰箱清灰系统；10—车载集灰箱放灰阀

这一环节的离析主要是流化离析，与干混砂浆颗粒属性有关，如颗粒尺寸、密度等差异对流化离析均有较大影响。除此以外，散装罐结构，如流化板结构、出料管结构，以及气体压力等都对流化离析的影响较大。

6. 干混砂浆装入砂浆储罐的离析

干混砂浆经气力输送至砂浆储罐内管顶部，而后落至罐中，下料过程中伴随着气体的排出，除了重力本身的分选作用，还同时存在一定的气流分选，使得细颗粒在气流作用下更容易被拽起，相对于粗颗粒下落更慢，因而在罐底会有较多的粗颗粒，而在砂浆的上层，细颗粒较多。

砂浆落下堆料过程中，物料只在一个位置下料，形成料堆，则与干混砂浆进入成品仓环节相似，由于其重力分选作用及休止角差异产生的堆料离析，使粗颗粒在砂浆储罐底部中含量较多，而在上部则细颗粒较多。

砂浆储罐中干混砂浆下落成堆过程的离析与气流分选的离析方向是一致的，都是使砂浆储罐底部砂浆中粗颗粒含量较多，而在砂浆上部，则细颗粒较多。

需要指出的是，现在砂浆储罐进料时砂浆一般不是从顶部自由落下，而是通过下料管把砂浆引导到罐底部，并随着下料的进行，砂浆从管中出料的位置逐渐上移。如此一来，砂浆由于自由下落和定点成堆产生的离析大大减小。

7. 砂浆储罐中砂浆送到连续混浆机的离析

砂浆储罐中砂浆送到连续混浆机的过程主要是筒仓下料过程，与成品仓下料类似。这个过程中的离析存在整体流、漏斗流的影响。整体流情况下，罐壁附近的砂浆与中心的砂浆在料斗中有一定的混合效果。若存在漏斗流，则砂浆流动不稳定，会有芯料先下，边部和死角的料最后下，这就有可能最后出来的砂浆以粗颗粒为多。与成品仓出料类似，由于砂浆储罐结构的改进，目前砂浆储罐卸料形成芯料的情况几乎不会发生。

但是，在砂浆储罐出料过程中，由于罐体锥体的斜坡存在，颗粒尺寸比较小的物料休止角比较大而且质量较轻，不易滑落，倾向于透过粗颗粒空隙向锥壁富集和黏附；相反，颗粒尺寸比较大物料休止角比较小，容易滑落。因此，卸料到后面时，细颗粒含量增加。这是砂浆储罐中砂浆送到连续混浆机过程中最常见的离析现象，正是由于此原因，许多企业或施工单位，有意识地避免放空，而是在储罐中保留一定数量的干混砂浆，防止砂浆储罐最后砂浆中的细颗粒太多。

5.1.4　干混砂浆储运过程中离析的控制

以上介绍了干混砂浆在储运过程中的离析，为采取相应技术措施提供了理论依据。要防止或减轻干混砂浆在储运过程中的离析，可以从砂浆本身的特性、储运工艺及装备等方面加以改进。

1. 改善干混砂浆本身的颗粒特性

干混砂浆产生离析的根源是砂浆组成材料颗粒特性差异，如尺寸、密度、流动性等方面的差异，要减轻或者防止离析，应尽可能减少颗粒特性上的差异。

干混砂浆的组成材料有砂、水泥、掺合料及保水增稠材料等。其中，砂是最多的，一般含量在70%以上，颗粒尺寸较大；其他几种含量的总和一般也不足30%，多呈细粉状。虽然影响干混砂浆颗粒特性的因素很多，但是其颗粒尺寸显然是一个很重要的方面。这体现在砂与水泥等细粉之间的比例、砂的颗粒尺寸与级配等。砂与水泥等细粉之间不仅颗粒尺寸差异大，而且密度、摩擦性、流动性等也存在较大的差异。砂与细粉的比例直接影响其颗粒特性，因而直接影响离析特性。而砂本身颗粒大小与级配不同，其颗粒特性也有差异，由于砂在砂浆中的比例很高，因而对砂浆的离析也产生很大的影响。

（1）控制砂的最大粒径。控制砂的最大粒径，意味着缩小砂浆中颗粒尺寸的差距。有研究表明，砂浆中颗粒尺寸差距越大，离析的现象越明显。颗粒尺寸差距大，意味着更容易发生物料休止角离析、渗透离析、重力离析和流化离析，无论是进出料仓还是运输和气力卸料，离析都更为显著。因此，从离析的角度看，对砂的最大粒径加以适当控制是有利的。

（2）改善砂的颗粒级配。砂的级配对砂浆的各种性能及离析有较大的影响。一个好的级配，意味着砂有着较大的堆积密度，有助于颗粒间相互制约，提高整体性，缩小各颗粒之间的流动性差异的影响。同时，由于颗粒间堆积较为致密，减小了小颗粒在大颗粒之间的渗透效应。因此，改善颗粒级配，可以减轻各环节中砂浆的离析。

在砂浆中，如果砂的大颗粒较多，细颗粒也多，而中间颗粒少，出现所谓的"两头大、中间小"现象，对控制砂浆的离析是不利的。

（3）适当降低砂的细度模数和提高细颗粒含量。适当降低砂的细度模数与控制砂的最大粒径的原理是一致的：降低细度模数，也是总体上降低砂与细粉之间的尺寸差异，从而降低离析。另外，细粉含量增加，虽然可能增加收缩开裂的风险，但适当增加细粉，如粉煤灰、石粉等的比例，使得砂与细粉之间更容易形成整体，减轻离析。当然，这需要结合砂浆的综合性能一起考虑，否则得不偿失。

2. 减少或缩短储运工艺环节

由于干混砂浆各组成材料颗粒特性存在差异，在储运过程中又有振动或者运动，必然令具有不同颗粒特性的颗粒产生离析。既然振动和运动是离析的外因，那么只要减少振动和运动的环节，就能减少离析现象的发生。因此，减少储运工艺环节是降低砂浆离析的措施之一。

（1）去掉成品仓。一般企业的砂浆混合机是比较大的，运输车装料所需时间与混合砂浆所需时间相差无几，在生产与销售调度较好时，可以去掉成品仓，从而减少进出成品仓过程中砂浆的离析。目前，许多工艺线都不设成品仓。

（2）背罐车与仓筒式干混砂浆连续搅拌一体机组合。背罐车与仓筒式干混砂浆连续搅拌一体机组合的优缺点在前面介绍运输车时已经述及。采用这一组合时，砂浆移动储罐直接从砂浆厂装料，由运输车运至工地后直接用于下料加水搅拌，这样就减少了砂浆运输车装料和出料环节。从之前的分析可知，砂浆运输车气力卸料过程是产生流化离析的关键环节之一，这就意味着利用背罐车可大大减小离析现象。而利用移动储罐在砂浆厂装料，由于装料过程利用的是重力，这一过程产生的离析远比运输车进砂浆移动储罐产生的离析要小。

总而言之，在不影响产品质量和使用的前提下，尽可能缩短储运的工艺过程，取消七个环节中的一个或者几个，都有利于砂浆离析的改善。

3. 储运设备的改进

整个储运过程中的离析是由各个工艺环节叠加而成的，减轻各工艺环节的离析，将有利于整个离析的控制和改善。在以上七个环节中，成品仓进料和出料环节主要应减少堆料过程的离析、防止漏斗流的产生和细颗粒在料仓下部锥体壁的富集与黏附；运输车进料环节主要应防止下料与堆料过程的离析；运输车卸料环节主要应防止流化离析；移动储罐进料环节主要应防止落料重力产生的离析；下料环节也应防止漏斗流，稳定流料，以及防止细颗粒在罐体下部锥体壁的富集与黏附。

从以上分析看，通常情况下，整个储运过程中产生离析最关键的环节有运输车卸料、移动砂浆储罐出料；其次是成品仓进出料、运输车装料及运输过程。

（1）成品仓。

① 减小成品仓容积。成品仓主要用于成品砂浆的过渡和存储。成品仓越大，进出成品仓产生的离析就越容易。进成品仓过程中，仓越大，落料垂直距离越大，休止角离析也越大。而出仓时，仓越大，尤其是高径比较小时，料仓不容易形成整体流，使得下料不稳定，也更容易产生离析。为此，在满足要求的情况下，应尽可能减小成品仓。

② 改进撒料装置。在加料时，采用活动加料管和多头加料管等，以改进输入物料散布到料堆上的方法，减小由于休止角及颗粒渗透产生的离析。活动加料管由一个固定的偏转装置和一个料流喷管组成，是成品仓加料时减少离析的装置。

③ 改进出料装置。在卸料时，可通过改变流动模式来减少离析。从本质上讲，这是为了尽可能地模仿整体流。在料斗的卸料口上方装一个改流体可以拓宽流动通道，有助于重新混合，如图5-12所示。也可以使用多管卸料。它们的原理是从不同的离析区收取物料，并在卸料处使它们重新混合。

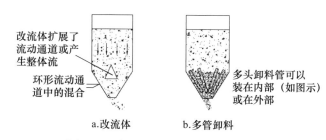

图5-12　成品仓卸料时减少离析的装置

（2）运输车。运输车气力卸料是产生离析的关键环节之一。在这一环节，采取的防离析措施应以如何降低流化离析为重心。

传统的运输车工作原理为：通过取力器和传动轴将汽车底盘的动力传递给空压机，空压机产生的压缩空气经管道进入罐体底部气化室内，气体透过帆布使罐中的干混砂浆流态化，然后沿卸料管输出。在这一过程中，由于干混砂浆由许多大小、密度不同的颗粒组成，临界流化速度也不一样，有些颗粒粒径或密度比较小，对临界流化速度要求较低，另外一些对临界流化速度要求比较高，相对不容易流化。当一部分颗粒进入流态化时，不易流化的颗粒还没有进入流态化状态，会沉于底部。随着气流速度的加大，各种颗粒都进入流态化后，对流化速度有相同要求的颗粒会聚集在一起，从而分为不同的层次，形成比较严重的离析。因此，要减轻或防止此环节的离析，可以从降低流化对砂浆的分层和不同层次砂浆同时卸出两方面加以考虑。为了解决此环节的离析，有关研究者或生产厂家提供了改进型运输车或者改造方案。

（3）砂浆移动储罐。为了提高砂浆移动储罐的防离析功能，人们通常在储罐内部增设防离析装置。如在罐体上部设置气流罩，设置多点进料头，罐中心设置空心导流管，卸料口上部设置防离析支架（多为锥形体），设置多头卸料管等（图5-13和图5-14）。

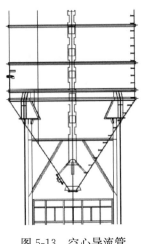

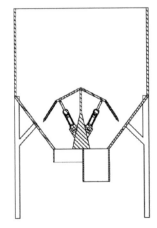

图 5-13　空心导流管　　　　图 5-14　防离析支架

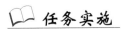任务实施

5.1.5　移动筒仓的选择

移动筒仓应配置防离析装置。移动筒仓的受料方式可通过干混砂浆罐装车气力输送，也可由专用的筒仓载运车将筒仓直接运到生产厂家里受料后再运回施工工地使用。筒仓的环境工作条件要求如下（表 5-1）：

（1）筒仓储料粒径为≤5mm；表观密度最大为 2000kg/m³。

（2）进料方式采用气力输送（其气压为≤0.20MPa），或采用重力放料，从装料阀门进入筒仓。

（3）筒仓应安装在能承受足够压强的平整基础上，底座不允许有局部下沉倾斜，安装在边坡或坑边时，应有足够的距离。

（4）所处环境的风荷载应符合《散装水泥立式流动罐》（WB/T 1010）提出的要求。

表 5-1　筒仓技术参数（《干混砂浆散装移动筒仓》SB/T 10461—2008）

项目	单位	参数		
总容积	m³	7~9	18~20	22~24
有效容积	m³	6~8	16~18	20~22
筒体外直径	mm	1800	2200~2500	2500
最大高度	mm	7200		
出料口高度	mm	1350		
出料口通径	mm	250		
气力进料口通径	mm	100		
排气口通径	mm	100		
装料阀门最小宽度	mm	450		
筒体最小壁厚	mm	4		

5.1.6　筒仓专用载运车的选择

筒仓专用载运车应配置与移动筒仓吊耳相连接的自动插板,其可将干混砂浆散装移动筒仓自动背起运输,安放到指定的地点。插板的尺寸应与筒仓吊耳的尺寸相匹配,筒仓专用载运车宜采用空气悬架的汽车底盘。将筒仓从地面起吊到车上的时间不应大于 130s,将筒仓从车上放置到地面的时间不应大于 120s。翻转架的翻转角度应大于 90°。

5.1.7　散装干混砂浆运输车的技术要求

散装干混砂浆运输车是指采用定型汽车底盘改装的密封罐式,配置有进料、气力输送卸料、清空残留物料和定量在线快速取样等装置,能够向干混砂浆散装移动筒仓或其他料仓输送干混砂浆的一类运输车。

罐体应符合《常压容器 第 1 部分:钢制焊接常压容器》(NB/T 47003.1—2022)的要求,罐体的装料口应能锁紧密封,并且开启和关闭灵活,进料口直径不应小于450mm,罐体内壁表面应光滑,进入罐体的压缩空气应干燥,气路系统应密封可靠,且应安装止回阀和放气阀。

散装干混砂浆运输车宜采用气浮式锥体料仓卸料系统和空气悬架的汽车底盘。

适用于采用定型汽车底盘改装的密封罐装式散装干混砂浆运输车现已发布了《散装干混砂浆运输车》(SB/T 10546—2009)国内贸易行业标准,对散装干混砂浆运输车的范围、定义、要求、试验方法、检验规则、标志、运输和储存做出了规定。

收集干混砂浆的储运系统相关资料,根据具体工程的特点选择合适的运输和存储设备。

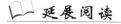 延展阅读

5.1.8　湿拌砂浆的生产与储运

 动画
湿拌砂浆的
施工工艺

湿拌砂浆的生产与预拌混凝土相似。预拌混凝土的生产与管理技术现已发展得较为完善,混凝土预拌工厂(搅拌站)通过增设一些设备和对生产工艺作一些适当的调整,花少量投资即可生产湿拌砂浆。有关机械设施参见表5-2。

表 5-2　机械设施表

名　称	型号规格	单位	数量
原材料储运系统			
散装水泥储运设施	储仓容量250t/套	套	2
散装粉煤灰储运设施	储仓容量100t/套	套	1
散装保水增稠材料储运设施	储仓容量100t/套	套	1
自定中心滚动筛	20～50t/h	套	1
砂储运设施	储仓容量400t/套	套	1
外加剂溶液储运设施	储仓容量10t	套	1

续表

名　称	型号规格	单位	数量
砂浆拌制系统			
给料计量装置	应分别符合各组分的计量值和精度要求	套	5
强制式搅拌机		台	1
微机控制室	容量 $1.5\sim2m^3$	套	1
监控通信设施		套	1
运输车辆及储存设施			
散装水泥输送车	14t	辆	2
散装粉煤灰输送车	12t	辆	1
预拌砂浆搅拌输送车	$3\sim6m^3$	辆	3
装载机（斗铲）	$2.4\sim2.8m^3$	辆	$1\sim2$
其他系统			
空压机	排气量 $10m^3/min$		
	$3\sim10L/s$		
储气罐	容积 $1.0\sim1.5m^3$	个	若干

湿拌砂浆生产的基本工艺流程，如图 5-15 所示。

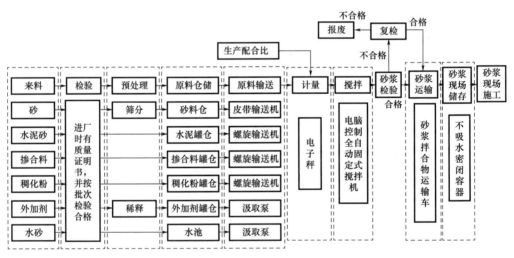

图 5-15　湿拌砂浆生产的基本工艺流程示意图

根据湿拌砂浆的自身特点以及施工特点，湿拌砂浆的制备和操作要点如下：

1. 湿拌砂浆的材料储存

湿拌砂浆的各种材料必须分仓储存，并应有明显的标识，具体要求如下：

（1）水泥应按生产厂家、水泥品种及强度等级分别储存，并应具有防潮、防污染措施。

（2）细骨料应按品种、规格分别储存，细骨料在储存过程中应保证其均匀性，不应混入杂物，细骨料的储存地面应为能排水的硬质地面。湿拌砂浆生产中使用的砂必须是过筛后剔除粒径为 5mm 以上颗粒的砂，并保证原材料品种和规格的正确使用。

（3）细填料（矿物掺合料）应按生产厂家、品种、级别分别储存，严禁与水泥等其他粉状材料混杂。

（4）保水增稠材料、外加剂、添加剂应按生产厂家、品种、级别分别储存，并应具有防止质量发生变化的措施。

2. 湿拌砂浆的生产

湿拌砂浆的生产必须使用专用的搅拌、运输及储存设备。其生产要点如下：

（1）湿拌砂浆应采用符合《建筑施工机械与设备 混凝土搅拌机》（GB/T 9142）规定的固定式搅拌机。搅拌机的浆叶与筒壁之间的间距及其他工艺参数的控制，必须满足砂浆生产的需要，以保证湿拌砂浆的匀质性等质量性能达到技术要求。必须配备砂过筛系统装置，其状态参数的控制必须保证使过筛后的砂粒径分布均匀，最大粒径不能超过 5mm，以符合湿拌砂浆的各种性能要求。搅拌机必须具有计算机储存实际投料数据的功能，能随时查阅近三个月内生产的每立方米湿拌砂浆的用料情况，以保证湿拌砂浆生产及质量参数的可追溯性。对用于生产的机械设备应建立维护保养制度，以确保设备的持续工作能力及湿拌砂浆的质量要求。

（2）计量设备应满足计量精度要求，计量设备应能连续计量不同配合比砂浆的各种材料，并应具有实际计量结果逐盘记录和存储功能。计量设备应按照有关规定由法定计量部门进行检定，计量设备在使用期间应定期进行校准。砂浆用各种固体材料的计量均应按质量计，水和液体外加剂的计量可按体积计，材料的计量允许偏差应符合表 5-3 的规定。计量设备还必须能满足不同配合比砂浆的连续生产。

表 5-3 湿拌砂浆材料计量允许偏差 （《预拌砂浆》GB/T 25181—2019）

材料品种	水泥	细骨料	矿物掺合料	外加剂	添加剂	水
每盘计量允许偏差/%	±2	±3	±2	±2	±2	±2
累计计量允许偏差/%	±1	±1	±1	±1	±1	±1

注：累计计量允许偏差是指每一运输车中各盘砂浆的每种材料计量和的偏差。

（3）湿拌砂浆的最短搅拌时间（从全部材料投完算起）不应少于 90s。在生产过程中应测定细骨料的含水率，每一工作班不应少于一次，当含水率有显著变化时，则应增加测定次数，并依据检测结果及时调整用水量和用砂量。

（4）湿拌砂浆在生产过程中，应避免对周围环境的污染，所有粉料的输送及计量工序均应在密闭状态下进行，并应有收尘装置，砂料场应有防扬尘措施。搅拌站应严格控制生产用水的排放。

3. 湿拌砂浆的运送

湿拌砂浆应采用搅拌运输车运送，运输车运送时应能保证砂浆拌合物的均匀性，不应产生分层离析现象。运输车在装料前，装料口应保持清洁，筒体内不应有积水、积浆及杂物，在装料和运送过程中，应保持运输车筒体按一定速度旋转，严禁向运输车内的砂浆加水，运输车在运送过程中应避免遗撒、漏浆。其砂浆用搅拌车运输的延续时间应符合表 5-4 的规定。

表 5-4   预拌砂浆运输延续时间

气温	运输延续时间/min
5～35℃	≤150
其他温度范围	≤120

湿拌砂浆应按发货单指明的工程名称、部位及砂浆的品种强度等级及时准确地运送。运送到工地现场，一般卸料在工地灰浆池内，卸完料后，搅拌车应及时彻底清洗（图 5-16）。

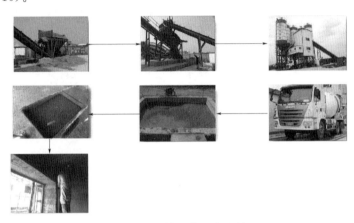

图 5-16   湿拌砂浆生产及储运

任务 5.2   砌筑砂浆施工及质量控制

本任务的实施，要求学习者掌握砌筑砂浆的施工工艺、质量控制要点和相关施工注意事项，能够保证砌筑砂浆在应用中的质量可靠性。

【重点知识与关键能力】

重点知识：
• 掌握砌筑砂浆的性能特点。
• 掌握砌筑砂浆施工工艺流程。
• 掌握砌筑砂浆质量控制要点和控制方法。
关键能力：
• 能区分墙体材料种类与性能特点。
• 会根据不同砌体选择合适性能的砌筑砂浆。
• 能够明确细分砌筑砂浆不同的细分工序和质量管控要点。
• 能掌握砌筑砂浆施工过程中的注意事项。

任务描述

加气混凝土砌块使用越来越广泛，根据加气混凝土砌块性能特点选择合适型号的砌筑砂浆强度等级，确定合理的施工工艺、质量控制要点和施工注意事项，完成砌筑砂浆施工及质量控制施工方案。

【任务要求】

- 砌筑砂浆强度等级选择与确定。
- 砌筑砂浆施工工艺、质量控制要点确定。
- 砌筑砂浆施工及质量控制施工方案。

【任务环境】

- 两人一组，根据工作任务进行合理分工。
- 每组配置一台计算机进行砌筑砂浆施工及质量控制施工方案编写。

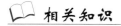 相关知识

5.2.1　砌筑砂浆施工工艺流程

块材处理→砌筑砂浆品种及稠度选择→铺水平灰缝砂浆→铺垂直灰缝砂浆→向已砌好的块体挤靠→刮去灰缝挤出多余的砂浆→原浆勾缝。

5.2.2　砌筑砂浆施工的一般要求

砌筑砂浆施工的一般要求如下：

（1）砌体工程所用的材料应具有质量证明书，并应符合设计要求，若有复试要求的则应在复试合格后方可使用。砌体工程所采用的砖和砌块，均应符合相应的标准要求。砌体砌筑时，块材应表面清洁，外观质量合格，产品的龄期应符合国家现行有关标准的规定。

（2）砌筑砂浆的稠度，宜根据块材类型、气候条件和施工工艺并经过试砌筑后而确定，其可按表 5-5 选用。

表 5-5　砌筑砂浆的稠度

砌体种类	砂浆稠度/mm
烧结普通砖砌体 粉煤灰砖砌体	70～90
混凝土多孔砖，实心砖砌体 普通混凝土小型空心砌块砌体 蒸压灰砂砖砌体 蒸压粉煤灰砖砌体	50～70
烧结多孔砖、空心砖砌体 蒸压加气混凝土砌块砌体 轻骨料混凝土小型空心砌块砌体	60～80
石砌体	30～50

注：1. 砌筑其他块材时，砌筑砂浆的稠度可根据块材吸水特性及气候条件确定。
　　2. 采用薄层砂浆施工法砌筑蒸压加气混凝土砌块等砌体时，砌筑砂浆稠度可根据产品说明书确定。

（3）普通砌筑砂浆应根据产品使用说明书和相关工程标准要求加水搅拌，砂浆应拌合均匀，拌合后应在初凝前使用完毕。

（4）砂浆应随拌随用，搅拌好的砂浆拌合物应在使用说明书规定的时间内使用完毕。一般而言，砂浆在搅拌结束后应在 3～4h 内使用完毕，若施工期间最高温度超过 30℃时，则应在 2h 之内使用完毕，在炎热或大风天气时应采取措施防止水分过快蒸发，当超过初凝时间后，严禁二次加水搅拌使用，当施工时气温和施工基面的温度低于 5℃时；若无有效的保温、防冻措施则不能施工，在施工过程中如忽遇雨雪，应采取有效的措施防止雨雪损坏未凝结的砂浆。要及时回收使用落地灰，如其已超过初凝时间，则严禁重复利用。

（5）干混砌筑砂浆可用原浆对墙面进行勾缝，但必须随砌随勾，所采用的干混砂浆应符合《砌体结构设计规范》（GB 50003）、《砌体结构工程施工质量验收规范》（GB 50203）和相关的标准规范以及当地的地方规程的规定。

（6）砌体施工应根据设计要求、块材规格和灰缝厚度在皮数杆上标明皮数及竖向构造的变化部位。砌体施工时，应控制砌体表面的平整度、垂直度、灰缝厚度及砂浆饱满度。砌体表面平整度、垂直度的校正必须在砂浆尚未凝结时进行。

5.2.3　块材处理

（1）砌筑所用的各种砌体材料的龄期应符合相应产品及施工规程的要求。

（2）如使用普通保水率预拌砌筑砂浆，应根据块材品种和天气情况选择浇水与否，但严禁无序浇水。

（3）如使用高保水率预拌砌筑砂浆，且砌块为加气混凝土等，宜采用干法施工，即砌块砌筑前无须浇水润湿表面。如天气干燥炎热，或砌块在阳光下长时间暴晒，应向砌筑面洒水润湿。

5.2.4　砌筑砂浆的施工要点

砌筑砂浆的施工要点如下：

（1）砌筑砂浆的水平灰缝厚度宜为 10mm，允许误差宜为 ±2mm。当采用薄层砂浆施工法时，水平灰缝厚度不应大于 5mm。

（2）采用铺浆法砌筑砖砌体时，一次铺浆的长度不得超过 750mm；当施工期间的环境温度超过 30℃时，一次铺浆的长度则不得超过 500mm。

（3）对于砖砌体、小砌块砌体，每日砌筑高度宜控制在 1.5m 以下或一部脚手架高度内；对于石砌体，每日砌筑高度不应超过 1.2m。

（4）砌体的灰缝应横平竖直，厚薄均匀，密实饱满。砖砌体的水平灰缝砂浆饱满度不得小于 80%；砖柱水平灰缝和竖向灰缝的砂浆饱满度不得小于 90%；小砌块砌体灰缝的砂浆饱满度，按净面积计算不得低于 90%，填充墙砌体灰缝的砂浆饱满度，按净面积计算不得低于 80%，竖向灰缝不应出现瞎缝和假缝。

（5）竖向灰缝应采用加浆法或挤浆法使其饱满，严禁先干砌后灌缝。

（6）若砌体上的砖或砌块被撞动或需要移动时，应将原有砂浆清除干净再铺浆砌筑。

5.2.5　操作工艺

（1）烧结普通砖和烧结多孔砖的砌筑（图 5-17）。基础工程和水池、水箱等不得采用多孔砖砌筑。砖砌体应上下错缝，内外搭砌，砌体水平灰缝的砂浆饱满度不得小于 80%，竖缝不得出现透明缝，严禁用水冲浆灌缝。砌体的水平灰缝厚度和竖向灰缝宽度宜为 10mm，但不应小于 8mm，也不应大于 12mm。砖柱和宽度小于 1m 的窗间墙，应选用整砖砌筑。在墙上留置的临时施工洞口，其侧边离交接处的墙面不应小于 500mm。

视频
砌筑施工
工艺

（2）普通混凝土空心砌块和轻集料混凝土空心砌块的砌筑（图 5-18）。

① 按 5.2.3 小节进行块材处理。

② 水平和垂直灰缝厚度应为 8～12mm。使用薄层砂浆砌筑尺寸精确的混凝土空心砌块，水平和垂直缝允许减至 5mm 或以下。

③ 砌筑时先按灰缝要求铺水平砂浆，每次铺浆长度不宜过长，再把砂浆抹在砌块端头，与已经砌好的砌块端头挤靠，并用锤子轻敲将砌块找平。

④ 混凝土空心砌块的壁较薄，铺浆时不宜用"甩"或"扣"的手法铺水平砂浆，而应用"刮"的手法将砂浆刮在下层砌块的两壁上。砌块端头的砂浆也应用刮浆法铺筑。

（3）砌体完成后应防止撞击和敲打。

（4）砌体施工时应采取措施防止砌体和灰缝受雨水或流淌水的冲淋浸泡。

图 5-17　烧结砖砌筑　　　　　图 5-18　多孔混凝土砌块砌筑

 **任务实施**

5.2.6　蒸压加气混凝土砌块的砌筑施工

1. 施工要求

蒸压加气混凝土砌块在施工时，其含水率宜小于 15%，对于粉煤灰加气混凝土砌块宜小于 20%。

砌筑墙体时，应根据预先绘制的砌块排布图进行，并应设置皮数杆。除墙根外，不同密度和强度等级的加气混凝土砌块不应混砌，加气混凝土砌块亦不能和其他砖、砌块混砌。砌筑时应上下错缝，搭接长度不宜小于砌块长度的 1/3，并应不小于 150mm，如不能满足时，应在水平灰缝中设置 2 根直径 6mm 钢筋或直径 4mm 钢筋片加强，其加强筋长度不应小于 500mm。灰缝应横平竖直，砂浆饱满，水平灰缝厚度不得大于 15mm，垂直灰缝不得大于 20mm。

切锯砌块应采用专用工具，不得用斧子或瓦刀等任意砍劈。洞口两侧应选用规则整齐的砌块进行砌筑。砌筑外墙时，不得留脚手眼。

加气混凝土砌块墙与框架结构的连接构造、配筋带的设置和构造、门窗框的固定方法与过梁做法以及附墙固定件做法等均应符合设计规定，门窗框宜采用后塞口法施工。墙体洞口下部应放置 2 根直径 6mm 的钢筋，其伸过洞口两边长度每边不得小于 500mm。

采用砌筑砂浆进行加气混凝土薄层砌筑时，应用灰刀将浆料均匀地涂抹于砌块的表面。砌筑时，灰缝应控制在 3～5mm。

2. 施工工艺

（1）根据蒸压加气混凝土砌块的特点，选择保水性合格的预拌砂浆。

（2）按 5.2.3 小节进行块材处理。

（3）除第一皮外，其余皮的水平和垂直灰缝厚度不宜大于 15mm，并不得小于 8mm。使用薄层砂浆砌筑蒸压加气混凝土砌块，水平和垂直缝允许减至 5mm 或以下。

（4）砌筑时先铺水平砂浆，每次铺浆长度不宜过长，避免砂浆失去可塑性。砌筑时应满铺砂浆，铺浆厚度应均匀，浆面应平整。

（5）把砂浆抹在砌块端头，与已经砌好的砌块端头挤靠，并用锤子轻敲将砌块找平。如砌块无法校正至水平，应立即将砌块取下重新铺水平灰缝。不得用在灰缝中塞石子、木片等方法找平砌块。如砌块端头的砂浆已经跌落或干涩，应铲掉重新铺浆。

（6）预拌砌筑砂浆可用原浆对墙面勾缝。待灰缝砂浆收水时，即用手指按压已有明显强度时，用与灰缝尺寸相近的弧形钢筋或圆管进行勾缝。薄层砌筑可不用勾缝（图 5-19）。

图 5-19　蒸压加气混凝土砌块施工

📖 **任务拓展**

5.2.7　混凝土小型空心砌块的砌筑

查找混凝土小型空心砌块的使用要求及注意事项，编制混凝土小型空心砌块的砌筑砂浆施工方案。

任务 5.3 抹灰砂浆施工及质量控制

本任务的实施，要求学习者掌握抹灰砂浆的施工工艺、质量控制要点和相关施工注意事项，能够保证抹灰砂浆在应用中的质量可靠性。

微课

抹灰砂浆施工工艺

【重点知识与关键能力】

重点知识：
- 掌握抹灰砂浆的性能特点。
- 掌握抹灰砂浆施工工艺流程。
- 掌握抹灰砂浆质量控制要点和控制方法。

关键能力：
- 能区分墙体材料种类与性能特点。
- 会根据不同墙体材料和施工环节选择合适性能的抹灰砂浆。
- 能够明确细分抹灰砂浆不同的工序和质量管控要点。
- 能掌握抹灰砂浆施工过程中的注意事项。

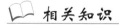 **任务描述**

抹灰砂浆的应用一般为内外墙抹灰，结合抹灰砂浆的施工工艺，试确定内外墙合理的施工工艺、质量控制要点和施工注意事项，完成抹灰砂浆施工及质量控制施工方案。

【任务要求】

- 抹灰砂浆强度等级选择与确定。
- 抹灰砂浆施工工艺、质量控制要点确定。
- 抹灰砂浆施工及质量控制施工方案。

【任务环境】

- 两人一组，根据工作任务进行合理分工。
- 每组配置一台计算机进行抹灰砂浆施工及质量控制施工方案编写。

相关知识

5.3.1 工艺流程

基层处理→放线→固定钢丝网或网格布→找方→贴饼、冲筋→砂浆强度等级及稠度选择→界面处理→底层抹灰→设置分格缝→面层抹灰→保湿养护。

5.3.2 抹灰砂浆施工的一般要求

（1）一般抹灰工程所采用的砂浆宜选用预拌抹灰砂浆，抹灰砂浆应采用机械搅拌，抹灰砂浆的性能应符合相关标准的技术性能要求，预拌抹灰砂浆的施工与质量验收应符合《预拌砂浆应用技术规程》（JGJ/T 223—2010）的规定。

（2）抹灰砂浆的品种及强度等级应满足设计要求。配制强度等级不大于 M20 的抹灰砂浆，宜采用 32.5 级通用硅酸盐水泥；配制强度等级大于 M20 的抹灰砂浆，宜采用强度等级不低于 42.5 级的通用硅酸盐水泥。通用硅酸盐水泥宜采用散装的产品。抹灰砂浆强度不宜比基体材料强度高出两个及以上强度等级，并应符合下列规定：

① 对于无粘贴饰面砖的外墙，底层抹灰砂浆宜比基体材料高一个强度等级或等于基体材料强度；对于无粘贴饰面砖的内墙，底层抹灰砂浆宜比基体材料低一个强度等级。

② 对于有粘贴饰面砖的内墙和外墙，中层抹灰砂浆宜比基体材料高一个强度等级且不宜低于 M15，并宜选用水泥抹灰砂浆。

③ 孔洞填补和窗台、阳台抹面等宜采用 M15 或 M20 水泥抹灰砂浆。

（3）抹灰砂浆的稠度应根据施工要求和产品说明书确定，抹灰砂浆的施工稠度宜按表 5-6 选取，聚合物水泥抹灰砂浆的施工稠度宜为 50～60mm，石膏抹灰砂浆的施工稠度宜为 50～70mm。

表 5-6　抹灰砂浆的施工稠度

抹灰层	施工稠度/mm
底层	90～110
中层	70～90
面层	70～80

（4）采用通用硅酸盐水泥拌制抹灰砂浆时，可掺入适量的石灰膏、粉煤灰、粒化高炉矿渣粉、沸石粉等，不应掺入消石灰粉。用砌筑水泥拌制抹灰砂浆时，不得再掺加粉煤灰等矿物掺合料。拌制抹灰砂浆时，可根据需要掺入改善砂浆性能的添加剂。

（5）抹灰砂浆的搅拌时间应自加水开始计算，水泥抹灰砂浆和混合砂浆的搅拌时间不得小于 120s，预拌砂浆和掺有粉煤灰、添加剂等材料的抹灰砂浆其搅拌时间不得小于 180s。

（6）除有特别说明外，抹灰砂浆性能试验应按《建筑砂浆基本性能试验方法标准》（JGJ/T 70—2009）执行。

（7）抹灰砂浆的品种宜根据其使用部位或基体种类按表 5-7 选用。

表 5-7　抹灰砂浆的品种选用

使用部位或基体种类	抹灰砂浆品种
内墙	水泥抹灰砂浆、水泥石灰抹灰砂浆、水泥粉煤灰抹灰砂浆、掺塑化剂水泥抹灰砂浆、聚合物水泥抹灰砂浆、石膏抹灰砂浆

续表

使用部位或基体种类	抹灰砂浆品种
外墙、门窗洞口外侧壁	水泥抹灰砂浆、水泥粉煤灰抹灰砂浆
温（湿）度较高的车间和房屋、地下室、屋檐、勒脚等	水泥抹灰砂浆、水泥粉煤灰抹灰砂浆
混凝土板和墙	水泥抹灰砂浆、水泥石灰抹灰砂浆、聚合物水泥抹灰砂浆、石膏抹灰砂浆
混凝土顶棚、条板	聚合物水泥抹灰砂浆、石膏抹灰砂浆
加气混凝土砌块（板）	水泥石灰抹灰砂浆、水泥粉煤灰抹灰砂浆、掺塑化剂水泥抹灰砂浆、聚合物水泥抹灰砂浆、石膏抹灰砂浆

（8）抹灰砂浆施工在主体结构质量验收合格后方可进行。基层墙体的龄期应在28d以上。

（9）抹灰砂浆施工配合比确定后，在进行外墙及顶棚抹灰施工前，施工单位宜和砂浆生产厂家、监理单位共同模拟现场条件制作样板，并应在规定的龄期进行拉伸黏结强度试验。检验外墙及顶棚抹灰工程质量的砂浆拉伸黏结强度，应在工程实体上取样检测，并应在检验合格后封存留样。抹灰砂浆拉伸黏结强度试验应按《抹灰砂浆技术规程》（JGJ/T 220—2010）的规定进行。

（10）抹灰前的准备工作应符合下列规定：

① 应检查栏杆、预埋件等位置的准确性和连接的牢固性。

② 应将基层的孔洞、沟槽填补密实、整平，且修补找平用的砂浆应与抹灰砂浆一致。

③ 应清除基层表面的浮灰，并宜洒水润湿。

（11）砂浆抹灰层的总厚度应符合设计的要求。抹灰层的平均厚度宜符合下列规定：

① 内墙普通抹灰的平均厚度不宜大于20mm，高级抹灰的平均厚度不宜大于25mm。

② 外墙墙面抹灰的平均厚度不宜大于20mm，勒脚抹灰的平均厚度不宜大于25mm。

③ 顶棚为现浇混凝土的，其抹灰的平均厚度不宜大于5mm。顶棚为条板、预制混凝土的，其抹灰的平均厚度不宜大于10mm。

④ 蒸压加气混凝土砌块基层抹灰的平均厚度宜控制在15mm以内；当采用聚合物水泥砂浆抹灰时，平均厚度宜控制在5mm以内；当采用石膏砂浆抹灰时，平均厚度宜控制在10mm以内。

（12）抹灰应分层进行。水泥抹灰砂浆每层厚度宜为5～7mm，水泥石灰抹灰砂浆每层厚度宜为7～9mm，并应待前一层达到六七成干后再涂抹后一层。应注意后道抹灰砂浆的强度不得高于前道抹灰砂浆的强度，如强度高的水泥抹灰砂浆不应涂抹在强度低的水泥抹灰砂浆基层上。当抹灰层厚度大于35mm时，应采取与基体黏结的加强措施如采用镀锌钢丝网补强，不同材料的基体交接处应设钢丝网补强，加强网与各基体的搭接宽度不应小于 100mm。

（13）外墙大面积抹灰时，砂浆抹灰层应设置水平分格缝和垂直分格缝。水平分格缝的间距不宜大于 6mm，垂直分格缝宜按照墙面的面积设置且不宜大于 30m²。

（14）采用机械喷涂抹灰时，应符合《机械喷涂抹灰施工规程》（JGJ/T 105—2011）的规定。

（15）天气炎热时，应避免基层受日光直接照射。施工前，基层表面宜洒水润湿。各层抹灰砂浆在凝结硬化前，应防止暴晒、雨淋、水冲、撞击、振动。水泥抹灰砂浆、水泥粉煤灰抹灰砂浆以及掺塑化剂水泥抹灰砂浆宜在湿润的条件下养护。

5.3.3 基层处理

（1）抹灰宜在砌体施工完毕 7d 后进行，且在砌体工程质量检验合格后方可施工。

（2）抹灰前墙上的脚手眼、管线穿过的墙洞和楼板洞等应用不低于抹灰砂浆等级的专用细石混凝土或砂浆填堵密实，并防止基层被雨淋或暴晒。同时对墙体抹灰前应检查砌体预埋件、预留洞等位置是否正确，基层表面的尘土、油污和残留物等应清除干净，墙体上的灰缝、孔洞和凹槽应填补密实。

（3）采用普通保水率的预拌抹灰砂浆时，可根据块材品种和天气情况选择浇水或先涂抹界面剂再抹灰，但严禁无序浇水。

（4）如使用高保水率预拌抹灰砂浆，且砌块为加气混凝土时，砌块抹灰前一般不需浇水润湿表面。但天气干燥炎热，或基层在阳光下长时间暴晒时，则仍需向基层洒水。

（5）在钢筋混凝土剪力墙或预制件的混凝土基层上抹灰，应先涂抹界面剂。

（6）各部位抹灰时挂加强网的方法应符合《非承重墙体与饰面工程施工及验收规范》（SJG 14—2018）的规定。钢丝网或网格布规格和性能应符合产品标准和设计要求。粘贴网格布的部位抹灰时必须再次涂刮界面剂。

（7）抹灰前应对结构工程、其他配合工种，以及以上各道基层处理的质量进行检查，并填写验收记录。检查的内容和要求包括：门窗框应安装牢固，门口标高应符合设计要求；水电管线和配电箱应安装完毕，位置正确；水暖管道应做好压力试验；基层表面剔平或补平，表面污垢或油漆清除干净；脚手架孔洞堵塞严密，各种管道通过的墙洞和楼板洞应用砂浆堵严，界面剂应选择正确的品种，刮涂应均匀牢固。

视频

石膏砂浆施工工艺

5.3.4 抹灰砂浆的施工要点

（1）抹灰砂浆不宜在比其强度低的基层上进行施工。

（2）应根据墙体的种类以及产品使用说明书的要求，对墙体进行界面处理，墙壁表面应先清除灰尘、油渍及其他污垢。正确进行表面处理对获得最佳抹灰效果至关重要。抹灰施工前，其砌体应防止雨淋或暴晒。

（3）抹灰工艺应根据设计要求、采用的抹灰砂浆品种以及强度、抹灰砂浆产品说明书提出的要求、基层情况等确定，在进行抹灰施工前，宜先做样板墙面或样板间,并经过验收合格后,方可正式确定抹灰砂浆工程的完整施工方案。

(4)砂浆材料的搅拌应采用适当型号的搅拌机进行混合,在加入定量的拌合用水后,搅拌至物料均匀没有块状物料为止。若采用连续搅拌的设备,其混合时间较短,砂浆的配方则需做适当的调整。

(5)采用普通抹灰砂浆抹灰时,每遍涂抹厚度不宜大于 10mm,采用薄层砂浆施工法抹灰时,宜一次成活,其厚度不应大于 5mm;当抹灰砂浆厚度大于 10mm,应分层抹灰,且应在前一层砂浆凝结硬化具有初始强度后再进行下一层抹灰。每一层砂浆应分别压实、抹平,且抹平应在砂浆凝结前完成,抹面层砂浆施工时,应使表面平整。

(6)抹灰砂浆的平均总厚度应符合设计规定,如设计无规定时,在参照执行《建筑装饰装修工程质量验收标准》(GB 50210—2018)时,可适当减小厚度。

(7)当抹灰层要求其具有防潮、防水功能时,则抹灰层应采用防水砂浆。

(8)抹灰砂浆工程的施工,可采用手工施工,亦可采用机械喷涂施工。采用手工施工工艺作业时,可使用木板配合直边大刮尺进行初步找平,再用抹刀将表面收光抹平;喷涂施工时,把已搅拌好的灰浆倒入喷浆机的容器内,然后直接均匀地喷涂到墙面上,喷口与墙体表面应垂直并保持一定距离,同时平稳移动喷枪,喷涂后用直边大刮尺刮平,待表面略干后,再用抹刀将表面收光抹平,如需分层施工,需待前一层硬化后方可进行第二层施工。按照规范或设计,部分墙体需在抹灰前先固定一层钢丝网,其网格子直径及粗细应按要求严格执行,如网格过于细小,则要考虑施工时灰浆是否会脱层,以免日久后发生剥落现象。

(9)室内墙面、柱面和门洞口的阳角做法应符合设计要求,顶棚宜采用薄层抹灰砂浆找平,不应反复擀压。

(10)抹灰砂浆层在凝结前应防止快干、水冲、撞击、振动和受冻。抹灰砂浆施工完成后,应采取措施防止沾污和损坏。

(11)除薄层抹灰砂浆外,抹灰砂浆层在凝结后应及时保湿养护,保湿养护时间不得少于 7d。砂浆具有优异的保水性能,在一般的情况下,依靠自然养护即可,无须进行浇水人工养护。只有在特别炎热或者出现快速干燥的情况下,才需要浇水养护。

5.3.5   手工抹灰操作工艺

(1)找方。先以跨度较大的两面墙体所在的轴线各找出一条控制线,然后以这两条控制线确定其他两条较短的控制线,相邻控制线间要互相垂直。室内顶棚抹灰用抄平管在四周墙上及框架梁侧面弹出水平标高线,作为控制线。

(2)放线。根据控制线将线引到墙体、楼地面或其他易于识别的物体上,外墙可从楼顶的四角向下悬垂线进行放线,同时在窗口上下悬挂水平通线,用于控制水平方向抹灰。

(3)贴饼、冲筋。根据所放垂线和水平线,确定抹灰厚度,在每一面墙上抹灰饼(遇有门窗口垛角处要补做灰饼),灰饼厚度即底层抹灰厚度。然后拉通线做冲筋,冲筋的宽度和厚度与灰饼相同,抹灰饼和冲筋的砂浆强度等级与基层抹灰的砂浆材料相同。层高 3m 以下时，横标筋宜设两道，筋距 2m 左右；层高 3m 及以上时，再增加一道横筋；设竖标筋时，标筋距离宜为 1.5m 左右，标筋宽度 30～50mm。宜使用塑胶的灰线条固定在基层上或墙面的阴角或阳角，代替砂浆的灰饼和冲筋。

（4）底层抹灰。在界面剂（如有）达到一定强度后方可开始底层抹灰。室内墙面、柱面和门洞口的阳角应先抹出护角。当设计无要求时，护角高度不低于 2m，每侧宽度不少于 50mm 的暗护角。

（5）墙面上铺钢丝网或网格布时，应将砂浆挤入钢丝网或网格布的缝隙中，各层分遍成活，每遍厚 3～6mm，待底灰七至八成干再抹第二遍灰。

（6）分格缝。为防止抹灰层开裂，外墙抹灰时应设分格缝，横向以上、下窗口分格为宜，竖向界格间距宜为 4～6m。设置分格缝所用材料及方法根据建筑物结构形式及构造柱、梁、门窗洞口等的位置等自行决定。

（7）面层抹灰。将底灰表面扫毛或划出纹道，面层应注意接茬，表面压光随设计和业主要求而走。罩面后次日进行保湿养护，时间不少于 7d。

（8）门过梁以上抹灰时，宜在下部用木板托住，防止抹灰层因自重下垂而导致上部开裂（图 5-20）。

5.3.6　机械喷涂抹灰操作工艺

微课
机喷设备

（1）机喷前应采取措施保护墙面已安装好的门窗、埋件、孔洞等，喷涂时，避免砂浆溅射污染。

（2）采用机械喷涂抹灰时，应符合现行行业标准《机械喷涂抹灰施工规程》（JGJ/T 105）的要求。

（3）找方、放线、贴饼和冲筋的操作同 5.3.5 小节中有关规定，并提前抹出护角。

微课
机械化施工
技术要点

（4）根据所喷涂部位材料确定喷涂顺序和路线，一般可按先室内后过道、楼梯间进行喷涂。

（5）室内喷涂宜从门口一侧开始，另一侧退出。同一房间喷涂，当墙体材料不同时，应先喷涂吸水性小的墙面，后喷涂吸水性大的墙面。

（6）室外墙面的喷涂应按分格缝进行分块施工，分格缝的设置参照 5.3.5 小节，每一格内的喷涂应一次完成，由上向下按 S 形路线巡回喷涂。

（7）喷涂厚度一次不宜超过 20mm，当超过时应分层进行。第一遍要求高度低于标筋 10mm 左右，并稍带毛面，第二遍待头遍灰初凝（约 2h）后再喷，并应略高于标筋。

微课
机械化施工
优缺点

（8）喷涂好的抹灰面，先用斜口专用刮尺紧贴标筋上下左右刮平，把多余砂浆刮掉，并搓揉压实，保证墙面基本平整。再用木抹子将墙面搓磨起浆，发现喷灰量不足时应及时补平。

（9）当需要压光时，待抹灰层刮平后，应及时用铁抹子压实压光。

（10）喷涂过程中的落地灰应及时清理回收。

（11）喷涂后应保湿养护（图 5-21）。

图 5-20 手工抹灰施工

图 5-21 机喷喷涂施工

动画
灰浆机结构

动画
喷浆机工作原理

动画
喷头工作原理

动画
砂浆活塞泵工作原理

视频
喷浆

任务实施

5.3.7 内墙抹灰

1. 基层处理

内墙抹灰应进行基层处理。不同基层的处理要点如下：

（1）烧结砖砌体的基层，应清除表面的杂物、残留灰浆、舌头灰、尘土等，并应在抹灰前一天浇水润湿，水应渗入墙面内 10～20mm，抹灰时，墙面不得有明水。

（2）蒸压灰砂砖、蒸压粉煤灰砖、轻骨料混凝土、轻骨料混凝土空心砌块的基层，应清除表面杂物、残留灰浆、舌头灰、尘土等，并可在抹灰前浇水润湿墙面。

（3）混凝土基层，应先将基层表面的尘土、污垢、油渍等清除干净，再采用下列方法之一进行处理：

① 将混凝土基层凿成麻面，抹灰前一天应浇水润湿，抹灰时基层表面不得有明水。

② 在混凝土基层表面涂抹界面砂浆，界面砂浆应先加水搅拌均匀，无生粉团后再进行满批刮，并应覆盖全部基层表面，厚度不宜大于 2mm，在界面砂浆表面稍收浆后再进行抹灰。

（4）加气混凝土砌块基层，应先将基层清扫干净，再采用下列方法之一进行处理：

① 可浇水润湿，水应渗入墙面内 10～20mm，且墙面不得有明水。

② 可涂抹界面砂浆，其方法同混凝土基层涂抹界面砂浆方法。

（5）各种混凝土小型空心砌块砌体和混凝土多孔砖砌体的基层，应将基层表面的尘土、污垢、油渍等清扫干净，并不得浇水润湿。

（6）采用聚合物水泥抹灰砂浆时，基层应清理干净，可不浇水润湿。

（7）采用石膏抹灰砂浆时，基层可不进行界面增强处理，应浇水润湿。

2. 施工要点

（1）内墙抹灰时，应先吊垂直、套方、找规矩、做灰饼，并应符合下列规定：

① 应根据设计要求和基层表面平整垂直情况，用一面墙做基准，进行吊垂直、套方、找规矩，并应经检查后再确定抹灰厚度，抹灰厚度不宜小于 5mm。

② 当墙面凹度较大时，应分层抹平，每层厚度不应大于 9mm。

③ 抹灰饼时，应根据室内抹灰要求确定灰饼的正确位置，并应先抹上部灰饼，再抹下部灰饼，然后用靠尺板检查垂直与平整。灰饼宜用 M15 水泥砂浆抹成 50mm 方形。

（2）墙面冲筋（标筋）应符合下列规定：

① 当灰饼砂浆硬化后，可用与抹灰层相同的砂浆冲筋。

② 冲筋根数应根据房间的宽度和高度确定。当墙面高度小于 3.5m 时，宜做立筋，两筋间距不宜大于 1.5mm；墙面高度大于 3.5m 时，宜做横筋，两筋间距不宜大于 2m。

（3）内墙抹灰应符合下列规定：

① 冲筋 2h 后，可抹底灰。

② 应先抹一层薄灰，并应压实、覆盖整个基层。待前一层六七成干时，再分层抹灰、找平。

（4）细部抹灰应符合下列规定：

① 墙、柱间的阳角应在墙、柱抹灰前，用 M20 以上的水泥砂浆做护角。自地面开始，护角高度不宜小于 1.8m，每侧宽度宜为 50mm。

② 窗台抹灰时，应先将窗台基层清理干净，并应将松动的砖或砌块重新补砌好，再将砖或砌块灰缝划深 10mm，并浇水润湿，然后用 C15 细石混凝土铺实，且厚度应大于 25mm。24h 后，应先采用界面砂浆抹一遍，厚度应为 2mm，然后抹 M20 水泥砂浆面层。

③ 抹灰前应对预留孔洞和配电箱、槽、盒的位置、安装进行检查，箱、槽、盒外口应与抹灰面齐平或略低于抹灰面。应先抹底灰，抹平后，应把洞、箱、槽、盒周边杂物清除干净，用水将周边润湿，并用砂浆把洞口、箱、槽、盒周边压抹平整、光滑。再分层抹灰，抹灰后，应把洞、箱、槽、盒周边杂物清除干净，再用砂浆抹压平整、光滑。

④ 水泥踢脚（墙裙）、梁、柱等应用 M20 以上的水泥砂浆分层抹灰。当抹灰层需具有防水、防潮功能时，应采用防水砂浆。

（5）不同材质的基体交接处，应采取防止开裂的加强措施；当采用加强网时，每侧铺设宽度不应小于 100mm。

（6）水泥基抹灰砂浆凝结硬化后，应及时进行保湿养护，养护时间不应少于 7d。

动画
抹面机器人

动画
砂浆抹灰
工艺

5.3.8 外墙抹灰

1. 基层处理

外墙抹灰的基层处理要求同内墙抹灰的基层处理。

门窗框周边缝隙和墙面其他孔洞的封堵应符合以下规定：

① 封堵缝隙和孔洞应在外墙抹灰之前进行。

② 门窗框周边缝隙的封堵应符合设计要求；若设计尚未明确，采用 M20 以上砂浆封堵严密。

③ 封堵时应先将缝隙和孔洞内的杂物、灰尘等清理干净，再浇水润湿，然后用C20以上的混凝土堵严。

2. 施工要点

（1）外墙抹灰前，应先吊垂直、套方、找规矩、做灰饼、冲筋，并应符合下列规定：

① 外墙找规矩时，应先根据建筑物高度确定放线方法，然后按抹灰操作层抹灰饼。

② 每层抹灰时应以灰饼做基准冲筋。外墙抹灰应在冲筋2h后再抹底灰，并应先抹一层薄灰，且应压实并覆盖整个基层。待前一层六七成干时，再分层抹灰、找平。每层每次抹灰厚度宜为5～7mm，如找平有困难需增加厚度，应分层分次逐步加厚。抹灰总厚度大于或等于35mm时，应采取措施，并应经现场技术负责人认定。

（2）弹线分格、粘分格条、抹面层灰时，应根据图纸和构造要求，先弹线分格、粘分格条，待底层七八成干后再抹面层灰。

（3）细部抹灰应符合下列规定：

① 在抹檐、窗台、窗楣、阳台、雨篷、压顶和突出墙面的腰线以及装饰凸线时，应有流水坡度，下面应做滴水线（槽），不得出现倒坡。窗洞口的抹灰层应伸入窗框周边的缝隙内，并应堵塞密实。做滴水线（槽）时，应先抹立面，再抹顶面，后抹底面，并应保证其流水坡度方向正确。

② 阳台、窗台、压顶等部位应用M20以上水泥砂浆分层抹灰。

（4）水泥基抹灰砂浆凝结硬化后，应及时进行保湿养护，养护时间不应少于7d。

（5）用于外墙的抹灰砂浆宜掺加纤维等抗裂材料。

（6）当抹灰层需具有防水、防潮功能时，应采用防水砂浆。

任务5.4　地面砂浆施工及质量控制

本任务的实施，要求学习者掌握地面砂浆的施工工艺、质量控制要点和相关施工注意事项，能够保证地面砂浆在应用中的质量可靠性。

【重点知识与关键能力】

重点知识：

• 掌握地面砂浆的性能特点。

• 掌握地面砂浆施工工艺流程。

• 掌握地面砂浆质量控制要点和控制方法。

关键能力：

• 能区分地坪基体种类与性能特点。

• 会根据不同地坪基体和施工环节选择合适性能的地面砂浆。

微课
地面砂浆施工工艺

- 能够明确细分地面砂浆不同的细分工序和质量管控要点。
- 能掌握地面砂浆施工过程中的注意事项。

📖 任务描述

伴随着建筑质量要求的提高，人们对住宅地面要求越来越高，针对普通住宅楼面，选择合适的地面砂浆，确定合理的施工工艺、质量控制要点和施工注意事项，完成地面砂浆施工及质量控制施工方案。如一工程要求进行耐磨地面砂浆施工，则如何进行施工工艺、质量控制方案的制定？

【任务要求】

- 地面砂浆种类的选择与确定。
- 地面砂浆施工工艺、质量控制要点确定。
- 地面砂浆施工及质量控制施工方案。

【任务环境】

- 两人一组，根据工作任务进行合理分工。
- 每组配置一台计算机进行地面砂浆施工及质量控制施工方案编写。

📖 相关知识

5.4.1 工艺流程

基层处理→找标高、弹线→设置分格缝→贴饼、冲筋→砂浆强度等级和稠度选择→界面处理→铺底层砂浆，随铺随抹平压实→铺面层砂浆，随铺随抹平压实→保湿养护。

5.4.2 基层处理

（1）铺设地面砂浆层前，应将基层清理干净。对松散填充料应予铺平压实，对混凝土垫层宜洒水润湿，但不得有积水残留。光滑表面应采用划毛或凿毛方法，保证表层黏结，或采用界面剂处理。

（2）有防水要求的楼板，施工前应对埋管或穿管、地漏等与楼板交接处进行密封处理。

（3）面层砂浆的施工在基层抗压强度达到 1.2MPa 后方可进行。

（4）设置分格缝。一般设置在不同房间的交接处、不同材料面层的交接处、结构变化处，也可按轴线位置设置，分格缝间距宜为 4～6m。

5.4.3 砂浆的强度等级、厚度和稠度

（1）地面砂浆的强度等级按设计要求选用。

（2）地面找平层及面层的厚度应符合设计要求，且不应小于 20mm。

（3）地面面层砂浆的稠度宜为 50～70mm，由供需双方根据施工工艺和设计要求协商确定。

5.4.4　操作工艺

（1）铺砂浆应先里后外，随铺随压实。压实和表面抹平应在砂浆凝结前完成。

（2）抹灰饼和冲筋。在室内四周墙上弹水平标高线，以确定面层厚度，然后拉水平线开始抹灰饼，灰饼上平面即为该层的控制标高。先用木刮杠按灰饼或冲筋高度刮平，再用木抹子拍成与灰饼上表面相平。

（3）铺砂浆时如灰饼或标筋已经硬化，刮平后应将硬化的灰饼或标筋敲掉，再用砂浆填补。

（4）需压光时宜采用铁抹子压光。

（5）地面面层砂浆凝结后，应及时保湿养护，养护时间不应少于 7d。

（6）地面砂浆施工完成后，应采取措施防止沾污和损坏。面层砂浆的抗压强度未达到设计要求时，应采取保护措施（图 5-22）。

图 5-22　地面砂浆施工

5.4.5　成品保护

（1）拆除脚手架时要注意，防止损坏已施工完毕的砌体，并应及时采取保护措施，避免其他工序施工造成污染和损坏。特别对抹灰完毕的边角处应加强保护。

（2）预拌砂浆施工完毕，在砂浆未硬化前，应防止失水、暴晒、水冲、撞击和振动，以保证砂浆水化达到足够的强度。

（3）利用窗洞运输材料或工人进出时，严禁踩踏砌体，应铺设专门的木板，防止损坏砌体。

（4）地面砂浆施工时要注意对地面其他管线的保护，不得随意移位，地漏应先采取措施可靠盖住，防止砂浆漏入堵塞。

（5）地面砂浆和防水砂浆面层施工完毕后，应及时保湿养护。养护未达到预期强度前，严禁进入或堆放材料。

📖 **任务实施**

视频

地面垫层砂
浆施工工艺

5.4.6 耐磨地坪砂浆的施工

耐磨地坪砂浆其施工方法有三：干撒法、湿撒法和湿抹法。在工程应用中干撒法最为广泛。干撒法是指在基层混凝土的初凝阶段，将粉体材料分两次撒播在基层混凝土的表面。然后用专用机械施工，使其与基层混凝土形成一个整体，从而成为具有较高致密性及着色性能的高性能耐磨地面的一种施工工艺。干撒法的施工工艺最为简单，只需在新鲜混凝土面层上干撒一层地坪砂浆即可，施工现场不需要搅拌设备，而地坪砂浆又可以在工厂预先精确配制而成。既可以做到在施工现场文明施工，又可提高混凝土地面的耐磨性。

1. 耐磨地坪砂浆的一般要求

（1）耐磨地坪砂浆撒布的时间应在混凝土初凝前 60～90min。撒布耐磨地坪砂浆应分两次进行，首次撒布量应大于撒布总用量的一半。

（2）当耐磨地坪与混凝土表面水完全润合后，应进行机械抹平，然后撒布第二层，待润合后再进行抹平。

（3）终凝后应对地面实施养护。

2. 施工要点

耐磨地坪砂浆的施工工艺流程，如图 5-23 所示。

找平混凝土➡ 撒布耐磨地坪砂浆➡用抹光机提浆➡用抹光机抹光 ➡养护

图 5-23 耐磨地坪砂浆的施工工艺

其施工要点如下：

（1）耐磨地坪砂浆的主要施工设备有两用抹光机或专用提浆机和专用抹光机、木抹子、铁抹子、挑板等。

（2）基层找平混凝土的质量相当重要，一般可采用不得含有引气剂的 C30 预拌混凝土。施工时，混凝土一定要振实，尤其是边角部位，面层不得有积水，面层的平整度直接影响到耐磨砂浆的单位面积使用量和成活后面层的美观。因此，要用长刮杠仔细刮平。当基层找平混凝土厚度较小（但应在 40mm 以上）时，应使用豆石或细石混凝土，且其下底基层上应涂刷混凝土界面剂。

（3）撒布耐磨地坪砂浆料一般分两次进行。第一遍约为总量的 2/3，其应在基层找平混凝土的初凝阶段撒布，撒布时不得抛撒，以免骨料被分离出来。撒布时间可根据使用环境和撒布量等情况酌情稍前或稍晚，一般耐磨料用量较大或气温较高、温度较小时，其撒布时间则可提前一些，但也不能过早或过晚，过早则浪费耐磨砂浆料，且可能形成上硬下软的情况，过晚则易形成两层皮，以致空鼓、开裂等。撒布第二遍耐磨砂浆料主要就是针对第一遍情况进行补撒。

（4）耐磨砂浆料撒布完毕后，应先在边角等抹光机不易操作处，采用木抹子人工将耐磨砂浆料反复揉搓、提浆，然后用铁抹子抹平，待大面上的耐磨料全部吸湿变色后，用抹光机进行提浆（底下用大盘），提浆机的转速应慢一些，并按趟提浆。

提浆工序是抹光的基础，一定要认真做好。

（5）提浆结束后用抹光机分别进行第一遍和第二遍抹光，第一遍应慢些，第二遍可快些。

（6）抹光后 4～8h 即可进行养护。其可采用混凝土养护剂，或采用专用罩面材料罩面，也可直接用水养护（须养护两周左右）。

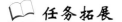任务拓展

5.4.7　无机磨石的施工工艺

查找无机磨石的材料配比和工艺设计，编制无机磨石的施工工艺施工方案及注意事项。

延展阅读

5.4.8　砂浆施工常见质量问题及防治措施

1. 预拌砂浆塑性开裂

塑性开裂是指砂浆在硬化前或硬化过程中产生开裂。它一般发生在砂浆硬化初期。塑性开裂裂纹一般都比较粗，裂缝短。

原因分析：砂浆抹灰后不久在塑性状态下由于水分减少快而产生收缩应力，当收缩应力大于砂浆自身的黏结强度时，表面产生裂缝。往往与砂浆的材性环境温度、湿度及风速等有关系。水泥用量大，砂细度模数越小，含泥量越高，用水量越大，砂浆越容易发生塑性开裂。

防治措施：预拌干混砂浆中通过加入稠化粉和外加剂，减少水泥用量，控制砂细度模数及其泥含量、施工环境，减少塑性开裂。

2. 预拌砂浆干缩开裂

干缩开裂是指砂浆在硬化后产生开裂。它一般发生在砂浆硬化后期。干缩开裂裂纹其特点是细而长。

原因分析：干缩开裂是砂浆硬化后由于水分散失、体积收缩产生的裂缝，它一般要经过 1 年甚至 2～3 年后才逐步发展。砂浆水泥用量大，强度太高导致体积收缩。砂浆后期养护不到位。砂浆掺合料或外加剂干燥收缩值大。墙体本身开裂，界面处理不当。砂浆强度等级乱用或用错，基材与砂浆弹性模量相差太大。

防治措施：减少水泥用量，掺加合适的掺合料降低干燥值，加强对施工方宣传指导，加强管理，严格要求按预拌干混砂浆施工方法施工。

3. 预拌砂浆工地出现结块、成团现象导致质量下降

原因分析：砂浆生产企业原材料砂含水率未达到砂烘干要求，砂浆搅拌时间太短，搅拌不均匀。砂浆生产企业原材料使用不规范。施工企业未能按照预拌干混砂浆施工要求及时清理干混砂浆筒仓及搅拌器。

防治措施：砂浆生产企业应制定严格的质量管理体系，制定质量方针和质量目标，建立组织机构，加强生产工艺控制及原材料检测。同时，应做好现场服务，介

绍产品特点，提供产品说明书，保证工程质量。施工企业应采取提高砂浆工程质量责任措施，干混砂浆筒仓由专人负责维护清理。

4. 预拌砂浆试块不合格

强度忽高忽低，离差太大，强度判定不合格，而其他工地同样时间、同样部位、同一配合比，却全部合格且离差小。

原因分析：施工单位采用试模不合格，本身试件尺寸误差太大，有的试模对角线误差≥3mm，因而出现试件误差偏大的问题。试件制作粗糙不符合有关规范，未进行标准养护。试件本身不合格，受力面积达不到要求而出现局部受压，强度偏低。

防治措施：建议施工单位实验人员进行技术培训，学习有关试验的标准和规范。更换不合格试模，对采用的试模应加强监测，达不到要求坚决不用。

5. 预拌砂浆抹面不久出现气泡

原因分析：砂浆外加剂或保水增稠材料与水泥适应性不好，导致反应产生气泡。砂浆原材料砂细度模数太低或颗粒级配不好导致空隙率太高而产生气泡。

防治措施：加强原材料特别是外加剂和保水增稠材料与水泥适应性试验，合格后方可使用生产。合理调整砂子的颗粒级配及各项指标，保证砂浆合格出厂。

6. 预拌砂浆同一批试块强度不一样导致颜色出现差异

原因分析：因生产材料供应不足，同一工程使用了不同品种的水泥和粉煤灰，导致砂浆需水量、凝结时间等性能发生变化，造成强度与颜色差异。

防治措施：生产企业在大量应用时，应提前做好材料准备，防止生产中材料断档问题发生。预拌砂浆严禁在同一施工部位采用两种水泥或粉煤灰。

7. 预拌干混砂浆凝结时间不稳定导致时长时短

原因分析：砂浆凝结时间太短，是由于外界温度很高、基材吸水大、砂浆保水不高。砂浆凝结时间太长，是由于季节、天气变化以及外加剂超量。

防治措施：严格控制外加剂掺量，根据不同季节、不同天气、不同墙体材料调整外加剂种类和使用掺量。加强工地现场查看，及时了解施工信息。

8. 预拌干混砂浆出现异常导致不凝结

原因分析：外加剂计量失控，导致砂浆出现泌水离析，稠度明显偏大，不凝结。

防治措施：加强计量检修与保养，防止某一部分的失控；加强操作人员与质检人员责任心，坚决杜绝不合格产品出厂。

9. 预拌砂浆静置时出现泌水、离析、表面附有白色薄膜现象

原因分析：砂浆搅拌时间太短、保水材料添加太少导致保水太低。砂子颗粒级配不好，砂浆和易性太差。纤维素醚质量不好或配方不合理。

防治措施：合理使用添加剂及原材料，做好不同原材料试配，及时调整配方。

10. 预拌砂浆抹面出现表面掉砂现象

原因分析：由于砂浆所用原材料砂子细度模数太低，含泥量超标，胶凝材料用量少，导致部分砂子浮出表面，起砂。

防治措施：①严格控制砂子细度模数、颗粒级配、含泥量等指标。②增加胶凝材料及时调整配方。

11. 预拌砂浆抹面出现表面掉粉起皮现象

原因分析：主要由于砂浆所用原材料掺合料容重太低，掺合料比例太大，由于压光导致部分粉料上浮，聚集表面，以至于表面强度低而掉粉起皮。

防治措施：了解各种掺合料的性能及添加比例，注意试配以及配方的调整。

12. 预拌砂浆抹面易掉落、黏不住现象

原因分析：砂浆和易性太差，黏结力太低。施工方一次抹灰太厚，抹灰时间间隔太短。基材界面处理不当。

防治措施：根据不同原材料不同基材调整配方，增加黏结力。施工时建议分层抹灰，总厚度不能超过 20mm，注意各个工序时间。做好界面处理，特别是一些新型墙体材料，要么用专用配套砂浆。

13. 预拌砂浆抹面粗糙、无浆导致抹后收光不平

原因分析：预拌砂浆原材料细骨料（砂）大颗粒太多，细度模数太高，所出浆体变少，无法收光。

防治措施：调整砂浆细骨料（砂）颗粒级配，适当增加粉料。

14. 预拌砂浆硬化后出现空鼓、脱落、渗透质量问题

原因分析：生产企业质量管理不严、生产控制不到位导致的砂浆质量问题。施工企业施工质量差导致的使用问题。墙体界面处理使用的界面剂、黏结剂与干混砂浆不匹配所引起的。温度变化导致建筑材料膨胀或收缩。本身墙体开裂。

防治措施：生产单位应采取加强预拌砂浆质量管理的措施。施工企业应采取提高预拌砂浆工程质量的施工措施。

15. 地面砂浆裂缝

原因分析：大面积地面未分段、分块铺设，未留设伸缩缝，在温度（差）变形作用下产生温度裂缝；水泥砂浆自身在硬化过程中，由于水化反应和水分蒸发而产生收缩裂缝；地面凝结和养护期间，强度较低，过早上人、运输、踩踏等受到振动、撞击而产生施工裂缝；砂浆强度达不到设计等级要求，或砂浆配合比不合理，水泥用量较大，配制不计量，搅拌不均匀，或使用含泥量较大的细砂，导致产生收缩、干缩裂缝；首层地面地基土未进行处理而出现不均匀沉降裂缝等，从而导致面层强度低，影响整体性、使用功能和外观质量。

防治措施：优先选用硅酸盐水泥、普通硅酸盐水泥，因矿渣水泥需水量较大，容易引起泌水。砂浆配合比设计合理，水泥用量不宜过大，避免因水泥用量过大而增大收缩。砂应选用中粗砂，且控制含泥量不超过 3%。铺设面积较大的地面面层时，应采取分段、分块措施，并根据开间大小，设置适当的纵、横向缩缝，以消除杂乱的施工缝和温度裂缝。水泥砂浆抹压应分两遍进行，水泥初凝前进行抹平，终凝前进行压实、压光，以消除早期收缩裂缝。同时要掌握好压光时间，过早压不实，过晚压不平，不出亮光。底层做地面前应清理、处理好地基，浇筑垫层前应夯实两遍，不得在地基上随意浇水、踩踏，扰动地基，以免局部产生不均匀沉陷。

16. 地面起砂

原因分析：养护时间不够，过早上人。水泥硬化初期，在水中或潮湿环境中养护，能使水泥颗粒充分水化，提高水泥砂浆面层强度。如果在养护时间短、强度很低的情况下，过早上人使用，就会对刚刚硬化的面层造成损伤和破坏，致使面层起砂、出现麻坑。因此，水泥地面完工后，养护工作的好坏对面层质量的影响很大，必须要重视。当面层抗压强度达5MPa时才能上人操作。使用过期、强度等级不够的水泥、水泥砂浆搅拌不均匀、操作过程中抹压遍数不够等，都会造成起砂现象。

防治措施：在铺设面层砂浆时先检查垫层的坡度是否符合要求。设有垫层的地面，在铺设砂浆前抹灰饼和标筋时，按设计要求抹好坡度。

17. 抹灰层出现空鼓、开裂、脱落等缺陷

原因分析：基体表面清理不干净，如基体表面尘埃及疏松物、脱模剂和油渍等影响抹灰粘牢的物质未彻底清除干净；基体表面光滑，抹灰前未作毛化处理；抹灰前基体表面浇水不透或不匀，抹灰后砂浆中的水分很快被基体吸收，使砂浆中的水泥未充分水化生成水泥石，影响砂浆的黏结力；砂浆质量不好，和易性、保水性、黏结性较差，或使用不当；一次抹灰过厚，干缩率较大，或各层抹灰间隔时间太短，收缩不匀，或表面撒干水泥粉；夏季施工时砂浆失水过快或抹灰后没有适当浇水养护，以及冬季施工受冻。这些原因都会影响抹灰层与基体黏结牢固。

防治措施：抹灰前，应将基体表面清扫干净，脚手眼等孔洞填堵严实；混凝土墙表面凸出较大的地方应事先剔平刷净；蜂窝、凹洼、缺棱掉角处应修补抹平。基体表面应在施工前一天浇水，要浇透浇匀。让基体吸足一定的水分，使抹上底子灰后便于用刮杠刮平，以搓抹时砂浆还潮湿柔软为宜。表面较光滑的混凝土和加气混凝土墙面，抹底灰前宜先涂刷一层界面剂或水泥浆，以增加与光滑基层的黏结力。采用质量稳定、性能优良的预拌砂浆。应分层抹灰。水泥砂浆、混合砂浆等不能前后覆盖、交叉涂抹。

不同基体材料交接处，宜铺钉钢板网。室外抹灰，当长度较长（如檐口、勒脚等）、高度较高（如柱子、墙垛、窗间墙等）时，为了不显接槎，防止抹灰砂浆收缩开裂，一般应设分格缝。夏期应避免在日光暴晒下进行抹灰。抹灰后第二天应浇水养护，并坚持养护7d以上。

18. 造成墙面起泡、开花或有抹纹

原因分析：抹完罩面后，砂浆未收水就开始压光，压光后产生起泡现象。石灰膏熟化不透，过火灰没有滤净，抹灰后未完全熟化的石灰颗粒继续熟化，体积膨胀，造成表面麻点和开花。底灰过分干燥，抹罩面灰后水分很快被底层吸收，压光时易出现抹纹。

防治措施：待抹灰砂浆收水后终凝前进行压光；纸筋石灰罩面时，须待底灰五六成干后再进行。石灰膏熟化时间不少于15d，淋灰时用小于3mm×3mm筛子过滤；采用磨细生石灰粉时，最好也提前2～3d熟化成石灰膏。对已开花的墙面，一般待未熟化的石灰颗粒完全熟化膨胀后再处理。处理方法为挖去开花处松散表面，重新用腻子刮平后喷浆。底层过干应浇水润湿，再刷一层薄薄的纯水泥浆后进行罩面。罩面压光时发现面层灰太干不易压光时，应洒水后再压以防止抹纹。

19. 墙面抹灰层析白

原因分析：水泥在水化过程中产生氢氧化钙，在砂浆硬化前受水浸泡渗聚到抹灰面与空气中二氧化碳化合成白色碳酸钙出现在墙面。在气温低或水灰比大的砂浆

抹灰时，析白现象更严重。另外，若选用了不适当的外加剂，也会加重析白现象。

防治措施：在保持砂浆流动性条件下掺减水剂来减少砂浆用水量，减少砂浆中的游离水，则减轻了氢氧化钙的游离渗至表面。加分散剂，使氢氧化钙分散均匀，不会成片出现析白现象，而是出现均匀的轻微析白。在低温季节水化过程慢，泌水现象普遍存在时，适当考虑加入促凝剂以加快硬化速度。选择适宜的外加剂品种。

20. 混凝土顶板抹灰层出现空鼓、裂缝

原因分析：基层清理不干净，抹灰前浇水不透；预制混凝土楼板板底安装不平，相邻板底高低偏差大，造成抹灰厚薄不均，产生空鼓和裂缝；预制混凝土楼板安装排缝不均、灌缝不密实，整体性差，挠曲变形不一致，板缝方向出现通长裂缝；砂浆配合比不当，底层灰浆与楼板板底黏结不牢，产生空鼓、裂缝。

防治措施：预制混凝土楼板安装要平整，相邻两板板底高低差不应超过5mm；板缝灌缝时必须清扫干净，浇水润湿，用C20级细石混凝土灌实，并加强养护。混凝土楼板板底表面的污物必须清理干净；使用钢模、组合小钢模现浇混凝土楼板或预制楼板时，应用清水加10%的火碱，将隔离剂、油垢清刷干净；现浇楼板如有蜂窝、麻面时，宜先用1:2水泥砂浆补平，凸出部分需剔凿平整；预制混凝土楼板板缝应先用1:2水泥砂浆勾缝找平。为了使底层砂浆与基层黏结牢固，抹灰前一天顶板应喷水润湿，抹灰时再洒水一遍；混凝土顶板抹灰，一般应安排在上层地面做完后进行。

21. 墙裙、踢脚线水泥砂浆空鼓、裂缝

原因分析：内墙抹灰常用石灰砂浆，做水泥砂浆墙裙时直接坐在石灰砂浆底层上；抹石灰砂浆时抹过了墙裙线而没有清除或清除不净；为了赶工，当天打底灰，当天抹找平层；压光面层时间掌握不准；没有分层施工。

防治措施：各层应是相同的水泥砂浆或是水泥用量偏大的混合砂浆。铲除底层石灰砂浆层时，应用钢丝刷，边刷边冲洗。底层砂浆在终凝前不准抹第二层砂浆。面层未收水前不准用抹子搓压，砂浆已硬化后不允许再用抹子用力强行搓抹；应再抹一层薄薄的砂浆来弥补表面不平或抹平印痕，应分层抹灰。

22. 接槎有明显抹纹、色泽不匀的缺陷

原因分析：墙面没有分格或分格太大；抹灰留槎位置不正确；罩面灰压光操作方法不当；砂浆原材料不一致，没有统一配料；浇水不均匀；等等。

防治措施：抹面层时要注意接槎部位操作，避免发生高低不平、色泽不一致等现象；接槎位置应留在分格条处或阴阳角、水落管等处；阳角抹灰应用反贴八字尺的方法操作。

室外抹灰面积较大，罩面抹纹不易压光，尤其在阳光下观看，稍有些抹纹就很显眼，影响墙面外观效果，因此，室外抹水泥砂浆墙面宜做成毛面，不宜抹成光面。用木抹子搓抹毛面时，要做到轻重一致，先以圆圈形搓抹，然后上下抽拉，方向要一致，不然表面会出现色泽深浅不一、起毛纹等问题。

23. 阳台、雨篷、窗台等抹灰饰面在水平和垂直方向不一致的缺陷

原因分析：在结构施工中，现浇混凝土和构件安装偏差过大，抹灰不易纠正；抹灰前未拉水平和垂直通线；施工误差较大；等等。

防治措施：在结构施工中，现浇混凝土或构件安装都应在水平和垂直两个方向拉通线，找平找直，减少结构偏差。安窗框前应根据窗口间距找出各窗口的中心线和窗台的水平通线，认真按中心线和水平线立窗框。抹灰前应在阳台、阳台分户隔墙板、雨篷、柱垛、窗台等处，在水平和垂直方向拉通线找平找正，每步架贴灰饼，再进行抹灰。

24. 返碱

原因分析：赶工期（常见于冬春季），使用 Na_2SO_4、$CaCl_2$ 或以它们为主的复合产品作为早强剂，增加了水泥基材料的可溶性物质。材料自身内部存在一定量的碱是先决条件，产生的原因是水泥基材料属于多孔材料，内部存在大量尺寸不同的毛细孔，成为可溶性物质在水的带动下从内部迁移出表面的通道。水泥基材料在使用过程中受到雨水浸泡，当水分渗入其内部，将其内部可溶性物质带出来，在表面反应并沉淀。酸雨渗入基材内部，与基材中的碱性物质相结合并随着水分迁移到表面结晶，也会引起泛白。

防治措施：尽量使用低碱水泥和外加剂。优化配合比，增加水泥基材料密实度，减小毛细孔。使用返碱抑制剂。避免在干燥、刮风、低温环境条件下施工。硅酸盐水泥与高强硫铝酸盐水泥复合使用有一定防治效果。

思考与练习

一、判断题

1. 检验同一施工批次、同一配合比的散水、明沟、踏步、台阶、坡道的水泥砂浆强度试块，应按每 150 延长米不少于 1 组。（　　）

2. 当施工过程中进行砂浆试验时，砂浆取样方法应按相应的施工验收规范执行，并宜在现场搅拌点或预拌砂浆卸料点的至少 10 个不同部位及时取样。（　　）

3. 专供道路路面和机场道面用的道路水泥，在强度方面的显著特点是高抗折强度。（　　）

4. 不同品种的散装干混砂浆应分别储存在散装移动筒仓中，不得混存混用，并应对筒仓进行标识。（　　）

二、选择题

1. 出厂检验试样应在出料口随机采样，试样应混合均匀，试样不应少于实验用量的（　　）倍。

A. 4　　　　　　B. 6　　　　　　C. 8　　　　　　D. 10

2. 关于湿拌砂浆的储存说法错误的是（　　）。

A. 湿拌砂浆进场前应做好湿拌砂浆存放设施，存放设施应有防雨及遮阳措施

B. 湿拌砂浆存放期间，应采取措施对砂浆进行封闭处理，以免失水。如存放砂浆出现泌水现象，应在使用前拌合

C. 湿拌砂浆储存地点的环境温度宜为 5～35℃

D. 应在显著位置标明砂浆的种类、强度等级，并能够混用

3. 砂浆在建筑工程中主要起到（　　）的作用。

A. 黏结　　　　　　　B. 承重　　　　　　　C. 衬垫　　　　　　　D. 传递应力

4.《建设工程质量检测管理办法》规定，建设工程质量检测是指工程质量检测机构接受委托，依据国家有关法律、法规和工程建设强制性标准，对涉及结构安全项目的抽样检测和对进入施工现场的建筑材料、构配件的（　　）。

A. 委托检测　　　　B. 见证取样检测　　C. 监督检测　　　　D. 主体结构检测

5. 水泥砂浆地面施工不正确的做法是（　　）。

A. 基层处理应达到密实、平整、不积水、不起砂

B. 水泥砂浆铺设前，先涂刷水泥浆黏结层

C. 水泥砂浆初凝前完成抹面和压光

D. 地漏周围做出不小于 5% 的泛水坡度

项目 6 检测预拌砂浆的性能

项目简介

砂浆的性能一般包括工作性、稠度、流动度、体积密度、凝聚时间、保水性、吸水性、含气量、塑性开裂性能、干燥收缩性、抗压强度、抗折强度、黏结强度、柔韧性、抗冲击性能等。为了准确衡量以上性能，需要测定砂浆的稠度、表观密度、分层度、保水性、凝结时间、立方体抗压强度、拉伸黏结强度、抗冻性能、收缩性、含气量、吸水率、抗渗性、静力受压弹性模量。本项目主要是对砂浆的性能检测方法进行学习，学生能够根据标准制定合理的检测方案，掌握砂浆性能检测方法。通过任务的完成，能正确处理数据并填写原始记录、台账，能按照要求维护、保养所用的仪器并保持实验室卫生干净整洁。培养吃苦耐劳、不怕脏不怕累的精神；具备诚信素质，实事求是地填写原始记录、台账；具备安全生产意识，安全使用各种仪器设备。

任务 6.1 砂浆的稠度试验

微课
砂浆的稠度
检测

本任务主要将对砂浆稠度进行检测，用于确定砂浆的配合比或施工过程中控制砂浆的稠度。

【重点知识与关键能力】

重点知识：
- 掌握砂浆稠度工作性能参数。
- 掌握不同品种砂浆的稠度参数变化。

关键能力：
- 能够进行砂浆稠度的测定。
- 具备调整砂浆稠度的能力。

微课
砂浆的稠度
测定（工地）

任务描述

某企业生产的砂浆，需要把稠度控制在 80～100mm，现场工地取样后，测试砂浆稠度。如何规范检测砂浆的稠度？如果稠度不能满足要求，又如何调整稠度？

【任务要求】

- 进行砂浆试样的取样，测试砂浆稠度。
- 根据试验数据，调整砂浆稠度值。

【任务环境】

- 两人一组，根据工作任务进行合理分工。
- 每组测试两组数据，进行数据有效性判断、数据处理，整理试验报告。

📖 **相关知识**

6.1.1　砂浆稠度

砂浆稠度表示砂浆的稀稠程度，是反映砂浆工作性的参数之一。砂浆中加水太多就变稀，砂浆太稀则涂抹时易流淌；砂浆中加水太少就变稠，砂浆太稠则不易抹平。因此，针对不同种类、不同使用场合的预拌砂浆，通常调节其加水量来达到稠度适中的目的。砂浆稠度的测定使用砂浆稠度测定仪。

参照标准：《建筑砂浆基本性能试验方法标准》（JGJ/T 70—2009）和《预拌砂浆》（GB/T 25181—2019）。

6.1.2　任务准备，砂浆取样

（1）建筑砂浆试验用料应从同一盘砂浆或同一车砂浆中取样。取样量不应少于试验所需量的4倍。

（2）当施工过程中进行砂浆试验时，砂浆取样方法应按相应的施工验收规范执行，并宜在现场搅拌点或预拌砂浆装卸料点的至少3个不同部位及时取样。对于现场取得的试样，试验前应人工搅拌均匀。

（3）从取样完毕到开始进行各项性能试验，不宜超过15min。

6.1.3　试样的制备

（1）在实验室制备砂浆试样时，所用材料应提前24h运入室内。拌合时，实验室的温度应保持在（20±5）℃。当需要模拟施工条件下所用的砂浆时，所用原材料的温度宜与施工现场保持一致。

（2）试验所用原材料应与现场使用材料一致，砂应通过4.75mm筛。

（3）实验室拌制砂浆时，材料用量应以质量计。水泥、外加剂、掺合料等的称量精度应为±0.5%，细骨料的称量精度应为±1%。

（4）在实验室搅拌砂浆时应采用机械搅拌，搅拌机应符合《试验用砂浆搅拌机》（JG/T 3033—1996）中的规定，搅拌的用量宜为搅拌机容量的30%～70%，搅拌时间不应少于120s。掺有掺合料和外加剂的砂浆，其搅拌时间不应少于180s。

6.1.4　仪器设备

（1）砂浆稠度仪：应由试锥、盛浆容器和支座三部分组成。试锥应由钢材或铜材制成，试锥高度应为145mm，锥底直径应为75mm，试锥连同滑杆的质量应为（300±2）g；盛浆容器应由钢板制成，筒高应为180mm，锥底内径应为150mm；支座应包括底座、支架及刻度显示三个部分，应由铸铁、钢或其他金属制成（图6-1）。

（2）钢制捣棒：直径为 10mm，1 长度为 350mm，端部磨圆。

（3）秒表。

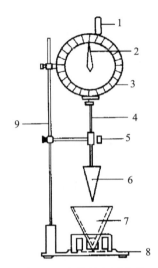

图 6-1　砂浆稠度测定仪

1—齿条测杆；2—指针；3—刻度盘；4—滑杆；5—制动螺丝；
6—试锥；7—盛浆容器；8—底座；9—支架

6.1.5　试验步骤

（1）应先采用少量润滑油轻擦滑杆，再将滑杆上多余的油用吸油纸擦净，使滑杆能自由滑动。

（2）应先采用湿布擦净盛浆容器和试锥表面，再将砂浆拌合物一次装入容器；砂浆表面宜低于容器口 10mm，用捣棒自容器中心向边缘均匀地插捣 25 次，然后轻轻地将容器摇动或敲击 5～6 下，使砂浆表面平整，然后将容器置于稠度测定仪的底座上。

（3）拧开制动螺丝，向下移动滑杆，当试锥尖端与砂浆表面刚接触时，应拧紧制动螺丝，使齿条测杆下端刚接触滑杆上端，并将指针对准零点。

（4）拧开制动螺丝，同时计时间，10s 时立即拧紧螺丝，将齿条测杆下端接触滑杆上端，从刻度盘上读出下沉深度（精确至 1mm），即为砂浆的稠度值。

（5）盛浆容器内的砂浆，只允许测定一次稠度，重复测定时，应重新取样测定。

6.1.6　数据处理

（1）同盘砂浆应取两次试验结果的算术平均值作为测定值，并应精确至 1mm。

（2）当两次试验值之差大于 10mm 时，应重新取样测定。

📖 **任务实施**

通过观看微课视频，制定试验方案。对试配的砂浆进行砂浆稠度测定，并记录试验数据。如果稠度不能满足要求，需要调整稠度，重新拌制砂浆。试验数据记录见表 6-1。

表 6-1　砂浆稠度试验记录表

试验次数	砂浆沉入度/cm		备注
	测定值	平均值	
1			
2			

试验者	记录者	校核者	日期

📖 **注意事项**

（1）试杆（或试锥）应表面光滑，试锥尖完整无损且无水泥浆或杂物充塞。

（2）锥模放在仪器底座固定位置时，试锥尖应对着容器的中心。

（3）砂浆拌好后用抹刀将附在锅壁的砂浆刮下，并人工拌合数次后再装模。

任务 6.2　砂浆的密度试验

本任务主要对砂浆的密度进行检测，用于确定每立方米砂浆拌合物中各组成材料的实际用量。

📄 微课
砂浆的密度测定

【重点知识与关键能力】

重点知识：

· 掌握砂浆密度工作性能参数。

· 掌握不同品种砂浆的密度参数变化。

关键能力：

· 能够进行砂浆密度的测定。

· 具备调整砂浆密度的能力。

📖 **任务描述**

📄 微课
砂浆的密度测定（工地

某企业生产的砂浆，需要把密度控制在不小于 $1900kg/m^3$，现场工地取样后，测试砂浆密度。如何规范检测砂浆的密度？如果密度不能满足要求，又如何调整？

【任务要求】

· 进行砂浆试样的取样，测试砂浆密度。

· 根据试验数据，调整砂浆密度值。

【任务环境】

· 两人一组，根据工作任务进行合理分工。

· 每组测试两组数据，进行数据有效性判断、数据处理，整理试验报告。

📖 **相关知识**

6.2.1 砂浆密度

砂浆密度是指单位体积内砂浆的质量，其单位是 kg/m³ 或 g/cm³，包括新拌砂浆体积密度和硬化砂浆体积密度两个方面。新拌砂浆体积密度是指加水拌合好的水泥砂浆浆体单位体积内的质量；硬化砂浆体积密度是指经过一定龄期养护水泥砂浆硬化干燥后其单位体积内的质量。表观密度则是指水泥砂浆质量与表观体积之比，表观体积是指材料排开水的体积（包括内部闭孔的体积），包括湿表观密度和干表观密度两个方面。湿表观密度是指新拌合好的水泥砂浆单位体积内的质量，等同于新拌砂浆的体积密度。干表观密度则是指水泥砂浆硬化 28d 后，再经过烘干干燥恒重后单位体积内的质量。

为了保证工程质量和使用安全，部分种类的预拌砂浆对体积密度性能指标也具有明确的要求。例如，混凝土空心小砌块用砌筑砂浆，其新拌体积密度要求不小于 1900kg/m³，而 EPS 粒子保温砂浆的湿表观密度则要求不大于 420kg/m³，干表观密度则控制在 180～250kg/m³。

检测参照标准：《建筑砂浆基本性能试验方法标准》（JGJ/T 70—2009）。

6.2.2 仪器设备

（1）容量筒：应由金属制成，内径应为 108mm，净高应为 109mm，筒壁厚应为 2～5mm，容积应为 1L。

（2）天平：称量应为 5kg，感量应为 5g。

（3）钢制捣棒：直径为 10mm，长度为 350mm，端部磨圆。

（4）砂浆密度测定仪（图 6-2）。

（5）振动台：振幅应为（0.5±0.05）mm，频率应为（50±3）Hz。

（6）秒表。

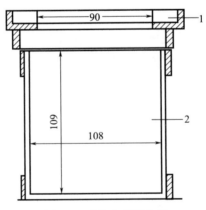

图 6-2　砂浆密度测定仪

1—漏斗；2—容量筒

6.2.3　试验步骤

（1）应按照本标准的规定测定砂浆拌合物的稠度。

（2）应先采用湿布擦净容量筒的内表面，再称量容量筒质量 m_1，精确至 5g。

（3）捣实可采用手工或机械方法。当砂浆稠度大于 50mm 时，宜采用人工插捣法；当砂浆稠度不大于 50mm 时，宜采用机械振动法。

采用人工插捣时，将砂浆拌合物一次装满容量筒，并稍有富余，用捣棒由边缘向中心均匀地插捣 25 次。当插捣过程中砂浆沉落到低于筒口时，应随时添加砂浆，再用锤子沿容器外壁敲击 5～6 下。

采用机械振动法时，将砂浆拌合物一次装满容量筒，连同漏斗在振动台上振 10s，当振动过程中砂浆沉入到低于筒口时，应随时添加砂浆。

（4）捣实或振动后，应将筒口多余的砂浆拌合物刮去，使砂浆表面平整，然后将容量筒外壁擦净，称出砂浆与容量筒总质量 m_2，精确至 5g。

6.2.4　数据处理

（1）砂浆的表观密度 ρ（以 kg/m³ 计）按式（6-1）计算：

$$\rho = \frac{m_2 - m_1}{V} \times 1000 \tag{6-1}$$

式中　ρ——砂浆拌合物的表观密度（kg/m³）；

m_1——容量筒质量（kg）；

m_2——容量筒及试样质量（kg）；

V——容量筒容积（L）。

（2）表观密度取两次试验结果的算术平均值作为测定值，精确至 10kg/m³。

注：容量筒的容积可按下列步骤进行校正：选择一块能覆盖住容量筒顶面的玻璃板，称出玻璃板和容量筒质量；向容量筒中灌入温度为（20±5）℃的饮用水，灌到接近上口时，一边不断加水，一边把玻璃板沿筒口徐徐推入盖严。玻璃板下不得存在气泡；擦净玻璃板面及筒壁外的水分，称量容量筒、水和玻璃板质量（精确至5g）。两次质量之差（以 kg 计）即为容量筒的容积（L）。

📖 **任务实施**

通过观看微课视频，制定试验方案。对试配的砂浆进行砂浆密度测定，并记录试验数据。如果密度不能满足要求，需要调整密度，重新拌制砂浆。试验数据记录如表 6-2 所示。

表 6-2　砂浆密度试验记录表

试验次数	砂浆密度/（kg/m³）		备注
	测定值	平均值	
1			
2			

试验者	记录者	校核者	日期

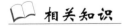

注意事项

（1）擦拭容量筒的湿抹布应拧干。

（2）砂浆拌合物应一次装满容量筒，并稍有富余；如插捣过程中砂浆沉落到低于筒口时，应随时添加砂浆。

（3）称量前应用湿抹布将容量筒外壁擦净。

任务 6.3　砂浆的保水率试验

本任务主要是对预拌砂浆的保水性能进行检测，用于确定预拌砂浆在运输及停放时内部组分稳定性能的指标。

【重点知识与关键能力】

重点知识：

·掌握预拌砂浆保水率的基本参数及试验方法。

·掌握不同用途砂浆的保水率参数要求。

关键能力：

·能够进行预拌砂浆的保水性试验及规范性操作。

·具备调整预拌砂浆保水率的能力。

任务描述

某企业生产的机喷抹灰砂浆，需要进行保水率的测定。如何进行测定？如果不符合要求，又如何调整砂浆保水率？

【任务要求】

·进行砂浆试样的取样，按照测试标准，检测砂浆的保水率。

·根据试验数据，判断砂浆保水率是否合格。

【任务环境】

·两人一组，根据工作任务进行合理分工。

·每组测试两组数据，进行数据有效性判断、数据处理，整理试验报告。

相关知识

6.3.1　砂浆保水性

砂浆保水性是指砂浆能保持水分的能力，也是衡量新拌砂浆在运输以及停放时内部组分稳定性能的指标。保水性不好的砂浆，在运输和存放过程中容易泌水离析，即水分浮在上面，砂和水泥沉在下面，使用前必须重新搅拌。在施工过程中，保水性不好的砂浆中的水分容易被墙体材料吸去，使砂浆过于干稠，涂抹不平，同时由于砂浆过多失水会影响砂浆的正常凝结硬化，降低了砂浆与基层的黏结力及砂浆本身的强度。

影响砂浆保水性的主要因素有：胶凝材料的种类及用量，掺加料的种类及用量，砂的质量及外加剂的种类和掺量等。当用高强度等级水泥拌制低强度等级砂浆时，由于水泥用量少，保水性较差，可掺入适量的粉煤灰、石灰膏等掺加料来改善。

砂浆保水性的检测参照《建筑砂浆基本性能试验方法标准》（JGJ/T 70—2009）和《预拌砂浆》（GB/T 25181—2019）。

微课
砂浆的
和易性

6.3.2 仪器设备

（1）金属或硬塑料圆环试模：内径应为 100mm，内部高度应为 25mm。

（2）可密封的取样容器：应清洁、干燥。

（3）2kg 的重物。

（4）金属滤网：网格尺寸 45μm，圆形，直径为（110±1）mm。

（5）超白滤纸：应采用《化学分析滤纸》（GB/T 1914—2017）规定的中速定性滤纸，直径应为 110mm，单位面积质量应为 200g/m^2。

（6）2 片金属或玻璃的方形或圆形不透水片，边长或直径应大于 110mm。

（7）天平：量程为 200g，感量应为 0.1g；量程为 2000g，感量应为 1g。

（8）烘箱。

6.3.3 试验步骤

（1）称量底部不透水片与干燥试模质量 m_1 和 15 片中速定性滤纸质量 m_2；

（2）将砂浆拌合物一次性装入试模，并用抹刀插捣数次，当装入的砂浆略高于试模边缘时，用抹刀以 45°角一次性将试模表面多余的砂浆刮去，然后用抹刀以较平的角度在试模表面反方向将砂浆刮平。

（3）抹掉试模边的砂浆，称量试模、底部不透水片与砂浆总质量 m_3。

（4）用金属滤网覆盖在砂浆表面，再在滤网表面放上 15 片滤纸，用上部不透水片盖在滤纸表面，以 2kg 的重物把上部不透水片压住。

（5）静置 2min 后移走重物及上部不透水片，取出滤纸（不包括滤网），迅速称量滤纸质量 m_4。

（6）按照砂浆的配比及加水量计算砂浆的含水率。当无法计算时，可按本标准的规定测定砂浆含水率。

6.3.4 数据处理

（1）砂浆保水率应按式（6-2）计算：

$$w = \left[1 - \frac{m_4 - m_2}{a \times (m_3 - m_1)} \right] \times 100 \tag{6-2}$$

式中　w——砂浆保水率（%）；

m_1——底部不透水片与干燥试模质量（g），精确至1g；

m_2——15片滤纸吸水前的质量（g），精确至0.1g；

m_3——试模、底部不透水片与砂浆总质量（g），精确至1g；

m_4——15片滤纸吸水后的质量（g），精确至0.1g；

α——砂浆含水率（%）。

取两次试验结果的算术平均值作为砂浆的保水率，精确至0.1%，且第二次试验应重新取样测定。当两个测定值之差超过2%时，此组试验结果应为无效。

（2）砂浆含水率的测定。测定砂浆含水率时，应称取（100±10）g砂浆拌合物试样，置于一干燥并已称重的盘中，在（105±5）℃的烘箱中烘干至恒重。砂浆含水率应按式（6-3）计算：

$$a = \frac{m_6 - m_5}{m_6} \times 100 \tag{6-3}$$

式中 α——砂浆含水率（%）；

m_5——烘干后砂浆样本的质量（g），精确至1g；

m_6——砂浆样本的总质量（g），精确至1g。

取两次试验结果的算术平均值作为砂浆的含水率，精确至0.1%。当两个测定值之差超过2%时，此组试验结果应为无效。

 **任务实施**

通过观看微课视频，制定试验方案。对试配的砂浆进行砂浆保水率测定，并记录试验数据。如果保水性不能满足要求，需要调整保水性，重新拌制砂浆。试验数据记录见表6-3。

表6-3 砂浆保水率试验记录表

序号	测试项目	单位	实测值	
			1	2
1	干燥试模重 m_1	g		
2	8片滤纸重 m_2	g		
3	试模与砂浆重 m_3	g		
4	吸水后滤纸重 m_4	g		
5	保水率	%		
6	保水率平均值	%		

试验者　　　　　　记录者　　　　　　校核者　　　　　　日期

注意事项

（1）砂浆拌合物应一次性装入试模，插捣应力度均匀。

（2）将试模表面多余的砂浆刮去时抹刀与表面成45°角来回锯割。

（3）称量前应用湿抹布将容量筒外壁擦净。

任务 6.4　砂浆保塑时间试验

本任务主要是对湿拌砂浆的稠度损失率进行检测。判断湿拌砂浆能否满足施工要求的时间，国标规格的保塑时间有 4h、6h、8h、12h、24h。

【重点知识与关键能力】

重点知识：

- 掌握湿拌砂浆保塑时间的基本参数及试验方法。
- 掌握不同用途湿拌砂浆的保塑时间参数要求。
- 关键能力：
- 能够进行湿拌砂浆的保塑时间试验及规范性操作。
- 具备调整湿拌砂浆保塑时间的能力。

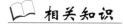 **任务描述**

某企业生产的湿拌砌筑砂浆，需要进行保塑时间的测定，如何进行测定？如果不符合要求，如何调整砂浆保塑时间？

【任务要求】

- 进行砂浆试样的取样，按照测试标准，检测湿拌砂浆的保塑时间。
- 根据试验数据，判断湿拌砂浆的保塑时间是否合格。

【任务环境】

- 两人一组，根据工作任务进行合理分工。
- 每组测试两组数据，进行数据有效性判断、数据处理，整理试验报告。

相关知识

微课
砂浆保塑时间测定

6.4.1　砂浆保塑时间

砂浆保塑时间是指预拌砂浆自加水搅拌后，在标准存放条件下密闭储存，至工作性能仍能满足施工要求的时间。根据不同系列砂浆的要求，国标规格的保塑时间有 4h、6h、8h、12h、24h。预拌砂浆保塑时间越长，对预拌砂浆的质量影响越大，其基本原理是抑制水泥的水化。在迎合工人的使用要求下，也要保证产品的质量及施工的质量。也就是说，保塑时间不能太长，否则就会引起严重的质量后果。

湿拌砂浆保塑时间的检测参照《建筑砂浆基本性能试验方法标准》（JGJ/T 70—2009）和《预拌砂浆》（GB/T 25181—2019）。

6.4.2 仪器设备

(1) 砂浆搅拌机：应符合《试验用砂浆搅拌机》（JG/T 3033—1996）的规定。

(2) 秤：称量 20kg，感量 20g。

(3) 容量筒：塑料桶或金属桶，带盖，容积不小于 12L。

6.4.3 试验步骤

(1) 标准试验条件：环境温度（20±5)℃。标准存放条件：环境温度（23±2)℃，相对湿度 50%～70%。称取不少于 10kg 的湿拌砂浆试样，立即按 JGJ/T 70 规定的方法测定砂浆的初始稠度。

(2) 将剩余砂浆拌合物装入用湿布擦过的容量筒内，盖上盖子，置于标准存放条件下。

(3) 到保塑时间时，将全部试样倒入砂浆搅拌机中，搅拌 60s，然后按 JGJ/T 70 规定的方法测定砂浆的稠度，同时成型一组抗压强度试件，抹灰砂浆还要成型一组拉伸黏结强度试件。

(4) 抗压强度和拉伸黏结强度试件的成型、养护和测试用符合 JGJ/T 70 的规定。

6.4.4 数据处理

1. 结果计算

稠度损失率应按式（6-4）计算：

$$\Delta S_t = \frac{S_0 - S_t}{S_0} \times 100 \qquad (6-4)$$

式中　ΔS_t——湿拌砂浆在保塑时间 t 时的稠度损失率，%，精确到 1%；

　　　S_0——湿拌砂浆初始稠度，单位为毫米（mm）；

　　　S_t——湿拌砂浆在保塑时间 t 时的稠度，单位为毫米（mm）。

2. 结果判定

当稠度损失率不大于 30%（湿拌机喷抹灰砂浆不大于 20%）、抗压强度和拉伸黏结强度符合国标相应要求时，判为合格。

📖 **任务实施**

通过观看微课视频，制定试验方案。对试配的湿拌砌筑砂浆进行砂浆保塑时间测定，并记录实验数据。试验数据记录见表 6-4。

表 6-4　砂浆保塑时间试验记录表

试验次数	湿拌砂浆稠度值/mm		稠度损失率 ΔS_t	抗压强度	拉伸强度
	湿拌砂浆初始稠度 S_0	湿拌砂浆在保塑时间 t 时的稠度 S_t			
1					
试验者	记录者		校核者		日期

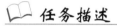 注意事项

（1）测试湿拌砂浆稠度一次性装样，不能重复多次装样。

（2）容量筒内部用湿抹布擦拭，并盖好盖子。

（3）第二次搅拌时间要严格控制在60s。

任务6.5 砂浆凝结时间试验

本任务主要是对干混砂浆凝结时间进行检测，测试砂浆的可操作时间。

【重点知识与关键能力】

重点知识：

· 掌握干混砂浆凝结时间的基本参数及试验方法。

· 掌握不同用途干混砂浆的凝结时间参数要求。

关键能力：

· 能够规范完成干混砂浆的凝结时间实验及规范性操作。

· 具备调整干混砂浆凝结时间的能力。

 微课

砂浆的凝结
时间测定

 任务描述

某企业生产的干混砂浆，需要进行凝结时间的测定，如何进行测定？如果不符合要求，又如何调整干混砂浆的凝结时间？

【任务要求】

· 进行砂浆试样的取样，按照测试标准，检测干混砂浆的凝结时间。

· 根据试验数据，判断干混砂浆的凝结时间是否合格。

【任务环境】

· 两人一组，根据工作任务进行合理分工。

· 每组测试两组数据，进行数据有效性判断、数据处理，整理试验报告。

 相关知识

6.5.1 砂浆凝结时间

砂浆凝结时间是指砂浆从加水拌合，到具有一定强度的时间间隔。可操作时间则是指预拌砂浆加水搅拌好后到仍能施工而不影响其性能的最长时间间隔。普通预拌砂浆，例如砌筑砂浆和抹灰砂浆，其凝结时间的测定常采用贯入阻力法。不同种类预拌砂浆对凝结时间（或可操作时间）的要求并不相同，其具体时间要求一般根据工程需要和使用特点而定。

砂浆凝结时间参照《建筑砂浆基本性能试验方法》（JGJ/T 70—2009）进行检测。

6.5.2 仪器设备

（1）砂浆凝结时间测定仪。其应由试针、盛浆容器、压力表和支座四部分组成，并应符合下列规定（图6-3）。

试针：应由不锈钢制成，截面面积应为30mm²。

盛浆容器：应由钢制成，内径应为140mm，高度应为75mm。

压力表：测量精度应为0.5N。

支座：应由铸铁或钢制成，应分底座、支架及操作杆三部分。

（2）定时钟。

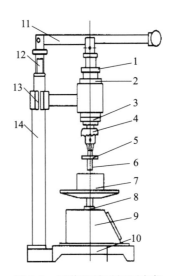

图6-3　砂浆凝结时间测定仪

1—调节螺母；2—调节螺母；3—调节螺母；4—夹头；5—垫片；6—试针；
7—盛浆容器；8—调节螺母；9—压力表座；10—底座；
11—操作杆；12—调节杆；13—立架；14—立柱

6.5.3 试验步骤

（1）将制备好的砂浆拌合物装入盛浆容器内，砂浆应低于容器上口10mm，轻轻敲击容器，并予以抹平，盖上盖子，放在（20±2）℃的试验条件下保存。

（2）砂浆表面的泌水不得清除，将容器放到压力表座上，然后通过下列步骤来调节测定仪。

① 调节螺母3，使贯入试针与砂浆表面接触。

② 拧开调节螺母2，再调节螺母1，以确定压入砂浆内部的深度为25mm后再拧紧螺母2。

③ 旋动调节螺母8，使压力表指针调到零位。

（3）测定贯入阻力值，用截面为30mm²的贯入试针与砂浆表面接触，在10s内缓慢而均匀地垂直压入砂浆内部 25mm 深，每次贯入时记录仪表读数 N_p，贯入杆离开容器边缘或已贯入部位应至少 12mm。

（4）在（20±2）℃的试验条件下，实际贯入阻力值应在成型后 2h 开始测定，并应每隔 30min 测定一次。当贯入阻力值达到 0.3MPa 时，应改为每 15min 测定一次，直至贯入阻力值达到 0.7MPa 为止。

6.5.4 数据处理

（1）砂浆贯入阻力值应按式（6-5）计算：

$$f_p = \frac{N_p}{A_p} \tag{6-5}$$

式中　f_p——贯入阻力值（MPa），精确至 0.01MPa；

N_p——贯入深度至 25mm 时的静压力（N）；

A_p——贯入试针的截面面积，即 30mm^2。

（2）凝结时间的确定可采用图示法或内插法，有争议时应以图示法为准。图示法为从加水搅拌开始计时，分别记录时间和相应的贯入阻力值，根据试验所得各阶段的贯入阻力与时间的关系绘图，由图求出贯入阻力值达到 0.5MPa 的所需时间 h（min），此时的 t_s 值即为砂浆的凝结时间测定值。

（3）测定砂浆凝结时间时，应在同盘内取两个试样，以两个试验结果的算术平均值作为该砂浆的凝结时间值，两次试验结果的误差不应大于 30min，否则应重新测定。

📖 **任务实施**

通过观看微课视频，制定试验方案。对试配的干混砂浆进行凝结时间的测定，并记录试验数据。试验数据记录见表 6-5。

表 6-5　砂浆凝结时间试验记录表

实验次数	砂浆凝结时间/h		备注
	测定值	平均值	
1			
2			

试验者	记录者	校核者	日期

📖 **注意事项**

（1）砂浆表面的泌水不得清除。

（2）贯入杆离开容器边缘或已贯入部位应至少 12mm。

（3）实际贯入阻力值应在成型后 2h 开始测定，并应每隔 30min 测定一次，当贯入阻力值达到 0.3MPa 时，应改为每 15min 测定一次，直至贯入阻力值达到 0.7MPa 为止。

任务 6.6   砂浆含气量试验

微课
砂浆含气量
测定

本任务主要是对预拌砂浆内含有的气体体积含量进行检测，评判对砂浆力学性能、耐久性能的影响。

【重点知识与关键能力】

重点知识：

· 掌握预拌砂浆含气量的基本参数及试验方法。

· 掌握不同品种砂浆的含气量的要求。

关键能力：

· 能够进行预拌砂浆的含气量试验及规范性操作。

· 具备评价砂浆含气量对砂浆的性能、耐久性能影响的能力。

任务描述

某企业生产的湿拌砂浆，需要进行砂浆含气量测定，如何进行测定及填写试验报告？

【任务要求】

· 进行砂浆试样的取样，按照测试标准，测定砂浆的含气量。

· 根据试验数据，优化配方调整，改变砂浆含气量。

【任务环境】

· 两人一组，根据工作任务进行合理分工。

· 每组测试两组数据，进行数据有效性判断、数据处理，整理试验报告。

相关知识

6.6.1   砂浆含气量

含气量是指单位体积的新拌水泥砂浆内含有的气体体积含量。新拌砂浆尤其是聚合物改性水泥砂浆中常会含有一定的气体。含气量对水泥砂浆施工性、需水量、保水性、体积密度，以及力学性能、耐久性能都有一定影响，是反映砂浆性能的重要指标之一。适量的含气量可以提高水泥砂浆的工作性和和易性，提高水泥砂浆的抗冻性、抗水渗性及一些其他性能。但含气量大时，水泥砂浆中大气泡增多，会导致水泥砂浆抗压强度、抗渗压力、黏结强度降低，并增大水泥砂浆的干燥收缩性。由于大多数种类的聚合物均会向水泥砂浆中引入一定量的气体，从而影响着水泥砂浆的各种性能。

砂浆含气量实验参照《建筑砂浆基本性能试验方法标准》（JGJ/T 70—2009）。

砂浆含气量的测定可采用仪器法和密度法。当发生争议时，应以仪器法的测定结果为准。

6.6.2　仪器设备

本方法可用于采用砂浆含气量测定仪（图 6-4）测定砂浆含气量。

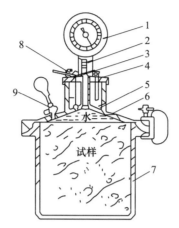
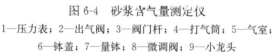

图 6-4　砂浆含气量测定仪

1—压力表；2—出气阀；3—阀门杆；4—打气筒；5—气室；

6—钵盖；7—量钵；8—微调阀；9—小龙头

6.6.3　试验步骤

（1）量钵应水平放置，并将搅拌好的砂浆分三次均匀地装入量钵内。每层应由内向外插捣 25 次，并应用木槌在周围敲数下。插捣上层时，捣棒应插入下层10～20mm；

（2）捣实后，应刮去多余砂浆，并用抹刀抹平表面，表面应平整、无气泡。

（3）盖上测定仪钵盖部分，卡扣应卡紧，不得漏气。

（4）打开两侧阀门，并松开上部微调阀，再用注水器通过注水阀门注水，直至水从排水阀流出。水从排水阀流出时，应立即关紧两侧阀门。

（5）应关紧所有阀门，并用气筒打气加压，再用微调阀调整指针为零。

（6）按下按钮，刻度盘读数稳定后读数。

（7）开启通气阀，压力仪示值回零。

（8）应重复本条的步骤（1）～（7），对容器内试样再测一次压力值。

6.6.4　数据处理

（1）当两次测值的绝对误差不大于 0.2% 时，应取两次试验结果的算术平均值作为砂浆的含气量；当两次测值的绝对误差大于 0.2%，该组试件结果无效。

（2）当所测含气量数值小于 5% 时，测试结果应精确到 0.1%。当所测含气量数值大于或等于 5% 时，测试结果应精确到 0.5%。

任务实施

通过观看微课视频，制定试验方案。对试配的湿拌砂浆进行砂浆含气量测定，并记录实验数据。试验数据记录见表6-6。

表6-6 砂浆含气量试验记录表

试验次数	砂浆含气量/%		备注
	测定值	平均值	
1			
2			

试验者	记录者	校核者	日期

注意事项

（1）测试砂浆需要分三层装样，并用锤子轻轻敲打数下。

（2）测试仪器需要卡紧，不得漏气。

（3）等刻度数据稳定后才能读数。

任务 6.7 砂浆立方体抗压强度试验

微课
砂浆立方体
抗压强度测
定成型

砂浆立方体
抗压强度测
定破型

本任务主要是对预拌砂浆的抗压强度进行检测，用于表征砂浆立方体抵抗压应力的能力。

【重点知识与关键能力】

重点知识：

·掌握预拌砂浆立方体抗压强度的基本参数及试验方法。

·掌握不同品种砂浆的抗压强度等级要求。

关键能力：

·能够进行预拌砂浆立方体抗压强度试验及规范性操作。

·具备评价砂浆抗压强度等级的能力。

任务描述

某企业生产的湿拌地面砂浆，强度等级为 M15，需要进行砂浆强度等级合格性评定，如何进行测定及填写实验报告？

【任务要求】

·湿拌地面砂浆的取样，成型砂浆立方体抗压试块，养护 28d 进行抗压强度试验。

·根据试验数据，评定强度等级是否合格。

【任务环境】

· 两人一组，根据工作任务进行合理分工。

· 每组测试三个数据，进行数据有效性判断、数据处理，整理试验报告。

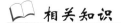 相关知识

6.7.1 砂浆抗压强度

砂浆抗压强度是指水泥砂浆表面抵抗压应力的能力，用水泥砂浆试块养护 28d 后的单位面积上能抵抗的最大压应力来表示，单位为 MPa。不同类型的水泥砂浆，其抗压强度性能指标要求也不相同。一般而言，砌筑砂浆、抹灰砂浆、地面砂浆以及保温砂浆等采用 70.7mm×70.7mm×70.7mm 的立方体试块来进行抗压强度测试。

砂浆立方体抗压强度的检测参照《建筑砂浆基本性能试验方法标准》(JGJ/T 70—2009)。

6.7.2 仪器设备

(1) 试模：应为 70.7mm×70.7mm×70.7mm 的带底试模，应符合现行行业标准《混凝土试模》(JG 237) 的规定，应具有足够的刚度并拆装方便。试模的内表面应机械加工，其不平度应为每 100mm 不超过 0.05mm，组装后各相邻面的不垂直度不应超过±0.5°。

(2) 钢制捣棒：直径为 10mm，长度为 350mm，端部磨圆。

(3) 压力试验机：精度应为 1%，试件破坏荷载应不小于压力机量程的 20%，且不应大于全量程的 80%。

(4) 垫板：试验机上、下压板及试件之间可垫以钢垫板，垫板的尺寸应大于试件的承压面，其不平度应为每 100mm 不超过 0.02mm。

(5) 振动台：空载中台面的垂直振幅应为 (0.5±0.05) mm，空载频率应为 (50±3) Hz，空载台面振幅均匀度不应大于 10%，一次试验应至少能固定 3 个试模。

6.7.3 试验步骤

(1) 应采用立方体试件，每组试件应为 3 个。

(2) 应采用黄油等密封材料涂抹试模的外接缝，试模内应涂刷薄层机油或隔离剂。应将拌制好的砂浆一次性装满砂浆试模，成型方法应根据稠度而确定。当稠度大于 50mm 时，宜采用人工插捣成型，当稠度不大于 50mm 时，宜采用振动台振实成型。

① 人工插捣：应采用捣棒均匀地由边缘向中心按螺旋方式插捣 25 次，插捣过程中当砂浆沉落低于试模口时，应随时添加砂浆，可用油灰刀插捣数次，并用手将试模一边抬高 5~10mm 各振动 5 次，砂浆应高出试模顶面 6~8mm。

② 机械振动：将砂浆一次装满试模，放置到振动台上，振动时试模不得跳动，振动 5～10s 或持续到表面泛浆为止，不得过振。

（3）应待表面水分稍干后，再将高出试模部分的砂浆沿试模顶面刮去并抹平。

（4）试件制作后应在温度为（20±5）℃的环境下静置（24±2）h，对试件进行编号、拆模。当气温较低时，或者凝结时间大于 24h 的砂浆，可适当延长时间，但不应超过 2d。试件拆模后应立即放入温度为（20±2）℃、相对湿度为 90% 以上的标准养护室中养护。养护期间，试件彼此间隔不得小于 10mm，混合砂浆、湿拌砂浆试件上面应覆盖，防止有水滴在试件上。

（5）从搅拌加水开始计时，标准养护龄期应为 28d，也可根据相关标准要求增加 7d 或 14d。

（6）试件从养护地点取出后应及时进行试验。试验前应将试件表面擦拭干净，测量尺寸，检查其外观，并应计算试件的承压面积。当实测尺寸与公称尺寸之差不超过 1mm 时，可按照公称尺寸进行计算。

（7）将试件安放在试验机的下压板或下垫板上，试件的承压面应与成型时的顶面垂直，试件中心应与试验机下压板或下垫板中心对准。开动试验机，当上压板与试件或上垫板接近时，调整球座，使接触面均衡受压。承压试验应连续而均匀地加荷，加荷速度应为 0.25～1.5kN/s；砂浆强度不大于 2.5MPa 时，宜取下限。当试件接近破坏而开始迅速变形时，停止调整试验机油门，直至试件破坏，然后记录破坏荷载。

6.7.4 数据处理

（1）砂浆立方体抗压强度应按式（6-6）计算：

$$f_{m,cu} = K \frac{N_u}{A} \tag{6-6}$$

式中 $f_{m,cu}$——砂浆立方体试件抗压强度（MPa），应精确至 0.1MPa；

       N_u——试件破坏荷载（N）；

       A——试件承压面积（mm²）；

       K——换算系数，取 1.35。

（2）应以三个试件测值的算术平均值作为该组试件的砂浆立方体抗压强度平均值，精确至 0.1MPa。

（3）当三个测值的最大值或最小值中有一个与中间值的差值超过中间值的 15% 时，应把最大值及最小值一并舍去，取中间值作为该组试件的抗压强度值。

（4）当两个测值与中间值的差值均超过中间值的 15% 时，该组试验结果应为无效。

📖 **任务实施**

通过观看微课视频，制定实验方案。对砂浆立方体试件进行抗压强度测定，并记录实验数据。实验数据记录见表 6-7。

表 6-7　砂浆立方体抗压强度实验记录表

实验次数	成型日期	破型日期	龄期/d	养护条件	试件尺寸/mm²	计算面积/mm²	破坏荷载/kN	抗压强度/MPa	
								单块	平均值

试验者　　　　　　　记录者　　　　　　　　校核者　　　　　　　日期

📖 注意事项

（1）黄油等密封材料涂抹试模的外接缝时应为一薄层，试模内也应涂刷薄层机油或隔离剂。

（2）抹平时抹刀应与试模边缘平齐，不能交叉。

（3）振实后抹平时应使砂浆高出试模表面 3～4mm，初凝时收光应使砂浆高出试模表面 1～2mm。

（4）加荷速度控制在加荷速度应为 0.25～1.5kN/s，并且要连续均匀加荷。

任务 6.8　砂浆拉伸黏结强度试验

本任务主要是对预拌砂浆的拉伸黏结强度进行检测，用于表征砂浆与其他材料黏结力的能力。

📄 **微课**

砂浆黏结强度试验

【重点知识与关键能力】

重点知识：

·掌握预拌砂浆拉伸黏结强度的基本参数及试验方法。

·掌握不同品种砂浆的拉伸黏结强度等级要求。

关键能力：

·能够进行预拌砂浆拉伸黏结强度实验及规范性操作。

·具备评价砂浆拉伸黏结强度等级的能力。

📖 任务描述

某企业生产的 M5 普通抹灰砂浆，拉伸黏结强度要求≥0.15MPa，需要进行砂浆拉伸黏结强度合格性评定，如何进行测定及填写实验报告？

【任务要求】

·普通抹灰砂浆取样，成型砂浆拉伸黏结强度试件，养护 14d 进行拉伸黏结强度试验。

·根据试验数据，评定拉伸黏结强度等级是否合格。

【任务环境】

· 两人一组，根据工作任务进行合理分工。

· 每组测试十个数据，进行数据有效性判断、数据处理，整理试验报告。

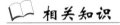 相关知识

6.8.1 砂浆拉伸黏结强度

预拌砂浆个体无法完成黏结强度的试验，砂浆必须与基层共同构成一个整体，才能完成黏结强度的试验。由于砂浆本身在构造上有一定的黏结力，它才能和基层保持有效的黏结，并长时间地黏结在一起。否则，预拌砂浆因各种形变引起的拉应力或剪应力作用，容易发生空鼓、开裂。

预拌砂浆拉伸黏结强度的检测参照《建筑砂浆基本性能试验方法标准》(JGJ/T 70—2009)。

6.8.2 仪器设备

(1) 拉力试验机：破坏荷载应在其量程的 20%～80% 范围内，精度应为 1%，最小示值应为 1N。

(2) 拉伸专用夹具（图 6-5、图 6-6）：应符合现行标准的规定。

(3) 成型框：外框尺寸应为 70mm×70mm，内框尺寸应为 40mm×40mm，厚度应为 6mm，材料应为硬聚氯乙烯或金属。

(4) 钢制垫板：外框尺寸应为 70mm×70mm，内框尺寸应为 43mm×43mm，厚度应为 3mm。

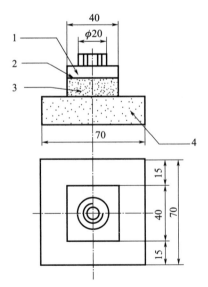

图 6-5　拉伸黏结强度用钢制上夹具

1—拉伸用钢制上夹具；2—胶黏剂；3—检验砂浆；4—水泥砂浆块

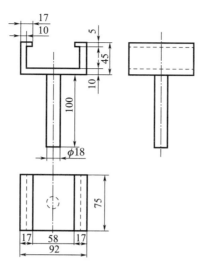

图 6-6 拉伸黏结强度用钢制下夹具（单位：mm）

6.8.3 试验步骤

1. 制作基底水泥砂浆块

基底水泥砂浆块的制备应符合下列规定：

① 原材料：水泥应采用符合现行国标规定的 42.5 级水泥；砂应采用符合《建筑用砂》（GB/T 14684—2022）中规定的中砂；水应采用符合《混凝土用水标准》（JGJ 63—2006）中规定的用水。

② 配合比：水泥∶砂∶水＝1∶3∶0.5（质量比）。

③ 成型：将制成的水泥砂浆倒入 70mm×70mm×20mm 的硬聚氯乙烯或金属模具中，振动成型或用抹灰刀均匀插捣 15 次，人工颠实 5 次，转 90°，再颠实 5 次，然后用刮刀以 45°方向抹平砂浆表面；试模内壁事先宜涂刷水性隔离剂，待干、备用。

④ 应在成型 24h 后脱模，并放入（20±2）℃水中养护 6d，再在试验条件下放置 21d 以上。试验前，应用 200 号砂纸或磨石将水泥砂浆试件的成型面磨平，备用。

2. 制备砂浆料浆

砂浆料浆的制备应符合下列规定：

（1）干粉砂浆料浆的制备。

① 待检样品应在试验条件下放置 24h 以上。

② 应称取不少于 10kg 的待检样品，并按产品制造商提供比例进行水的称量。当产品制造商提供比例是一个值域范围时，应采用平均值。

③ 应先将待检样品放入砂浆搅拌机中，再启动机器，然后徐徐加入规定量的水，搅拌 3～5min。搅拌好的料应在 2h 内用完。

（2）现拌砂浆料浆的制备。

① 待检样品应在试验条件下放置 24h 以上。

② 应按设计要求的配合比进行物料的称量，且干物料总量不得少于 10kg。

③ 应先将称好的物料放入砂浆搅拌机中，再启动机器，然后徐徐加入规定量的

水，搅拌 3~5min。搅拌好的料应在 2h 内用完。

3. 制备拉伸黏结强度试件

拉伸黏结强度试件的制备应符合下列规定：

① 将制备好的基底水泥砂浆块在水中浸泡 24h，并提前 5~10min 取出，用湿布擦拭其表面。

② 将成型框放在基底水泥砂浆块的成型面上，再将按照本标准规定制备好的砂浆料浆或直接从现场取来的砂浆试样倒入成型框中，用抹灰刀均匀插捣 15 次，人工颠实 5 次，转 90°，再颠实 5 次，然后用刮刀以 45°方向抹平砂浆表面，24h 内脱模，在温度（20±2）℃、相对湿度 60%~80% 的环境中养护至规定龄期。

③ 每组砂浆试样应制备 10 个试件。

4. 拉伸黏结强度试验

拉伸黏结强度试验应符合下列规定：

① 应先将试件在标准试验条件下养护 13d，再在试件表面以及上夹具表面涂上环氧树脂等高强度胶黏剂，然后将上夹具对正位置放在胶黏剂上，并确保上夹具不歪斜，除去周围溢出的胶黏剂，继续养护 24h。

② 测定拉伸黏结强度时，应先将钢制垫板套入基底砂浆块上，再将拉伸黏结强度夹具安装到试验机上，然后将试件置于拉伸夹具中，夹具与试验机的连接宜采用球铰活动连接，以（5±1）mm/min 速度加荷至试件破坏。

③ 当破坏形式为拉伸夹具与胶黏剂破坏时，试验结果应无效。

注：对于有特殊条件要求的拉伸黏结强度，应先按照特殊要求条件处理后，再进行试验。

6.8.4 数据处理

（1）拉伸黏结强度应按式（6-7）计算：

$$f_{at} = \frac{F}{A_z} \qquad (6\text{-}7)$$

式中 f_{at}——砂浆拉伸黏结强度（MPa）；

F——试件破坏时的荷载（N）；

A_z——黏结面积（mm^2）。

（2）应以 10 个试件测值的算术平均值作为拉伸黏结强度的试验结果。

（3）当单个试件的强度值与平均值之差大于 20% 时，应逐次舍弃偏差最大的试验值，直至各试验值与平均值之差不超过 20%。当 10 个试件中有效数据不少于 6 个时，取有效数据的平均值为试验结果，结果精确至 0.01MPa。

（4）当 10 个试件中有效数据不足 6 个时，此组试验结果应为无效，并应重新制备试件进行试验。

📖 **任务实施**

通过观看微课视频，制定试验方案。对砂浆立方体试件进行拉伸黏结强度测定，并记录试验数据。试验数据记录如表 6-8 所示。

表 6-8 砂浆拉伸黏结强度试验记录表

成型日期	检测日期	龄期/d	试件编号	试件面积 /mm²	极限荷载 /kN	拉伸强度/MPa	
						单块	平均值
			1				
			2				
			3				
			4				
			5				
			6				
			7				
			8				
			9				
			10				

试验者　　　　　　记录者　　　　　　校核者　　　　　　日期

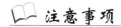 注意事项

（1）基底水泥砂浆块须在水中浸泡 24h，取出后用湿抹布擦拭。

（2）现场拌制砂浆时应先加待检样，后加水。

（3）数据处理过程中舍弃偏差大于 20％时，应逐次舍弃，不能一次性把大于 20％的试验值都舍弃。

任务 6.9　砂浆抗渗性能实验

本任务主要是对预拌砂浆的抗渗性能进行检测，用于表征砂浆硬化后耐水流穿过的能力。

【重点知识与关键能力】

重点知识：

· 掌握预拌砂浆抗渗性的基本参数及实验方法。

· 掌握不同品种砂浆的抗渗性能等级要求。

关键能力：

· 能够进行预拌砂浆的抗渗性实验及规范性操作。

· 具备评价砂浆抗渗等级的能力。

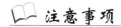 任务描述

某企业生产的湿拌砂浆，需要进行砂浆抗渗等级评定，如何进行测定及填写实验报告？

微课
砂浆抗渗性
能试验

【任务要求】

- 进行砂浆试样的取样，成型砂浆抗渗试块，硬化后测试砂浆的抗渗性能。
- 根据实验数据，给出砂浆抗渗等级。

【任务环境】

- 两人一组，根据工作任务进行合理分工。
- 每组测试两组数据，进行数据有效性判断、数据处理，整理实验报告。

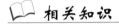 相关知识

6.9.1 砂浆抗渗性

砂浆抗渗性是表征预拌砂浆尤其是具有防水要求特种预拌砂浆性能的一个重要指标。只有保证较高的抗渗性能，砂浆才能起到防水、防漏、防潮和保护建筑物与构筑物等不受水侵蚀破坏的作用。砂浆抗渗性能测试一般是通过水渗压力方法进行的，用预拌砂浆能抵抗最大水渗压力值来表示，有 P6、P8、P10 三个抗渗等级，不同的预拌砂浆对抗渗性能具有不同的要求。

砂浆抗渗性能的检测参照《建筑砂浆基本性能试验方法标准》（JGJ/T 70—2009）。

6.9.2 仪器设备

（1）金属试模：应采用截头圆锥形带底金属试模，上口直径应为 70mm，下口直径应为 80mm，高度应为 30mm。

（2）砂浆渗透仪。

6.9.3 试验步骤

（1）应将拌合好的砂浆一次装入试模中，并用抹灰刀均匀插捣 15 次，再颠实 5 次，当填充砂浆略高于试模边缘时，应用抹刀以 45°角一次性将试模表面多余的砂浆刮去，然后用抹刀以较平的角度在试模表面反方向将砂浆刮平，应成型 6 个试件。

（2）试件成型后，应在室温（20±5）℃的环境下，静置（24±2）h 后再脱模。试件脱模后，应放入温度（20±2）℃、湿度 90% 以上的养护室养护至规定龄期。试件取出待表面干燥后，应采用密封材料密封装入砂浆渗透仪中进行抗渗试验。

（3）抗渗试验时，应从 0.2MPa 开始加压，恒压 2h 后增至 0.3MPa，以后每隔 1h 增加 0.1MPa。当 6 个试件中有 3 个试件表面出现渗水现象时，应停止试验，记下当时水压。在试验过程中，当发现水从试件周边渗出时，应停止试验，重新密封后再继续试验。

6.9.4　数据处理

砂浆抗渗压力值应以每组 6 个试件中 4 个试件未出现渗水时的最大压力计，并应按式（6-8）计算：

$$P = H - 0.1 \qquad (6-8)$$

式中　P——砂浆抗渗压力值（MPa），精确至 0.1MPa；

　　　H——6 个试件中 3 个试件出现渗水时的水压力（MPa）。

📖 任务实施

通过观看微课视频，制定试验方案。对试配的砂浆进行砂浆抗渗性能测定，并记录试验数据。试验数据记录如表 6-9 所示。

表 6-9　砂浆抗渗性能试验记录表

试验时间	水 压 H/MPa	试 件 渗 水 情 况 记 录					
		1#	2#	3#	4#	5#	6#
	0.2						
	0.3						
	0.4						
	0.5						
	0.6						
	0.7						
	0.8						
	0.9						
	1.0						
	1.1						
	1.2						
	1.3						
	1.4						
结束试验时的最高水压力 H/MPa				实测砂浆 抗渗等级			

试验者　　　　　　记录者　　　　　　校核者　　　　　　日期

📖 注意事项

（1）抗渗试块成型时，试模要清理干净。

（2）进行抗渗实验时，要做好抗渗仪器的检查及前期准备工作。

（3）进行抗渗实验时，试块的密封处理要仔细，确保边缘不渗水。

任务 6.10　砂浆收缩性能试验

微课
砂浆的收缩
性能试验

本任务主要是对预拌砂浆的收缩性能进行检测，用于表征砂浆抵抗其体积变形的能力。

【重点知识与关键能力】

重点知识：

·掌握预拌砂浆收缩性能的基本参数及实验方法。

·掌握不同品种砂浆的收缩率参数要求。

关键能力：

·能够进行预拌砂浆的收缩性实验及规范性操作。

·具备评价砂浆收缩率是否合格的能力。

📖 任务描述

某企业生产的湿拌抹灰砂浆，需要进行砂浆收缩率的测定，如何进行测定及填写实验报告?

【任务要求】

·进行砂浆试样的取样，成型砂浆收缩率检测试块，硬化后测试砂浆的收缩率。

·根据试验数据，算出砂浆收缩率。

【任务环境】

·两人一组，根据工作任务进行合理分工。

·每组测试两组数据，进行数据有效性判断、数据处理，整理试验报告。

📖 相关知识

6.10.1　砂浆收缩性

砂浆收缩性是指预拌砂浆加水拌合好及硬化阶段，抵抗其体积变形的能力。预拌砂浆的收缩一般可以分为硬化前的塑性收缩和硬化后的干燥收缩两个阶段。

1. 塑性收缩性

水泥砂浆塑性收缩一般是指水泥砂浆在浇注成型后，由于水与水泥颗粒的亲润性，水分蒸发时水泥砂浆面层毛细管中形成凹液面，其凹液面上表面张力的垂直分量形成了对管壁间材料的拉应力，此时水泥砂浆处于塑性阶段，其自身的塑性抗拉强度较低，若其表面层毛细管失水收缩产生的拉应力 $\sigma_{毛细管}$ 与水泥砂浆塑性抗拉强度 $f_{塑}$ 满足式（6-9）：

$$\sigma_{毛细管} > f_{塑} \tag{6-9}$$

则水泥砂浆表面层将会出现开裂的现象。

2. 干燥收缩性

干燥收缩性则是指预拌砂浆硬化干燥后，由于失水、化学反应引起的预拌砂浆体积的变化。它是用来评价水泥砂浆在工程应用过程中其体积稳定性的重要指标，一般用 28d 收缩率来表示。

预拌砂浆收缩率的检测参照《建筑砂浆基本性能试验方法标准》（JGJ/T 70—2009）进行。

6.10.2　仪器设备

（1）立式砂浆收缩仪：标准杆长度应为（176±1）mm，测量精确度应为 0.01mm（图 6-7）。

（2）收缩头：应由黄铜或不锈钢加工而成（图 6-8）。

（3）试模：应采用 40mm×40mm×160mm 棱柱体，且在试模的两个端面中心，应各开一个 6.5mm 的孔洞。

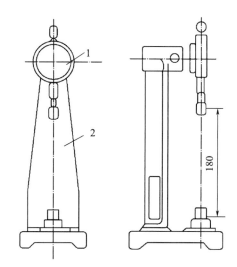

图 6-7　收缩仪（单位：mm）

1—千分表；2—支架

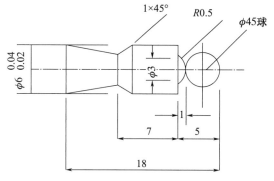

图 6-8　收缩头（单位：mm）

6.10.3 试验步骤

（1）应将收缩头固定在试模两端面的孔洞中，收缩头应露出试件端面（8±1）mm。

（2）应将拌合好的砂浆装入试模中，再用水泥胶砂振动台振动密实，然后置于（20±5）℃的室内，4h之后将砂浆表面抹平。砂浆带模在标准养护条件〔温度为（20±2）℃，相对湿度为90％以上〕下养护7d后，方可拆模，并编号、标明测试方向。

（3）将试件移入温度（20±2）℃、相对湿度60％±5％的实验室中预置4h，方可按标明的测试方向立即测定试件的初始长度，测定前，应先采用标准杆调整收缩仪的百分表的原点。

（4）测定初始长度后，应将砂浆试件置于温度（20±2）℃、相对湿度为60％±5％的室内，然后第7d、14d、21d、28d、56d、90d分别测定试件的长度，即为自然干燥后长度。

6.10.4 数据处理

（1）砂浆自然干燥收缩值应按式（6-10）计算：

$$\varepsilon_{at}=\frac{L_0-L_t}{L-L_d} \tag{6-10}$$

式中　ε_{at}——相应为 t 天（7d、14d、21d、28d、56d、90d）时的砂浆试件自然干燥收缩值；

L_0——试件成型后7d的长度即初始长度（mm）；

L——试件的长度160mm；

L_d——两个收缩头埋入砂浆中长度之和，即（20±2）mm；

L_t——相应为 t 天（7d、14d、21d、28d、56d、90d）时试件的实测长度（mm）。

（2）应取三个试件实测值的算术平均值作为干燥收缩值。当一个值与平均值偏差大于20％时，应剔除；当有两个值超过20％时，该组试件结果应无效。

（3）每块试件的干燥收缩值应取二位有效数字，并精确至 10×10^{-6}。

📖 **任务实施**

通过观看微课视频，制定试验方案。成型砂浆试件，养护到规定龄期，对砂浆试件进行收缩率测定，并记录试验数据。试验数据记录见表6-10。

表6-10　砂浆收缩性试验记录表

龄期/d	试件编号	试件长度 L/mm	7d初始长度 L_0/mm	实测长度 L_t/mm	两收缩头埋入砂浆长度和 L_d/mm	收缩值	
						单值	平均值

续表

龄期 /d	试件编号	试件长度 L/mm	7d 初始长度 L_0/mm	实测长度 L_t/mm	两收缩头埋入砂浆长度和 L_d/mm	收缩值	
						单值	平均值

试验者　　　　　　　记录者　　　　　　　校核者　　　　　　日期

 注意事项

（1）收缩头应露出试件端面（8±1）mm，不能过长也不能过短。

（2）测定试件的初始长度应按标明的测试方向测试。

任务 6.11　砂浆抗冻性能试验

本任务主要是对预拌砂浆的抗冻性能进行检测，用于表征砂浆抵抗冻融破坏的能力。

【重点知识与关键能力】

重点知识：

·掌握预拌砂浆抗冻性能的基本参数及试验方法。

·掌握不同品种砂浆的抗冻性能参数要求。

关键能力：

·能够进行预拌砂浆的抗冻性试验及规范性操作。

·具备评价砂浆抗冻性是否合格的能力。

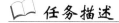 任务描述

某企业生产的干混抹灰砂浆，需要进行砂浆抗冻性的测定，如何进行测定及填写试验报告？

 微课

砂浆抗冻性能试验

【任务要求】

·进行砂浆试样的取样，成型砂浆立方体抗压试块，硬化后测试砂浆的质量损失和强度。

·根据试验数据，判断抗冻性能是否合格。

【任务环境】

·两人一组，根据工作任务进行合理分工。

·每组测试两组数据，进行数据有效性判断、数据处理，整理试验报告。

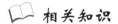 相关知识

6.11.1　砂浆抗冻性

砂浆抗冻性是反映其耐久性的重要指标之一，是指砂浆处于水溶液冻融循环作用的过程中，抵抗冻融破坏的能力。砂浆遭受到的冻融循环破坏主要由两部分组成：一是其中的毛细孔在负温下发生物态变化，由水转化成冰，体积膨胀 9%，因受毛细孔壁约束形成膨胀压力，从而在孔周围的微观结构中产生拉应力；二是当毛细孔水结成冰时，由凝胶孔中过冷水在水泥基材料微观结构中的迁移和重分布引起的渗透压。由于表面张力的作用，毛细孔隙中水的冰点随着孔径的减小而降低；凝胶孔水形成冰核的温度在 $-7℃$ 以下，因而由冰与过冷水的饱和蒸汽压差和过冷水之间的盐分浓度差引起水分迁移而形成渗透压力。另外，凝胶不断增加，形成更大膨胀压力，当砂浆受冻时，这两种压力会损伤其内部微观结构，经过反复多次的冻融循环以后，损伤逐步积累、不断扩大，发展成相互连通的裂缝，使其强度逐步降低，最后甚至完全丧失。所以，饱水状态是砂浆发生冻融破坏的必要条件之一，另一个必要条件是外界气温正负变化。这两个必要条件，决定了冻融破坏是从水泥基材料表面开始的层层剥蚀破坏。

砂浆抗冻性能的检测参照《建筑砂浆基本性能试验方法标准》（JGJ/T 70—2009）进行。

6.11.2　仪器设备

（1）冷冻箱（室）：装入试件后，箱（室）内的温度应能保持在 $-20\sim-15℃$。

（2）篮筐：应采用钢筋焊成，其尺寸应与所装试件的尺寸相适应。

（3）天平或案秤：称量应为 2kg，感量应为 1g。

（4）溶解水槽：装入试件后，水温应能保持在 $15\sim20℃$。

（5）压力试验机：精度应为 1%，量程应不小于压力机量程的 20%，且不应大于全量程的 80%。

6.11.3　试验步骤

（1）砂浆抗冻试件的制作及养护应按下列要求进行：

① 砂浆抗冻试件应采用 70.7mm×70.7mm×70.7mm 的立方体试件，并应制备两组，每组 3 块，分别作为抗冻和与抗冻试件同龄期的对比抗压强度检验试件。

② 砂浆试件的制作与养护方法应符合本标准中立方体抗压强度试验的规定。

（2）砂浆抗冻性能试验应符合下列规定：

① 当无特殊要求时，试件应在 28d 龄期进行冻融试验。试验前两天，应把冻融试件和对比试件从养护室取出，进行外观检查并记录其原始状况，随后放入 15～20℃的水中浸泡，浸泡的水面应至少高出试件顶面 20mm。冻融试件应在浸泡两天后取出，并用拧干的湿毛巾轻轻擦去表面水分，然后对冻融试件进行编号，称其质量，然后置入篮筐进行冻融试验。对比试件则放回标准养护室中继续养护，直到完成冻融循环后，与冻融试件同时试压。

② 冻或融时，篮筐与容器底面或地面应架高 20mm，篮筐内各试件之间应至少保持 50mm 的间隙。

③ 冷冻箱（室）内的温度均应以其中心温度为准。试件冻结温度应控制在 −20～−15℃。当冷冻箱（室）内温度低于 −15℃时，试件方可放入。当试件放入之后，温度高于 −15℃时，应以温度重新降至 −15℃时计算试件的冻结时间。从装完试件至温度重新降至 −15℃的时间不应超过 2h。

④ 每次冻结时间应为 4h，冻结完成后应立即取出试件，并应立即放入能使水温保持在 15～20℃水槽中进行融化。槽中水面应至少高出试件表面 20mm，试件在水中融化的时间不应小于 4h。融化完毕即为一次冻融循环。取出试件，并应用拧干的湿毛巾轻轻擦去表面水分，送入冷冻箱（室）进行下一次循环试验，依此连续进行直至设计规定次数或试件破坏为止。

⑤ 每五次循环，应进行一次外观检查，并记录试件的破坏情况；当该组试件中有 2 块出现明显分层、裂开、贯通缝等破坏时，该组试件的抗冻性能试验应终止。

⑥ 冻融试验结束后，将冻融试件从水槽取出，用拧干的湿布轻轻擦去试件表面水分，然后称其质量。对比试件应提前两天浸水。

⑦ 应将冻融试件与对比试件同时进行抗压强度试验。

6.11.4 数据处理

（1）砂浆试件冻融后的强度损失率应按式（6-11）计算：

$$\Delta f_{m} = \frac{f_{m1} - f_{m2}}{f_{m1}} \times 100 \tag{6-11}$$

式中　Δf_{m}——n 次冻融循环后砂浆试件的砂浆强度损失率（％），精确至 1％；

　　　f_{m1}——对比试件的抗压强度平均值（MPa）；

　　　f_{m2}——经 n 次冻融循环后的 3 块试件抗压强度的算术平均值（MPa）。

（2）砂浆试件冻融后的质量损失率应按式（6-12）计算：

$$\Delta m_{m} = \frac{m_{0} - m_{n}}{m_{0}} \times 100 \tag{6-12}$$

式中　Δm_{m}——n 次冻融循环后砂浆试件的质量损失率，以 3 块试件的算术平均值计算（％），精确至 1％；

m_0——冻融循环试验前的试件质量（g）；

m_n——n 次冻融循环后的试件质量（g）。

（3）当冻融试件的抗压强度损失率不大于 25%，且质量损失率不大于 5% 时，则该组砂浆试块在相应标准要求的冻融循环次数下，抗冻性能可判为合格，否则应判为不合格。

📖 **任务实施**

通过观看微课视频，制定试验方案。成型砂浆试件，养护到规定龄期，对砂浆试件进行抗冻性测定，并记录试验数据。试验数据记录见表 6-11。

表 6-11 砂浆抗冻性试验记录表

设计强度等级/MPa	鉴定 28d 强度试件			冻融试件						对比试件				质量损失率/%	强度损失率/%
	荷载/kN	强度/MPa	强度代表值/MPa	试件编号	冻融前		冻融后质量/g	冻融后 [（105±5）℃烘干]			试件编号	强度		外观状况		
					质量/g	外观状况		强度		外观状况		荷载/kN	强度/MPa			
								荷载/kN	强度/MPa							
				1							1					
				2							2					
				3							3					
				4							4					
				5							5					
				6							6					
				平均值												
检测环境	环境温度		养护温度	冻结温度		融化温度		冻融循环次数		每次循环时间/h		检测依据				
												检测设备				

试验者　　　　　　记录者　　　　　　校核者　　　　　　日期

📖 **注意事项**

（1）浸泡试件的水温控制在 15～20℃，水面应至少高出试件顶面 20mm。

（2）试件在水中融化的时间不应小于 4h，需要充分融化。

（3）当试件出现明显分层、裂开、贯通缝等破坏时，抗冻性能试验必须马上终止。

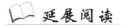

任务6.12 实验室管理相关文件

1.实验室主任岗位责任制

（1）坚决贯彻执行国家有关建筑工程质量监督和检测的规定，遵守有关法律、法令和法规。接受上级主管部门的领导，对试验业务的行政管理工作全面负责。

（2）全体人员认真努力学习国家法律、政策和业务技术知识，抓好思想工作，不断提高业务技术水平。

（3）建立以上级主管部门为领导的预拌砂浆检测的指挥系统，确定合理、符合实际、运转正常的组织机构，协调实验室的各项工作。

（4）组织有关人员健全各项规章制度，定期检查执行情况，保证检测工作的独立性，不受外界的影响和干预，确保检测工作的公正性。

（5）负责组织、协调试验工作，主持制定年度试验计划，总结计划执行情况，定期向上级主管部门汇报工作。

（6）参加企业组织的工程质量检查及有关质量事故的分析和处理工作，检查监督试验人员的操作技术执行情况，发现问题及时纠正，保证试验数据的准确性。

（7）负责对全体人员的定级、晋级及技术考评。对人员调配有建议权。

（8）主持有关新材料、新工艺、新技术的试验研究工作，编制试验方案后报有关领导审批后再组织实施。

（9）审核、解释试验结果，签发试验报告，设备器具的更新、改造、报废，报请有关部门领导审批后实施。

（10）负责实验室人员的技术培训、定级及技术考评。

（11）如遇特殊情况，可授权技术负责人行使其职能。

2.实验室人员岗位责任制

（1）遵守国家有关政策、法令，遵守各项规章制度。

（2）具备高尚的职业道德，实事求是，坚持原则，严禁营私舞弊、伪造数据。

（3）认真做好检验前的准备工作：

① 检验样品，正确分样；

② 校对仪器、设备量值，检查仪器、设备是否正常。

（4）严格按照受检产品的技术标准、检验操作过程及有关规定进行检验。

（5）做好检验原始记录：

① 严格按技术要求逐项做好记录；

② 严格按标准要求正确处理检测数据，不得擅自取舍。

（6）出具检验报告单，对检测数据的正确性负责，按规定及时送审。

（7）坚持为生产服务的原则，提高工作效率，及时提供工程材料试验报告，严格把好工程质量关。

（8）爱护试验仪器和设备，做到操作精心、事前检查、事后保养。

（9）认真钻研业务，努力学习新标准、新技术，提高检测水平。

（10）严格执行《档案管理制度》。

3. 试验员岗位职责

（1）负责对公司进来的水泥、砂、石、外掺料及外加剂的物理检测和复验工作并及时提供检测报告，原始记录不得随意更改，要保证它的原始性。

（2）及时掌握各种原材料特别是水泥的耗用情况，严禁不同品种、等级的水泥混用或混装。

（3）要积极参与配合比设计与试验，出具的配合比通知单经实验室主任签字后下发至搅拌楼以备生产。

（4）在生产过程中，当班试验员应能根据原材料质量的变化及现场的要求及时调整配合比，确保生产能顺利进行，遇突发事件，应立即通知部门领导。

（5）负责原材料和产品的取样、试拌、配制、养护、保管。

（6）统计分析现场施工砂浆的强度以及原材料情况，向主管领导提出建议和措施。

4. 仪器设备管理与运行

实验室建立和保存对检测有重要影响的每一台设备及其软件的记录，以一机一档的方式建立档案，并实施动态管理。设备档案资料随设备流转。档案记录资料至少应包括以下信息：

（1）设备及其软件的识别；

（2）制造商名称、型式标识、系列号或其他唯一性标识；

（3）核查设备是否符合规范；

（4）当前位置（适用时）；

（5）制造商的说明书（如果有），或指明其地点；

（6）检定、校准报告或证书的日期、结果及复印件，设备调整、验收准则和下次校准的预定日期；

（7）设备维护计划，以及已进行的维护记录（适用时）；

（8）设备的任何损坏、故障或修理。

实验室对所有设备及其软件进行统一编号，实施唯一性标识管理。对所有需检定或校准的设备进的检定或校准结果进行确认，张贴标识表明其所处状态，标识分为"合格""准用"和"停用"三种，通常以"绿""黄""红"三种颜色表示。对有效期的设备应标明其有效期，以便使用人员易于识别检定、校准的状态或有效期。

实验室各专业室应明确规定重要的、关键的仪器设备、操作技术复杂的大型仪器设备应由经过授权的操作人员操作并做好保护维护措施，操作者应经过相关的培训考核，持证上岗。

对脱离实验室直接控制之外的现场使用的仪器设备，对领用和归还应实施有效的管理控制和核查，确保其在使用期间及归还后功能正常。

5. 计量器具的检定和仪器设备的校准制度

（1）计量器具和仪器设备必须按规定的检定周期送法定计量机构或持证自校，

检定合格后方可使用，超过周期的计量器具应停止使用。

（2）新购置或损坏修复后的仪器设备必须先经过检定、校准，达到规定精度后，方能投入使用。

（3）对于非标准专用仪器设备应由技术人员提出检定方法，报计量部门认可后，进行检定，检定合格后方可投入使用。

（4）对检定不合格的计量仪器、设备应及时修理或按计量检定部门的意见降低精度级别使用，严重不合格者，应予报废。

（5）所有计量仪器的检定、校准报告应归入设备档案。

（6）所有仪器设备要根据计量检定结果在明显位置上贴上合格证、准用证、停用证等标志。

（7）设备管理人员应提前一个月提出计量仪器设备周检计划，经部门领导同意后通知法定的计量部门来人检定或送检。

6. 原始记录填写、保管、复核制度

（1）检测人员应按规定的格式认真填写原始记录，记录内容详尽、正确、字迹清晰；

（2）原始记录应用钢笔或签字笔填写，不得用铅笔或圆珠笔，不允许随意涂改；

（3）原始记录，应使用法定计量单位，检测数据的有效位数及修约按各标准的要求取舍；

（4）若记录填写发生错误时，在错误数据处画改以示作废（在错误数据处画一横线，并在右上角填写正确的数据，且盖上更改人的名章，数据划改处每页不得多于两处）；

（5）原始记录要如实填写、小组负责人审核；

（6）原始记录作为技术资料连同检测报告一并交给资料管理员存档，存档保存三年；

（7）原始记录一般不给受检单位查阅。

7. 检测报告编制、校核、审批制度

（1）试验检测报告单必须使用正式统一表格；

（2）试验检测报告单项目应齐全，字迹应清楚，结论明确，不得涂改，并应注明检测所依据的标准和技术条件；

（3）试验检测报告单应统一编号，并与原始记录编号相一致，不准抽撤，不得弄虚作假；

（4）出具的试验检测报告要有实际的测试人员签字，或有专人依据操作人员签字的原始记录填写并签名，以示对出具数据负责；

（5）试验检测报告填写后，交审核人员审查，主要核对所有技术标准是否合适，检验数据、图表、曲线是否与原始记录相符，正确后签字；

（6）报告经审核后，由实验室主任签字后方可盖章生效；

（7）试验检测报告存档联由资料管理员存档，保存三年。

8. 检测事故分析、处理报告制度

（1）凡因实验室人员的人为错误而引起的无法试验或结论错误，且无法弥补的事故为检测事故；

（2）一旦发生事故，专业组长应立即向主任报告，并填写事故分析处理表；

（3）事故发生后，应及时弄清事实，分析事故原因和性质，分清责任，总结教训，并迅速采取补救措施；

（4）根据事故造成的后果，给予事故责任者以批评、扣发奖金、行政记过，直至调离检测岗位等处分；

（5）对及时避免事故和事故发生后及时排除事故的人员根据情况给予奖励和表扬；

（6）对造成事故的原因及后果，写出事故分析、处理报告并存档。

9. 安全工作制度

（1）实验人员在从事实验工作时，必须按劳保规定，穿戴保护用品，严格按岗位的操作规程进行操作。

（2）电气设备应保持完好无损，保证安全可靠，任何人不得私自增设和移动电气线路增加负荷。

（3）仪器设备在使用过程中发现不正常现象或异常响声，应立即停机检查，排除故障后，正常运行可继续使用。

（4）禁止将无插头的电线直接插入电器插座内。仪器设备使用完后应关闭电源总闸。

（5）在适当的位置配备必要的防火器材，并落实专人负责，器材要保持良好的工作状态。

预拌干混砂浆质量检测报告

产品型号：_____ 试验编号：_____

代表数量：_____ 报告编号：_____

取样部位：_____ 取样日期：_____

检测环境：温度（20±2）℃、湿度≥90% 试验日期：_____

出厂批号		商标	
检验类别	自检	样品数量	40kg
检测说明			

序号	检验项目	单位	标准值	实测值	单项结论
1	稠度	mm	≤110		
2	2h稠度损失率	%	≤30		
3	含气量	%			
4	保水率	%	≥88.0		
5	抗渗等级		P6、P8、P10		
6	保塑时间	h	6、8、12、24		
7	压力泌水率	%	<40		
8	凝结时间	h	3～9		

续表

序号	检验项目	单位	标准值	实测值	单项结论
9	28d 抗压强度	MPa	≥5.0		
10	28d 收缩率	%	≤0.20		
11	14d 黏结强度	MPa	≥0.2		
12	抗冻性强度损失率	%	≤25		
13	抗冻性质量损失率	%	≤5		
检测仪器	压力试验机、台秤、电子天平、容量筒、砂浆稠度仪、砂浆及胶砂搅拌机、砂浆收缩仪、砂浆凝结时间测定仪、压力泌水仪等				
检验及判定依据	《建筑砂浆基本性能试验方法》(JGJ/T 70—2009)、《预拌砂浆》(GB/T 25181—2019)				
检验结论	样品经检验，符合 GB/T 25181—2019				

试验：　　　　校核：　　　　审签：　　　　检测单位（公章）

思考与练习

一、判断题

1. 砂浆的试验方法标准为《建筑砂浆基本性能试验方法》(GJ/T 70—2009)。（　　）

2. 稠度试验时当两次试验值之差大于 20mm 时，应重新取样测定。（　　）

3. 从同一盘砂浆或同一车砂浆中取样。取样量不应少于试验所需量的 4 倍。（　　）

4. 当两次分层度试验之差大于 10mm 时，应重新取样测定。（　　）

5. 拉伸黏结试验中基底水泥砂浆块的配合比为：水泥∶砂∶水＝1∶3∶1（质量比）。（　　）

6. 凡从事试验检验的人员，都必须接受培训、考试、考核，合格者领后方可上岗。（　　）

二、单选题

1. 干混砂浆的保水率应不小于（　　）。
A. 80%　　　　　B. 85%　　　　　C. 88%　　　　　D. 90%

2. 砂浆成型方法应根据稠度而确定。当稠度（　　）时，宜采用人工插捣成型。
A. 大于 50mm　　B. 小于 50mm　　C. 大于 60mm　　D. 小于 60mm

3. 贯入阻力值达到（　　）的所需时间（min），即为砂浆的凝结时间测定值。
A. 0.3MPa　　　　B. 0.5MPa　　　　C. 0.6MPa　　　　D. 0.7MPa

4. 砂浆分层度试验时，静置（　　）min 后，去掉上节 200mm 砂浆，将剩余 100mm 砂浆倒入拌合锅拌（　　）min，重测稠度，前后两次稠度之差即砂浆分层度值。

A. 30　2　　　　　B. 30　1　　　　　C. 60　2　　　　　D. 60　1

5. 测定贯入阻力值 N_p。应在成型后（　　）h 开始测定，并应每隔（　　）min 测定一次，当贯入阻力值达到 0.3MPa 时，应改为每 15min 测定一次，直至贯入阻力值达到（　　）MPa 为止。

A. 2　30　0.7　　　B. 2　30　0.5　　　C. 4　30　0.5　　　D. 4　30　0.7

6. 砂浆抗渗压力值应以每组 6 个试件中（　　）个试件未出现渗水时的最大压力计。

A. 2　　　　　　　B. 3　　　　　　　C. 4　　　　　　　D. 5

三、多选题

1. 关于砂浆立方体抗压强度试验中的振动台说法正确的是（　　）。

A. 空载中台面的垂直振幅应为（0.5±0.05）mm

B. 空载频率应为（50±3）Hz

C. 空载台面振幅均匀度不应大于 10%

D. 空载台面振幅均匀度不应小于 10%

E. 一次试验应至少能固定三个试模

2. 砂浆立方体抗压强度试件成型方法应根据稠度确定，下列说法正确的是（　　）。

A. 当稠度大于 50mm 时，宜采用人工插捣成型

B. 当稠度大于 70mm 时，宜采用人工插捣成型

C. 当稠度不大于 50mm 时，宜采用振动台振实成型

D. 当稠度不大于 70mm 时，宜采用振动台振实成型

3. 砂浆立方体抗压强度试件用人工插捣成型时，下列说法正确的是（　　）。

A. 应采用捣棒均匀地由边缘向中心按螺旋方式插捣 25 次

B. 插捣过程中当砂浆沉落低于试模口时，应随时添加砂浆，可用油灰刀插捣数次，并用手将试模一边抬高 5～10mm 各振动 5 次

C. 砂浆应高出试模顶面 6～8mm

D. 砂浆应高出试模顶面 8～10mm

4. 砂浆立方体抗压强度试验使用的仪器设备有（　　）。

A. 试模　　　　　B. 钢制捣棒　　　　C. 压力试验机　　　D. 拉力试验机

E. 振动台

5. 建筑砂浆试样的制备，下述说法中正确的是（　　）。

A. 在实验室制备砂浆时，所用材料应提前 24h 运入室内。拌合时，实验室的温度保持在（20±5）℃

B. 实验室所用原材料应与现场使用的材料一致。砂通过 4.75mm 筛

C. 实验室拌制砂浆时，材料用量应以质量计。水泥、外加剂、掺合料等的称量应为±0.5%，细骨料的称量应为±1%

D. 砂浆搅拌量宜为搅拌机容量的 30%～70%，搅拌时间不小于 120s。掺有掺合料和外加剂的砂浆，其搅拌时间不应小于 180s

项目 7　配制及检测常用特种砂浆

　　本项目是在前六个项目完成的基础上设计的综合性项目，具体分为三项任务，分别为水泥基自流平砂浆设计、建筑保温砂浆配制和建筑防水砂浆配制。任务 7.1 依据行业标准《地面用水泥基自流平砂浆》（JC/T 985—2017），对水泥基自流平砂浆技术性能要求、配合比设计思路及依据进行详细讲解，结合配合比设计实例及任务完成，达成设定目标。任务 7.2 依据国家标准《建筑保温砂浆》（GB/T 20473—2021），对无机轻集料建筑保温砂浆技术性能要求、配合比设计思路及依据进行详细讲解，配合设计实例及项目完成，达成设定目标。任务 7.3 依据行业标准《聚合物水泥防水砂浆》（JC/T 984—2011），重点对聚合物水泥防水砂浆的技术性能要求、配比设计、施工技术要求进行详细讲解，同时配合设计实例及任务完成，达成设定目标。最终达到锻炼学生对所掌握知识的综合运用能力。

微课

水泥基自流
平砂浆

任务 7.1　水泥基自流平砂浆设计

重点知识：
- 掌握水泥基自流平砂浆的基本原材料性质。
- 掌握水泥基自流平砂浆的外加剂相关知识。
- 掌握水泥基自流平砂浆的设计思路。
- 掌握水泥基自流平砂浆的各种性能测试原理及步骤。
- 掌握水泥基自流平砂浆的施工要点及施工工艺。

关键能力：
- 能正确设计水泥基自流平砂浆。
- 能根据不同的性能需求对水泥基自流平砂浆的配比进行分析调整。
- 能正确对水泥基自流平砂浆各种性能进行检测。
- 能正确设计水泥基自流平砂浆的地面结构。
- 能根据施工要求正确施工。

　　某企业要生产 JC/T 985—2017 SL 0 C25F7 水泥基自流平砂浆，如你是一名砂浆设计人员，如何对该类砂浆进行设计？如何对自流平砂浆进行检测？施工方案如何？

【任务要求】

(1) 进行水泥基自流平砂浆的配合比设计。
(2) 编写配合比设计说明书。
(3) 说明施工中要点、要求。
(4) 根据要求能对施工地面结构进行正确设计。
(5) 根据要求能正确进行自流平砂浆的施工。

【任务环境】

· 每组根据工作任务,进行合理的水泥基配合比设计、产品检测及施工说明;
· 以小组为单位,分工协作,完成个人报告和小组报告。

📖 相关知识

7.1.1 水泥基自流平砂浆的概念、分类、标记及应用

水泥基自流平砂浆,是一种由水泥基胶凝材料、活性材料、细骨料和多种外加剂组成,加水拌合后,形成的流动性较高的地面用材料。水泥基自流平砂浆凭借自身重力或在人工辅助摊平下,即可获得高平整度的基面。水泥基自流平砂浆一般为干混型粉状材料,现场拌水即可使用。其硬化速度快,24 小时即可在上行走,或进行后续工程(如铺木地板、金刚板等)。其施工快捷、简便是传统人工找平所无法比拟的。

水泥基自流平砂浆按其在地面结构的位置分为面层水泥基自流平砂浆和垫层自流平砂浆。面层水泥基自流平砂浆是指用于地面精细找平,提供更加平坦或光滑的表面,可作为饰面层使用或在其上涂覆其他装饰材料后使用的具有一定耐磨性的水泥基材料。垫层水泥基自流平砂浆用于地面找平,提供平坦或光滑的表层,用以承载上层饰面铺装材料。

面层水泥基自流平砂浆按其抗压强度等级可分为 C25、C30、C35、C40 和 C50 共 5 类;垫层水泥基自流平砂浆可分为 C16、C20、C25、C30、C35 和 C40 共 6 类。

面层水泥基自流平砂浆按其抗折强度等级可分为 F6、F7、F8 和 F10 共 4 类;垫层水泥基自流平砂浆按其抗折强度等级可分为 F4、F6、F7、F8 和 F10 共 5 类。

水泥基自流平砂浆标记比较简单,一般按产品的顺序进行标记。顺序为:标准号、产品名称、分类和强度等级。如抗压强度等级为 C25、抗折强度等级为 F7 的面层水泥基自流平砂浆标记为:

JC/T 985—2017 SL 0 C25F7

标记中砂浆分类号:0 表示面层砂浆;U 表示垫层砂浆。

水泥基自流平砂浆流动性好,施工快,劳动强度低,地面强度高,流层厚度容易控制,不易龟裂,适合大型超市、商场、停车场、仓库、宾馆、影剧院、医院、精密仪器生产车间、制药厂车间等商用或工业用地。在家庭内装修中具有巨大潜力。

使用安全、无污染、美观、快速施工与投入使用是自流平水泥的特色。它提升

了文明的施工程序，创建了优质、舒适、平坦的空间，多样化标致饰面材的铺贴，让生活增添了绚丽的色彩。

7.1.2　水泥基自流平砂浆的原材料及外加剂

7.1.2.1　水泥

　　根据自流平地坪砂浆快硬、结合水能力强和低收缩的特殊要求，大部分水泥基自流平砂浆采用硅酸盐水泥和铝酸盐水泥混合使用。两者混合使用，在水化过程中产生大量的钙矾石，钙矾石的形成速度快，结合水能力强并能补偿砂浆的收缩，符合自流平砂浆所需的性能要求。

　　这种以混合胶凝材料系统为基础的自流平砂浆，主要有硅酸盐水泥为主的自流平砂浆和铝酸盐水泥为主的自流平砂浆两种类型。前者硅酸盐水泥的用量大于铝酸盐水泥的用量；后者则相反，且成本高，但凝结硬化快，强度也高。

7.1.2.2　填料

　　水泥基自流平砂浆的填料可分为活性填料和非活性填料。活性填料主要包括粉煤灰、硅灰、矿渣粉和火山灰等；非活性填料有重钙粉、滑石粉、硬石膏粉等。

　　自流平砂浆中的填料可以填充砂的间隙，使骨料体系更加密实，同时适当的集料-填料比可以使砂浆中浆体更好地包裹砂子，实现稳定流动，不产生离析现象。活性填料除了具备上述作用外，还可水化硬化，提高砂浆的强度，节约成本，提高经济效益等。

7.1.2.3　细骨料

　　水泥基自流平砂浆中一般不使用粗骨料，使用的细骨料需具有良好的颗粒形态（圆形）和良好的颗粒级配。主要有天然砂和机制砂两种。

7.1.2.4　外加剂

　　1. 减水剂

　　水泥基自流平砂浆中所用的减水剂和混凝土中的类似，主要分普通减水剂和高效减水剂。

　　（1）普通减水剂。普通减水剂对水泥等胶凝材料在水中有良好的分散作用，因此能提高水泥拌合物的流动性，而在保持流动性不变时可以降低用水量，一般减水率在 10% 以下，同时显著改善混凝土的性能，如和易性。

　　普通减水剂主要品种如下：

　　① 木质素磺酸盐。可以细分为木质素磺酸盐钙、木质素磺酸钠、木质素磺酸镁三种成分，性能指标从钙盐到镁盐依次降低，但与硅酸盐水泥的相容性有所不同。生产原料为木材、芦苇、竹子、麦草、稻草其中一种造纸的废液。

　　② 多元醇。可以细分为糖蜜、糖钙和低聚糖等几种。生产原料是甘蔗或甜菜制糖剩余的废蜜。低聚糖则是糊精或纤维素水解的中间产物。糖蜜缓凝性较强。

　　③ 羟基羧酸盐。天然原料褐煤、草炭等生产的腐殖酸钠是羟基羧酸盐普通减水剂的一种，由于各项技术性能不如糖蜜、低聚糖，更较木质素磺酸盐减水剂差，现已较少使用。天然原料制成的葡萄糖酸钠缓凝性强，但有减水和增强混凝土 28d 强

度作用，是目前大量使用的羟基羧酸盐外加剂。

（2）高效减水剂。高效减水剂对水泥有强烈的分散作用，能大大提高水泥基自流平砂浆拌合物的流动性，同时大幅度降低用水量，提高砂浆强度，节约水泥用量等。

国内研制和生产的高效减水剂，在20世纪90年代已经形成两大类。一是合成型单一组分高效减水剂；二是复合型多组分高效减水剂。单一组分高效减水剂又称超塑化剂，对水泥基拌合物的减水增强效果十分显著，但往往难以满足砂浆硬化后特定性能的多种要求，因此目前直接用于工程的数量渐少，而代之以复合型多组分高效减水剂。复合型多组分高效减水剂因掺入其他组分从而满足对砂浆不同性能的需求，如早强型高效减水剂、防冻型高效减水剂等。

值得一提的是，聚羧酸系高性能减水剂是国际上近20年来发展最快的高性能减水剂，因为是三元或四元化合物聚合，因此有很多品种，其性能也略有区别。其中具有羧酸基和磺酸基，同时还具有其他官能团的支链接枝共聚物，是国际上最近10多年发展最迅速的合成高性能减水剂。聚羧酸系高性能减水剂的生产原料品种较多，常用的有聚乙二醇单甲醚（MPEG）、聚乙二醇烯丙基醚（APEG）、甲基丙烯酸、丙烯酸、顺烯二酸酐等。

2. 缓凝剂

缓凝剂是指能够延缓砂浆的凝结时间，并对后期强度无显著影响的外加剂。水泥基自流平砂浆中使用缓凝剂，主要是调节其初始流动度和20min流动度。自流平砂浆要求20min流动度不小于130mm。

自流平砂浆中常用的缓凝剂有糖类（糖蜜等）、木质素磺酸盐类（木质素磺酸钙或钠等）、羟基羧酸盐类（柠檬酸、酒石酸钾或钠）和无机盐类（锌盐、硼酸盐、磷酸盐等）等。

3. 可再分散乳胶粉

将高分子聚合物乳液通过高温高压、喷雾干燥、表面处理等一系列工艺加工成粉状热塑性树脂材料，这种粉状的有机胶黏剂与水混合后，在水中能再分散，重新形成新的乳液，俗称可再分散乳胶粉。

可再分散乳胶粉在水泥基自流平砂浆中的作用如下：

（1）在新拌砂浆中的作用。颗粒的"润滑"功能使砂浆拌合物具有良好的流动性，从而获得更佳的施工性能。其引气效果使砂浆变得可压缩，因而更容易进行镘抹作业。掺加不同类型的可再分散乳胶粉可以获得塑性更好或更黏稠的改性砂浆。

（2）在硬化砂浆中的作用。乳胶膜可对基层-砂浆界面的收缩裂缝进行桥连并使收缩裂缝得以愈合，提高砂浆的封闭性。乳胶膜还可提高砂浆的内聚强度。高柔性和高弹性聚合物区域的存在改善了砂浆的柔性和弹性，为刚性的骨架提供了内聚性和动态行为。当施加作用力时，由于柔性和弹性的改善会使微裂缝推迟，直到达到更高的应力时才形成。互相交织的聚合物区域对微裂缝合并为贯穿裂缝也有阻碍作用。因此，可再分散乳胶粉提升了材料的破坏应力和破坏应变。

4. 纤维素醚

纤维素醚是以木质纤维或精制短棉纤维作为主要原料，经化学处理后，通过与氯化乙烯、氯化丙烯或氧化乙烯等醚化剂发生反应所生成的粉状纤维素醚。

纤维素醚在水泥基自流平砂浆中的作用如下：

（1）优良的保水性。提高砂浆保水性可有效地防止砂浆因失水过快而引起的干燥，以及水泥水化不足而导致的强度下降和开裂现象。

（2）黏结力强、抗垂性好。可使黏度增大数千倍，使砂浆具有更好的黏结性，可使粘贴的瓷砖具有较好的抗下垂性。

（3）溶解性好。不易结团，溶解速度快。

5. 消泡剂

水泥基自流平砂浆在生产过程中，会添加很多外加剂，如乳胶粉、纤维素醚和减水剂等，这些外加剂大多数是有机物，有的甚至是高分子型。砂浆在拌合过程中，会产生大量泡沫，不仅降低砂浆的密实性和强度，由于泡沫破裂还使硬化砂浆表面粗糙、不光滑。

水泥砂浆消泡剂主要针对水泥砂浆搅拌过程中起泡特点而设计，可以有效控制水泥砂浆体系内泡沫产生，使砂浆表面更加致密光亮。砂浆中用的消泡剂主要是多元醇和聚硅氧烷等。

7.1.3　水泥基自流平砂浆的技术要求

根据建材行业标准《地面用水泥基自流平砂浆》（JC/T 985—2017）的规定，技术要求包括外观和物理力学性能。水泥基自流平砂浆尤其是面层砂浆，表面要求平整光滑。原材料粉料需均匀、无结块。物理力学性能应符合表 7-1 中的规定。

表 7-1　水泥基自流平砂浆的物理力学性能要求

序号	项目		指标	
			面层（O）	垫层（U）
1	流动度/mm	初始流动度	≥130	
		20min 流动度[a]	≥130	
2	拉伸黏结强度/MPa		≥1.5	≥1.0
3	尺寸变化率/%		−0.10～+0.10	−0.15～+0.15
4	抗冲击性		无开裂或脱离底板	
5	24h 抗压强度/MPa		≥6.0	
6	24h 抗折强度/MPa		≥2.0	
7	耐磨性/mm³		≤400	≤800[b]

注：a. 用户若有此要求，由供需双方协商解决。

　　b. 可选项目，由供需双方协定。

抗压强度等级应符合表 7-2 中规定的要求。

表 7-2　抗压强度等级要求

强度等级		C16	C20	C25	C30	C35	C40	C50
28d 抗压强度/MPa ≥	面层（O）	—	—	25.0	30.0	35.0	40.0	50.0
	垫层（U）	16.0	20.0	25.0	30.0	35.0	40.0	—

抗折强度等级要求应符合表 7-3 中的规定。

表 7-3　抗折强度等级要求

强度等级		F4	F6	F7	F8	F10
28d 抗折强度/MPa ≥	面层（0）	—	6.0	7.0	8.0	10.0
	垫层（U）	4.0	6.0	7.0	8.0	10.0

7.1.4　水泥基自流平砂浆的配合比设计及举例

7.1.4.1　水泥基自流平砂浆的配合比设计

水泥基自流平砂浆配合比设计的目的是满足施工性能、硬化后的物理力学性能和耐久性能，即满足我国行业标准《地面用水泥基自流平砂浆》（JC/T 985—2017）中的规定，见表 7-1、表 7-2 和表 7-3。

水泥基自流平砂浆配合比设计影响因素较多。我国现行标准中对水泥基自流平砂浆的配合比设计思路及步骤没有具体规定。

水泥基自流平砂浆的配合比设计思路如下。

1. 基本配合比的确定

（1）参考砌筑砂浆配合比材料用量确定基本配方。水泥基自流平砂浆的配合比可参考砌筑砂浆的配合比材料用量，作为自流平砂浆配合比设计的起始点。砌筑砂浆的配合比设计可参考项目 3（预拌砂浆配合比设计），也可参考表 7-4。

表 7-4　每立方米水泥砂浆材料用量（kg/m³）

强度等级	水泥用量	砂用量	用水量
M5	200～230		
M7.5	230～260		
M10	260～290		
M15	290～330	砂子的堆积密度值	270～330
M20	340～400		
M25	360～410		
M30	430～480		

表 7-4 中为水泥砌筑砂浆配合比设计用量参考表，强度等级最高为 M30，对于自流平砂浆强度等级高于 M30 的，可通过调整水泥用量、用水量和添加剂来达到相应强度级别。表中砂浆的流动度较低，远远达不到自流平砂浆的流动度要求，可通过高效减水剂和缓凝剂配合使用，满足自流平砂浆的初始流动度和 20min 流动度要求。

（2）根据参考资料确定基本配方。水泥基自流平砂浆的基本配合比也可以参考各种文献资料中推荐的配合比，经过适当调整确定基本配方。表 7-5、表 7-6 和表 7-7 为国外早期水泥基自流平砂浆的配方，也可作为参考。水泥基自流平砂浆的基本配方还可直接来源于原料的供应商。

表 7-5　德国早期的水泥基自流平砂浆配方

原材料	材料用量（质量比）	
	配方 1	配方 2
普通波兰特水泥[①]	33.35	38.00
高铝水泥	2.30	4.00
膨胀剂	3.70	4.75
砂	35.0	25.00
缓凝剂	1.30	1.20
氟化钠	0.05	0.05
水	24.30	27.00

注：①普通波兰特水泥即为我国的普通硅酸盐水泥。

表 7-6　美国早期的水泥基自流平砂浆配方

原材料	材料用量（质量比）	
	配方 1	配方 2
普通波兰特水泥[①]	100[②]	100[②]
减水剂	1.33	1.30
木质素磺酸钙	1.20	—
砂	217[③]	177[③]
缓凝剂	1.15	1.10
保水剂	1.08	0.01
早强剂	0.05	0.16
聚丙烯酸酯树脂	8.30	1.60
消泡剂	0.335	0.335
水	[④]	[④]

注：①普通波兰特水泥即为我国硅酸盐水泥。
　　②由普通波兰特水泥和高铝水泥组成。二者的配合比为：普通波兰特水泥：高铝水泥＝（20～80）：
　　　（80～20）。
　　③含填充料。
　　④施工时调配比例为浆状自流平水泥浆：水＝1：0.24。

表 7-7　日本早期的水泥基自流平砂浆配方

原材料	材料用量（质量比）	
	配方 1	配方 2
普通波兰特水泥[①]	100	85
膨胀剂	6～20	15
减水剂	0.5～3	0.1
砂	80～180	100

原材料	材料用量（质量比）	
	配方1	配方2
填充料	6～25	145
缓凝剂	—	3.75
保水剂	0.04～0.2	0.15
纤维材料	—	3.75
水	45～68	65

注：①普通波兰特水泥即为我国硅酸盐水泥。

2. 确定砂浆的流变性能

砂浆的流变性能包括流动度、黏聚性、稳定性，还有流动度保持时间等，是自流平砂浆工作性能的重要指标。这些指标也保证了自流平砂浆施工性能。

从流变学角度看，屈服应力和塑性黏度两个参数是决定砂浆流动且不离析的重要参数，而这两个参数相互制约，对自流平砂浆的流动特性起着决定性的影响。屈服应力越小，砂浆拌合物流动阻力越小，流动性能越好；屈服应力过小又会导致拌合物出现离析现象，需增加塑性黏度；塑性黏度增加往往会降低砂浆的流动性，图7-1为大流动性和抗分离稳定性矛盾统一的理想模型。在自流平砂浆配合比设计中，为了保证砂浆拌合物具有好的流动性，兼具不离析，往往使用外加剂达到流动度与黏聚性的相互统一。减水剂可以降低砂浆拌合物的屈服应力，提高流动性；纤维素醚可以增加砂浆的黏聚性，两者用量使用适当，可实现自流平砂浆的大流动度和抗分离稳定性的矛盾统一。

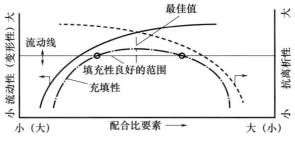

图7-1　大流动性和抗分离稳定性矛盾统一理想模型

自流平砂浆的流动度保持时间可通过添加缓凝剂来实现。加入适量缓凝剂后，可阻止拌合物20min流动度下降。

自流平砂浆外加剂用量的确定，在施工之前需进行多次试验验证，确保工程质量。

3. 集料形态及级配

在水泥基自流平砂浆中，要严格控制砂的形态和级配。砂子要求满足《建设用砂》（GB/T 14684—2022）规定的要求。砂子的级配对自流平砂浆的流变性能和密实性有较大影响。根据国标，累计筛余需满足表7-8要求。

表7-8 累计筛余

砂的分类	天然砂			机制砂、混合砂		
级配区	1区	2区	3区	1区	2区	3区
方筛孔尺寸/mm	累计筛余/%					
4.75	10～0	10～0	10～0	5～0	5～0	5～0
2.36	35～5	25～0	15～0	35～5	25～0	15～0
1.18	65～35	50～10	25～0	65～35	50～10	25～0
0.60	85～71	70～41	40～16	85～71	70～41	40～16
0.30	95～80	92～70	85～55	95～80	92～70	85～55
0.15	100～90	100～90	100～90	97～85	94～80	94～75

4. 确定集料-填料比

自流平砂浆中除了严格控制砂的颗粒形态和级配外，还使用填料以得到更加合理的颗粒级配。填料可以填充砂子之间的空隙，使浆体更好地包裹砂子，实现稳定流动。目前在自流平砂浆配方中，可以适当使用粉煤灰、硅灰和磨细的矿渣粉等活性填料，也可以使用重钙粉、滑石粉等，保证砂浆体系流动的稳定性。

5. 降低砂浆的收缩性

自流平砂浆干燥收缩性能是非常重要的性能。一个好的自流平砂浆的干燥收缩性仅为传统找平砂浆的几分之一。为了降低自流平砂浆的干燥收缩性，可以加入硬石膏，在水泥水化过程中生成钙矾石，由于钙矾石体积膨胀，补偿砂浆的干燥收缩。也可以在砂浆中加入膨胀剂，达到防止砂浆干燥收缩的目的。

6. 其他参数确定

除以上参数的确定外，还应根据实际要求决定材料的使用。如决定耐磨材料的使用、早强组分的使用以及消泡剂的使用等。

7.1.4.2 水泥自流平砂浆配合比举例

1. 某纤维素醚商品销售商提供的自流平地坪砂浆配方（质量比）

早强型普通42.5硅酸盐水泥280；拉法基高铝水泥70；石英砂（粒径0.125～0.375）380；重质碳酸钙（200目）190；硬石膏50；Vinnapas RE5011 L型乳胶粉20；低黏度羟丙基甲基纤维素（Hercules MHPC 500 PF）1.5；减水剂（F10）6；消泡剂（Hercules RE 2971）1.0～1.5；酒石酸1.7；碳酸锂0.5～1.0；1, 6己二醇（DISPELAIR P429/P430）5；施工加水量＜240mL/kg。

2. 硬化收缩极小的自流平砂浆

为了降低自流平材料的干燥收缩性，研究发现掺入酰胺化合物极为有效。例如，在以质量记为100份的水硬性材料（90％～95％水泥和1.0％～5％石膏组成）中，掺入酰胺化合物或氰氨化钙0.2～5份，蛋白质系增黏剂0.1～5份，水溶性高分子材料0.01～2份。此外，可根据需要在上述组成中掺入骨料，如硅砂、碳酸钙、粉煤灰和高炉矿渣等，既能改善耐磨性，又能提高经济效益。一般掺入量可为配方中水硬性材料的1倍。

该自流平材料可泵送，硬化后干燥收缩性极小，不龟裂，耐磨性好，可应用于车辆出入的路面。

3. 使用 EVA 乳胶粉的自流平地坪砂浆

波兰特水泥 70.0，高铝水泥 25.0，石膏 5.0，细硅砂 70.0，重质碳酸钙 20.0，EVA 型可再分散乳胶粉 10.0，流变改性剂 0.1，超塑化剂 1.0，施工时加水量 50.0。以上配方为质量比。

7.1.5　性能测试

7.1.5.1　砂浆拌制

砂浆试样每次拌合至少需要 2kg 的砂浆，标准试验条件要求环境温度为（23±2）℃，相对湿度为（50±5）%。搅拌前所有试验材料（包括水）应在标准试验条件下放置至少 24h。搅拌设备为行星式水泥胶砂搅拌机。

按如下步骤进行砂浆拌制：

称取砂浆试样 2kg 对应的用水量或液体组分用量，倒入搅拌锅中，将 2kg 粉状样品在 30s 内匀速倒入搅拌锅内，低速搅拌 60s；停止搅拌，30s 内用刮具将叶片和锅壁上的胶砂刮入锅中；高速下继续搅拌 60s，静停 60s，再继续高速搅拌 15s，拌合物不应有气泡，否则再静停 60s 使其气泡消失，然后立即装入相应的性能检测模具内。需测试硬化性能的试件需要标准养护。所有养护试件允许时间偏差见表 7-9。

表 7-9　试件养护时间允许偏差

试件的养护时间	养护时间允许偏差
24h	±0.25h
28d	±8h

7.1.5.2　流动度测试

考察水泥基自流平砂浆流动性能的技术指标为初始流动度和 20min 的流动度。20min 流动度主要评价砂浆的流动度是否有损失。根据《地面用水泥基自流平砂浆》（JC/T 985—2017）的规定，初始流动度和 20min 流动度均不得小于 130mm。

1. 试验器具

试模：内径（30±0.1）mm，高（50±0.1）mm 的金属或塑料空心圆柱体。

测试板：面积大于 300mm×300mm 的平板玻璃。

2. 试件制备

将流动度试模水平放置于测试板中央，测试板表面平整光滑、无水滴。把制备好的试样灌满流动度试模后，刮去试模上口多余的浆料，在 2s 内垂直向上提升 50～100mm，保持 10～15s 使试样自由流动。

3. 初始流动度

试件制备完成后开始计时，4min 后，测试两个垂直方向的直径，取其算术平均值作为测定值。

4. 20min 流动度

将搅拌好的试样在搅拌器内静置 20min，再低速搅拌 15s，测定两个垂直方向的直径，取其算术平均值作为测定值。

5. 试验结果计算

对同一样品进行两次试验，流动度取两次测定值的算术平均值作为试验结果，精确至 1mm。

7.1.5.3　抗冲击性测试

1. 试验器具

（1）落锤装置。由装有水平调节旋钮的钢基和一个悬挂在电磁铁的竖直钢架、一个导管和（1±0.015）kg 的金属落锤组成。锤头如图 7-2 所示。

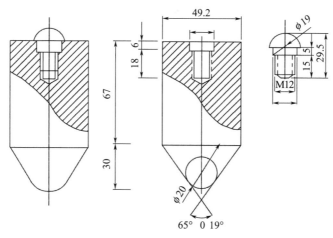

图 7-2　锤头示意图

（2）试模。内框 75mm×75mm，高 5mm 的金属或塑料模具。

（3）试验用基材。基材为混凝土板，其含水率应小于 3%（质量百分比），4h 表面吸水量控制在 $0.5 \sim 1.5 cm^3$。混凝土板的制作及要求可参考《陶瓷砖胶粘剂》（JC/T 547—2017）附录 A。

基材尺寸为 100mm×100mm×（40～50）mm，数量 3 块。

2. 试件制备

将成型框放置于 100mm×100mm 混凝土底板上，将拌合好的砂浆拌合物倒入成型框中，抹平，在标准条件下放置 24h 后脱模，3 个试件为一组。

3. 冲击测试

脱模后的试件在标准条件下养护 28d，将待测试件水平放置于冲击设备底座上，保证落锤落到试件的中心位置，将落锤固定在 1m 高度并自由下落，目测试件表面是否有开裂或脱离底板现象。

每个试件冲击一次，3 个试件均无开裂或无脱离底板现象时判定为合格。

7.1.5.4　耐磨性测试

1. 试验器具

（1）耐磨试验机。耐磨试验机（图 7-3）符合《陶瓷砖试验方法　第 6 部分：无釉砖耐磨深度的测定》（GB/T 3810.6—2016）中 4.1 的要求。耐磨试验机主要包括一个摩擦钢轮、一个带有磨料给料装置的储料斗、一个试样夹具和一个平衡锤。摩擦钢轮是用符合 ISO 630—1 的 E235A（Fe360A 号钢）制造的，直径为（200±0.2）mm，边缘厚度为（10±0.1）mm，转速为 75r/min。

试样受到摩擦钢轮的反向压力作用，并通过刚玉调节试验机。压力调校用 F80《固结磨具用磨料 粒度组成的检测和标记 第 1 部分：粗磨粒 F4～F220》（GB/T 2481.1—1998）刚玉磨料 150r 后，产生弦长为（24±0.5）mm 的磨坑。石英玻璃作为基本的标准物，也可用浮法玻璃或其他适用的材料。

当摩擦钢轮损耗至最初直径的 0.5% 时，必须更换磨轮。

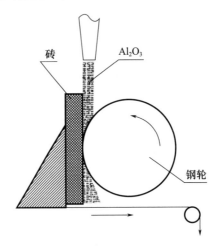

图 7-3 耐深度磨损试验机

（2）磨料。磨料为符合国标 GB/T 3810.6—2016 中 4.3 要求的刚玉磨料。粒度为 F80。

（3）测量量具。测量量具精度为 0.1mm。

（4）试模。光滑硬质、不吸水的正方形框架（一般用聚乙烯或聚四氟乙烯制作）。其尺寸为（100±1）mm×（100±1）mm×（10±1）mm 或其他适合于相应耐磨试验机的尺寸。

2. 试件制备

把试模放在聚乙烯薄膜上，在试模上涂抹足量的砂浆，刮平以保证完全填充模板空隙并使之平整。24h 脱模后在标准试验条件下养护 28d，制备两个试件待测。

3. 耐磨性测试

将养护规定龄期的试件放入耐磨试验机，使抹平的成型面朝向圆盘以保证其与旋转圆盘相切。使磨料以（200±10）g/100r 的速度均匀地进入研磨区域。不锈钢圆盘转速为 150r 后，从试验机中取出试件，测量沟槽的弦长度（L），精确到 0.5mm。每个试件应至少在两处成正交的位置进行试验，弦长取两个数的平均值。磨料不能再重复利用。

耐磨性试验结果用体积（V）表示，取两个试件的平均值作为试验结果，精确到 1mm^3。

7.1.5.5 抗压强度测试

水泥基自流平砂浆的抗压强度测试按任务 6.7 中的规定进行。

以一组 3 个棱柱体上得到的 6 个抗压强度的平均值作为试验结果，单个抗压强度和抗压强度的平均值精确至 0.1MPa；如 6 个测定值中有 1 个超出 6 个平均值的 $\pm 10\%$，应舍弃后再取剩下 5 个测定值的平均值作为试验结果；如 5 个测定值中再有超过平均值的 $\pm 10\%$，应重新进行试验。

7.1.5.6　拉伸黏结强度测试

水泥基自流平砂浆的拉伸黏结强度测试按任务 6.8 中的规定进行。

取 10 个数据的算术平均值作为计算结果；若有超出平均值 $\pm 20\%$ 范围的数据，则应舍弃，若仍有 5 个或更多数据被保留，取上述数据的算术平均值作为试验结果；若少于 5 个数据，则应重新试验；若破坏模式为高强黏结剂与拉拔头之间界面破坏，应重新进行试验。

7.1.5.7　尺寸变化率测试

水泥基自流平砂浆的抗压强度测试按任务 6.10 中的规定进行。

脱模后 30min 内测定试件长度，即为试件的初始长度（L_0）。测定初始长度后，应将试件置于标准试验条件下养护 28d，再次测定试件长度，即为自然干燥后长度（L_t）。

按下式计算每个试件的尺寸变化率，精确至 0.01%。

$$\varepsilon = \frac{L_t - L_0}{L - L_d} \times 100\% \tag{7-1}$$

式中　ε——尺寸变化率，%；

　　　L_0——试件初始长度，mm；

　　　L_t——自然干燥后试件长度，mm；

　　　L——试件本体长度，160mm；

　　　L_d——两个收缩头埋入砂浆试件中的长度之和，即（20 ± 2）mm。

取 3 个算术平均值作为试验结果；若有 1 个超出平均值 $\pm 20\%$，则舍弃后取其平均值作为试验结果；若一组中有 2 个数据超出平均值 $\pm 20\%$，应重新试验。

7.1.6　水泥基自流平砂浆的施工

视频

水泥基自流平砂浆施工

水泥基自流平砂浆主要应用于干燥的室内准备铺设地毯、PVC 或聚乙烯地板、天然石材等区域的地面找平，也可作为混凝土表面拟施工树脂涂层材料前的找平层，还可以在工厂、地下停车场、仓库等需要高耐久性及平整性的地方，直接作地面的最终饰面材料。

7.1.6.1　水泥基自流平砂浆地面的设计要点

（1）水泥基自流平砂浆可用于地面找平层，也可用于地面面层。当用作地面找平层时，其砂浆找平层的厚度不得小于 2.0mm。当用作地面面层时，其厚度不得小于 5.0mm。

（2）基层有坡度设计时，水泥基自流平砂浆可用于坡度小于或等于 1.5% 的地面；对于坡度大于 15% 但不超过 5% 的地面，基层应采用环氧底涂撒砂处理，并应调整自流平砂浆的流动度；若坡度大于 5% 的基层则不得使用自流平砂浆。

（3）面层分格缝的设置应与基层的伸缩缝保持一致。

（4）水泥基或石膏基自流平砂浆地面应由基层、自流平界面剂、水泥基自流平砂浆层的构成，如图7-4所示。

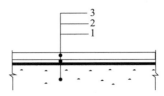

图7-4 水泥基或石膏基自流平砂浆地面构造图
1—基层；2—自流平界面剂；3—水泥基或石膏基自流平砂浆层

7.1.6.2 基层处理

自流平地面工程施工前，应按照《建筑地面工程施工质量验收规范》（GB/T 50209—2010）进行基层检查，验收合格后方可进行施工。

基层应为混凝土层或水泥砂浆层，并应坚固、密实。当基层为混凝土时，其抗压强度不应小于20MPa；当基层为水泥砂浆时，其抗压强度不应小于15MPa；当基层的抗压强度小于相应要求时，则应采取补强处理或重新施工。

基层表面不得有起砂、空鼓、起壳、脱皮、疏松、麻面、油脂、灰尘、裂纹等缺陷。当基层存在裂缝时，宜先采用机械切割的方式将裂缝切成深和宽均为20mm的V形槽，然后采用无溶剂环氧树脂或无溶剂聚氨酯材料加强、灌注、找平、密封。当基层的空鼓面积小于或等于1m² 时，可采用灌浆法处理；当基层的空鼓面积大于1m² 时，应剔除，并重新施工。

水泥基自流平砂浆地面基层的平整度不应大于4mm/2m，基层的含水率不应大于8%。地面与墙面的交接部位、穿（地）面的套管等细部构造处，应进行防护处理后再进行地面施工。

7.1.6.3 施工工艺

自流平砂浆的施工工艺流程如图7-5所示。其施工要点如下。

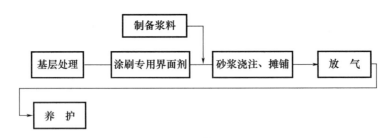

图7-5 自流平砂浆施工工艺流程

（1）水泥基自流平砂浆地面施工在主体结构及地面基层施工验收完毕后方可进行，其施工温度应为5～35℃，相对湿度不宜高于80%。施工应采用专用机具。

（2）施工现场应封闭，严禁交叉作业，基层检查的内容应包括基层的裂缝、空鼓，基层的强度、平整度、含水率等项目，根据基层检查的结果进行基层处理。

（3）应在处理好的基层上涂刷自流平界面剂。界面剂对整个地面施工尤为重要，必须用专用的界面剂在基层上进行细心涂刷，不得漏涂和局部积液，一般横竖涂刷两遍。

（4）制备浆料可采用人工法或机械法，并应充分搅拌至均匀、无结块为止。不同厂家、不同品种的自流平砂浆的加水量差别较大，其变化范围为 200～300mL/kg。现场施工前，应根据说明书，现场试配至流动度符合要求，然后进行大面积施工。对于大面积施工可以采用专用的砂浆搅拌机进行搅拌；小面积施工，可以采用电动搅拌器搅拌。

（5）应连续浇注，两次浇注的时间间隔最好在 10min 之内，以免接茬难以消除。

（6）摊铺浆料时应按施工方案要求，采用人工或机械方式将自流平浆料倾倒于施工作业面上，使其自行流动找平，可以用专用锯齿刮板辅助浆料均匀展开。

（7）浆料摊开到控制厚度后，静置 3～5min，以使气泡充分排出；浆料摊平后，宜可采用自流平消泡滚筒放气。

（8）施工完成后的自流平地面，在规定的环境条件下养护 24h 后方可使用，施工完成后的自流平地面应做好成品保护。

📖 任务实施

7.1.7　任务实施

1. 编制配合比设计说明书

配合比设计说明书是设计人员对配合比设计的依据、设计要求、原材料性能、设计过程、设计材料用量及养护方法进行详细说明，并对性能检测结果进行客观评价。配合比设计说明书是施工人员施工的重要依据。

按要求完成配合比设计说明书。配合比设计说明书按如下格式进行编写。

标题：××××水泥基自流平砂浆配合比设计说明书

（一）设计说明

简单描述本设计说明书的设计内容。

（二）设计规程

描述任务完成依据的具体规程，一一列举。

（三）设计要求

描述任务的具体要求。

（四）原材料说明

对设计中使用的水泥、砂、外加剂及水的来源、性能进行描述。

（五）配合比设计

简单描述设计过程，通过试配达到任务要求技术指标后，完成表 7-10。

表 7-10　水泥基自流平砂浆配合比设计表

原材料	材料用量/（kg/m³）
普通硅酸盐水泥	
减水剂	
砂	
粉煤灰	
缓凝剂	
保水剂	
水	

（六）养护方法

描述任务制备的砂浆试件的养护方法。

（七）试验结果及评定

依据标准《地面用水泥基自流平砂浆》（JC/T 985—2017），描述按配合比设计中的材料用量制备的试件的实测性能是否满足任务要求，并完成表 7-11。

表 7-11　材料性能评价

性能	实测性能	是否达标
初始流动度		
20min 流动度		
24h 抗压强度/MPa		
24h 抗折强度/MPa		
拉伸黏结强度/MPa		
尺寸变化率/%		
抗冲击性		
耐磨性/mm³		

（八）材料性能评定总结

对材料的检测性能是否达到标准要求进行总结性评价。

编制人：

年　月　日

2. 说明施工中主要工艺要求

正确的施工工艺是工程质量达标的重要保障。请描述任务中面层自流平砂浆的施工要点及注意事项。

任务 7.2 建筑保温砂浆配制

重点知识：
- 掌握建筑保温砂浆的基本原材料特性及性能。
- 掌握建筑保温砂浆设计思路及要求。
- 掌握建筑保温砂浆的各种性能测试原理及步骤。
- 掌握建筑保温砂浆的保温系统的设计。
- 掌握建筑保温砂浆的施工要点。

关键能力：
- 能正确设计建筑保温砂浆。
- 能根据不同的性能需求对建筑砂浆的配比进行分析调整。
- 能对施工中出现的问题进行分析并指导。
- 能正确对各种性能进行检测。
- 能根据不同的性能需求对建筑保温砂浆的配比进行分析调整。
- 能正确进行保温内外墙保温系统设计并能正确施工。

微课
保温砂浆

任务描述

某企业要生产无机轻集料外墙保温砂浆，具体技术要求为：干密度为 400kg/m³，抗压强度大于 1.0MPa，导热系数小于 0.085W/（m·K），其他性能应满足《建筑保温砂浆》（GB/T 20473—2021）的要求，水泥为普通硅酸盐 42.5 水泥，保温集料为膨胀珍珠岩。设计产品为板材，长、宽、高分别为 300mm、300mm、30mm。如果该保温材料用于外墙外保温，且瓷砖饰面。

【任务要求】

（1）根据企业需求进行保温砂浆的设计与试配。
（2）编写产品设计说明书。
（3）简要描述外墙保温砂浆的施工要点。

【任务环境】

- 每组根据工作任务，进行合理的保温砂浆配合比设计、产品检测及施工说明；
- 以小组为单位，分工协作，完成个人报告和小组报告。

相关知识

7.2.1 建筑保温砂浆概念、分类、标记及应用

根据《建筑保温砂浆》（GB/T 20473—2021）中的定义，建筑保温砂浆（dry-mixed thermal insulating mortar for buildings）是以膨胀珍珠岩、玻化微珠、膨胀

蛭石等为骨料，掺加胶凝材料及其他功能组分制成的保温类砂浆。

建筑保温砂浆从广义上来讲，还包括其他保温系统所采用的配套砂浆（如保温板黏结砂浆、保温板抹面砂浆等）。依次进行分类，建筑保温砂浆体系可分为砂浆保温系统用砂浆和其他保温系统用配套砂浆。砂浆保温系统用砂浆包括无机轻集料保温砂浆（玻化微珠保温砂浆、陶粒保温砂浆、膨胀蛭石或膨胀珍珠岩保温砂浆）和胶粉聚苯颗粒保温砂浆。

根据 GB/T 20473—2021，建筑保温砂浆按性能可分为 Ⅰ 型和 Ⅱ 型。两种类型的砂浆其性能要求见表 7-12。

表 7-12　Ⅰ 型和 Ⅱ 型保温砂浆硬化后性能要求

项目	单位	技术要求	
		Ⅰ 型	Ⅱ 型
干密度	kg/m³	≤350	≤450
抗压强度	MPa	≥0.50	≥1.0
导热系数（平均温度 25℃）	W/（m·K）	≤0.070	≤0.085
拉伸黏结强度	MPa	≥0.10	≥0.15
线收缩率	—	≤0.30%	
压剪黏结强度	kPa	≥60	
燃烧性能	—	应符合 GB 8624 规定的 A 级要求	

建筑保温砂浆的产品标记由三个部分组成：型号、产品名称、本文件编号。

如，Ⅰ 型建筑保温砂浆的标记为：Ⅰ 建筑保温砂浆 GB/T 20473—2021。

Ⅱ 型建筑保温砂浆的标记为：Ⅱ 建筑保温砂浆 GB/T 20473—2021。

无机轻集料保温砂浆材料保温系统防火不燃烧。可广泛用于密集型住宅、公共建筑、大型公共场所、易燃易爆场所、对防火要求严格场所。还可作为防火隔离带施工，提高建筑防火标准。此外，无机轻集料保温砂浆还具备以下优点：①无机轻集料保温砂浆有极佳的温度稳定性和化学稳定性；其材料保温系统由纯无机材料制成。耐酸碱、耐腐蚀、不开裂、不脱落、稳定性高，不存在老化问题，与建筑墙体同寿命。②施工简便，综合造价低。无机轻集料保温砂浆材料保温系统可直接抹在毛坯墙上，其施工方法与水泥砂浆找平层相同。施工机械简单，施工便利，与其他保温系统比较有明显的施工期短、质量容易控制的优势。③适用范围广，阻止冷热桥产生。无机轻集料保温砂浆材料保温系统适用于各种墙体基层材质、各种形状复杂墙体的保温。全封闭、无接缝、无空腔，没有冷热桥产生。不但可以做外墙外保温还可以做外墙内保温，或者外墙内外同时保温，及屋顶的保温和地热的隔热层，为节能体系的设计提供一定的灵活性。④绿色环保无公害。无机轻集料保温砂浆材料保温系统无毒、无味、无放射性污染，对环境和人体无害，同时可以大量使用工业废渣，具有良好的环境和社会效益。

7.2.2 无机轻集料保温砂浆主要保温材料

7.2.2.1 水泥

无机轻集料保温砂浆对水泥没有特别要求，硅酸盐水泥和铝酸盐水泥均可，如需早期强度或硬化速度，可以将硅酸盐水泥和铝酸盐水泥混合使用。

7.2.2.2 无机轻集料保温材料

1. 膨胀珍珠岩或膨胀蛭石

膨胀珍珠岩是珍珠岩矿砂经预热，瞬时高温焙烧膨胀后制成的一种内部为蜂窝状结构的白色颗粒状的材料。其原理为将珍珠岩矿石经破碎形成一定粒度的矿砂，经预热焙烧，急速加热（1000℃以上），矿砂中水分汽化，在软化的含有玻璃质的矿砂内部膨胀，形成多孔结构，且体积膨胀 10～30 倍的非金属矿产品。珍珠岩根据其膨胀工艺技术及用途不同分为三种形态：开放孔（open cell），闭孔（closed cell），中空孔（balloon）。其堆积密度、质量含湿率、粒度和导热系数均应符合《膨胀珍珠岩》（JC/T 209—2012）中规定。

蛭石是一种层状结构的含镁的水铝硅酸盐次生变质矿物，原矿外似云母，通常由黑（金）云母经热液蚀变作用或风化而成，因其受热失水膨胀时呈挠曲状，形态酷似水蛭，故称蛭石。有金黄色蛭石、银白色蛭石、乳白色蛭石等。将蛭石经过高温焙烧，其体积能迅速膨胀数倍至数十倍，体积膨胀后的蛭石就称为膨胀蛭石。膨胀蛭石其体积是原蛭石的 8～20 倍，膨胀后的比重 130～180kg/m^3，具有很强的保温隔热性能。用于建筑保温的膨胀蛭石的密度、导热系数和含水率应符合 JC/T 441—2009 中的规定。

2. 膨胀玻化微珠

膨胀玻化微珠，又名无机玻化微珠，是一种酸性玻璃质溶岩矿物质，经过气炉高温膨胀等特种技术处理和生产工艺加工形成内部多孔、表面玻化封闭、理化性能稳定、燃烧性能为 A 级、呈球状体的细径颗粒，是一种环保型无机轻质绝热材料。该材料与膨胀玻化微珠保温胶粉料共同组成了膨胀玻化微珠保温浆料。

玻化微珠弥补了用聚苯颗粒和普通膨胀珍珠岩作轻质骨料的其他传统保温材料的诸多缺陷和不足，无机中空玻化微珠克服膨胀珍珠岩吸水性大、易粉化、在搅拌中体积损失率大、产品后期保温性能降低和易空鼓开裂等不足之处，同时又弥补了聚苯颗粒有机材料防火性能差、强度低、高温产生有害气体和耐老化性耐候性低等缺陷。

根据《膨胀玻化微珠》（JC/T 1042—2007），膨胀玻化微珠根据其堆积密度可分为Ⅰ、Ⅱ、Ⅲ三类。Ⅰ类堆积密度小于 80kg/m^3，Ⅱ类堆积密度 80～120kg/m^3，Ⅲ类堆积密度大于 120kg/m^3。其他性能如筒压强度、导热系数、体积吸水率、体积漂浮率、表面玻化闭孔率均有要求。

3. 陶粒

陶粒是经高温烧结并发泡的轻集料。它是轻集料混凝土的主要原材料。由于其保温性能良好，也可以用作保温砂浆的原材料。陶粒具有球状的外形，表面光滑而坚硬，内部呈蜂窝状，有密度小、热导率低、强度高的特点。陶粒自身的堆积密度

小于 $1100kg/m^3$，一般为 $300\sim900kg/m^3$。按生产原料划分，陶粒有铝矾土陶粒砂、黏土陶粒、页岩陶粒、垃圾陶粒、煤矸石陶粒、生物污泥陶粒和粉煤灰陶粒等类型。按强度可分为高强型和普通型。按密度可分为一般密度陶粒、超轻密度陶粒和特轻密度陶粒。按形状可分为碎石形陶粒、圆球形陶粒和圆柱形陶粒三种。

7.2.2.3 建筑保温砂浆的技术要求

根据《建筑保温砂浆》（GB/T 20473—2021）中的规定，建筑保温砂浆的技术要求如下。

（1）外观质量。产品的外观应均匀、无结块。

（2）堆积密度。Ⅰ型应不大于 $300kg/m^3$，Ⅱ型应不大于 $400kg/m^3$。

（3）石棉含量。应不含石棉纤维。

（4）放射性。天然放射性核素镭-226、钍-232、钾-40 的放射性比活度应同时满足 $I_{Ra}\leqslant1.0$ 和 $I_{\gamma}\leqslant1.0$。

（5）2h 稠度损失率。应不大于 30%。

（6）硬化后的性能要求。建筑保温砂浆拌合硬化后（养护至规定龄期）的性能要求，应符合表 7-12 中的规定。

（7）硬化后的特殊要求。当用户有抗冻性要求时，15 次冻融循环后质量损失率应大于 5%，抗压强度损失率应不大于 25%；当用户有耐水性要求时，软化系数应不大于 0.60；当用户有吸水性能要求时，体积吸水率应不大于 10%；当用户有蓄热性能要求时，Ⅰ型产品的蓄热系数应不大于 $1.0W/(m^2\cdot K)$，Ⅱ型产品的蓄热系数应不大于 $1.5W/(m^2\cdot K)$。

7.2.2.4 建筑保温砂浆的配合比设计及举例

1. 建筑保温砂浆的配合比设计

由于建筑保温砂浆所用保温材料较多，在配合比设计过程中没有统一规定，但性能需满足 7.2.3 小节建筑保温砂浆的技术要求中的规定。

2. 建筑保温砂浆配比举例

表 7-13 和表 7-14 为不同保温材料的建筑保温砂浆的配比参考示例。表 7-13 和表 7-14 分别为膨胀珍珠岩和膨胀玻化微珠保温砂浆参考配比。

表 7-13　膨胀珍珠岩保温砂浆参考配比

材料	性能规格	质量	
		Ⅰ型	Ⅱ型
水泥	42.5 硅酸盐水泥	900kg	700kg
粉煤灰	Ⅱ级	100kg	300kg
可再分散乳胶粉	—	15kg	16kg
纤维素醚	150000mPa·s	5kg	5kg
聚丙烯纤维	—	3kg	3kg
膨胀珍珠岩	—	$7\sim9m^3$	$5\sim7m^3$
水	—	210kg	210kg

表 7-14　膨胀玻化微珠保温砂浆参考配比

材料	性能规格	质量
水泥	42.5 硅酸盐水泥	150kg
粉煤灰	Ⅰ 级	50kg
重钙粉	325 目	50kg
可再分散乳胶粉	—	2~3kg
纤维素醚	100000mPa・s	9kg
聚丙烯纤维	—	1kg
膨胀玻化微珠	—	1m³
水：混合料（质量比）		1：1

7.2.3　性能测试

建筑保温砂浆性能测试条件有相应规定，标准养护条件为空气温度（23±2）℃，相对湿度（50±5）%。试验环境为空气温度（23±5）℃，相对极限数值做比较，比较的方法采用《数值修约规则与极限数值的表示和判定》（GB/T 8170—2008）中 4.3.3 规定的修约值比较法。

7.2.3.1　砂浆拌制

1. 仪器设备

（1）电子天平：分度值不大于 1g，量程 20kg。

（2）搅拌机：符合 JG 244 的规定。

（3）砂浆稠度仪：应符合 JGJ/T 70 的规定。

2. 拌合物的制备

拌合用的材料应至少提前 24h 放入试验环境中。按生产商推荐的水料比，用电子天平进行称量，使用搅拌机制备拌合物，搅拌时间为 2min。

若生产商未提供水料比，应通过试配确定拌合物稠度为（50±5）mm 时的水料比，稠度的测试按 JGJ/T 70 的规定进行。

7.2.3.2　堆积密度测定

1. 仪器设备

（1）电子天平：量程为 5kg，分度值不大于 0.1g。

（2）量筒：圆柱形金属筒，标称容积为 1L，要求内壁光洁，并具有足够的刚度。

（3）堆积密度试验装置（图 7-6）。

2. 试验步骤

（1）称量量筒的质量 m_1，将试样注入堆积密度试验装置的漏斗中，启动活动门，使试样注入量筒，并高出量筒上沿。

（2）用直尺刮平量筒试样表面，刮平时直尺应紧贴量筒上沿。

（3）称量量筒和试样的质量 m_2。

（4）在试验过程中应保证试样呈松散状态，防止任何程度的震动。

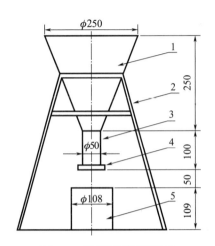

图 7-6 堆积密度试验装置
1—漏斗；2—支架；3—导管；4—活动门；5—量筒

3. 结果计算

（1）堆积密度按下式计算。

$$\rho = \frac{m_2 - m_1}{V}\tag{7-2}$$

式中　ρ——试样堆积密度，kg/m^3；

　　　m_2——量筒和试样的质量，g；

　　　m_1——量筒的质量，g；

　　　V——量筒的容积，L。

（2）试验结果以三次测验平均值的算术平均值表示。

7.2.3.3　2h 稠度损失率测定

将制备好的拌合物，按 JGJ/T 70 的规定测试拌合物的初始稠度 S_0，测毕稠度的拌合物样品应废弃。重新取拌合物装入用湿布擦过的 10L 的容量筒内，容器表面不覆盖。从拌合物加水时开始计时，2h±5min 时将容量筒内的拌合物全部倒入搅拌机搅拌均匀，按 JGJ/T 70 的规定测试拌合物的稠度 S_{2h}。

2h 稠度损失率按下式计算：

$$\Delta S_{2h} = \frac{S_0 - S_{2h}}{S_0} \times 100\tag{7-3}$$

式中　ΔS_{2h}——2h 稠度损失率，%；

　　　S_0——拌合物初始稠度，mm；

　　　S_{2h}——2h 时拌合物稠度，mm。

7.2.3.4　硬化干密度测定

1. 仪器设备

试模：70.7mm×70.7mm×70.7mm 钢质有底试模，应具有足够的刚度并拆装方便。试模的内表面平整度为每 100mm 不超过 0.05mm，组装后各相邻面的不垂直度应小于 0.5°。

捣棒：直径 10mm、长 350mm 的钢棒，端部应磨圆。

2. 试件的制备

（1）试模内壁涂刷薄层脱模剂。

（2）将制备好的拌合物一次注满试模，并略高于其上表面，用捣棒均匀由外向里按螺旋方向轻轻插捣 25 次，插捣时用力不应过大，尽量不破坏其保温骨料。为防止可能留下孔洞，允许用油灰刀沿模壁插捣数次或用橡皮锤轻轻敲击试模四周，直至插捣棒留下的孔洞消失，最后将高出部分的拌合物沿试模顶面削去抹平。

（3）试件制作后用聚乙烯薄膜覆盖，在试验环境下静停（48±4）h，然后编号拆模。拆模后应立即在标准养护条件下养护至 28d±8h（自拌合物加水时算起），或按生产商规定的养护条件及时间，生产商规定的养护时间自拌合物加水时算起不应多于 28d。

（4）养护结束后将试件从养护室取出并在（105±5）℃或生产商推荐的温度下烘干至恒重，放入干燥器中备用。恒重的判据为恒温 3h 两次称量试件的质量变化率小于 0.2%。

3. 干密度的测定

从制备的试件中取 6 块试件，按 GB/T 5486 的规定进行干密度的测定，试验结果以 6 块试件测试值的算术平均值表示。

7.2.3.5　导热系数测定

制备拌合物，立即试件成型。试件尺寸应符合导热系数测定仪的要求，标准养护至 28d，在（105±5）℃烘干至恒重，按 GB/T 10294、GB/T 10295、GB/T 10297 的规定进行。如有异议，以 GB/T 10294 作为仲裁检测方法。

7.2.3.6　蓄热系数测定

1. 仪器设备

（1）热脉冲法热性能测定仪：符合 JGJ/T 12—2019 的规定。

（2）电子天平：分度值不大于 0.1g。

（3）鼓风干燥箱：工作温度高于 200℃。

（4）试模：200mm×200mm×20mm、200mm×200mm×60mm 和 200mm×200mm×80mm 的钢质有底试模。

2. 试验步骤

（1）用制备的拌合物制作 2 组试样，每组包括 200mm×200mm×20mm、200mm×200mm×60mm、200mm×200mm×80mm 的试样各 1 块。

（2）在标准养护条件下养护至 28d±8h（自拌合物加水时算起），或按生产商规定的养护条件及时间，生产商规定的养护时间自拌合物加水时算起不应多于 28d。

（3）将试样放入鼓风干燥箱中，烘至恒重，再按 GB/T 5486 的规定测量试样的尺寸及质量，并计算其干密度，干密度极差值应不大于 20kg/m³。每块试样上下表面应平行，厚度应均匀。厚度为 20mm 的薄试样不平行度应小于厚度的 1%。各试样的接触面应结合紧密。

（4）将试样安装在热脉冲法热性能测定仪试验台上，放入热电偶及加热器，热电偶的节点放在试样的中心，然后用夹具将试样夹紧。

（5）按 JGJ/T 12—2019 中规定的测定试样的导温系数进行。

3. 结果计算

蓄热系数按下式计算：

$$S = 2.5 \frac{\lambda}{\sqrt{aT}} \tag{7-4}$$

式中　S——蓄热系数，W/（m²·K）；

　　　λ——导热系数，W/（m·K）；

　　　a——导温系数，m²/h；

　　　T——时间周期，取 24h。

试验结果以 2 组试样的算术平均值表示。

7.2.3.7　软化系数测定

按干密度测定方法中试样制备过程，制备 6 块试件，将试件浸入温度为（20±5）℃的水中，水面高出试件上表面 20mm 以上，试件间距应大于 5mm，（48±1）h 后从水中取出试件，用拧干的湿毛巾擦去表面附着水，立即按 GB/T 5486 的规定进行抗压强度测试，以 6 块试件测试值的算术平均值作为抗压强度 σ_1。

软化系数按下式计算：

$$\varphi = \frac{\sigma_1}{\sigma_0} \tag{7-5}$$

式中　φ——软化系数；

　　　σ_0——抗压强度，MPa；

　　　σ_1——浸水后抗压强度，MPa。

7.2.3.8　拉伸黏结强度测定

1. 仪器设备

（1）拉力试验机：精度不低于 1 级，最大量程宜为 5kN。

（2）水泥砂浆板：100mm×100mm×20mm 6 块，按 JGJ/T 70 的规定制备。

（3）夹具：钢制，100mm×100mm 12 块。

2. 试验步骤

（1）用制备的拌合物满涂于水泥砂浆板上，涂抹厚度为 5～8mm，制备 6 个试件。在标准养护条件下养护至 28d±8h（自拌合物加水时算起），或按生产商规定的养护条件及时间，生产商规定的养护时间自拌合物加水时算起不应多于 28d。

（2）按 GB/T 5486 的规定，测量试件上表面的长度和宽度，取 2 次测量值的算术平均值，修约至 1mm。

（3）将抗拉用夹具用合适的胶黏剂黏合在试件两个表面。图 7-7 所示为拉伸黏结强度试样示意图。

（4）胶黏剂固化后，将试件安装到适宜的拉力试验机上，进行拉伸黏结强度测定，拉伸速率为（5±1）mm/min。记录每个试件破坏时的荷载值。如夹具与胶粘剂脱开，测试值无效。

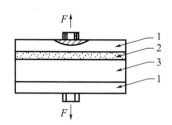

图 7-7   拉伸黏结强度试样

1—夹具；2—保温砂浆；3—水泥砂浆板；F—受拉荷载。

3. 结果计算

拉伸黏结强度按下式计算，试验结果为 6 个测试值中 4 个中间值的算术平均值。

$$R = \frac{F_1}{L_1 W_1} \tag{7-6}$$

式中　R——拉伸黏结强度，MPa；

　　　F_1——破坏时的最大拉力，N；

　　　L_1——试件长度，mm；

　　　W_1——试件宽度，mm。

7.2.3.9　压剪黏结强度测定

1. 仪器设备

（1）试验机：精度不低于 1 级，最大量程宜为 5kN。

（2）水泥砂浆板：110mm×100mm×10mm 12 块，按 JGJ/T 70 的规定制备。

（3）压剪试验夹具：符合 GB/T 12954.1—2008 中 5.3 的规定。

2. 试验步骤

（1）将制备好的拌合物涂抹于两个水泥砂浆板之间，涂抹厚度为（10±2）mm，面积为 100mm×100mm，应错位涂抹。如图 7-8 所示试件，制备 6 个试件。在标准养护条件下养护至 28d±8h（自拌合物加水时算起），或按生产商规定的养护条件及时间，生产商规定的养护时间自拌合物加水时算起不应多于 28d。

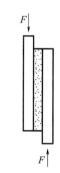

（2）将试件置于试验机的压剪试验夹具中，以（5±1）mm/min 速度施加荷载直至试件破坏，记录试件破坏时的荷载值 F_2。

3. 结果计算

压剪黏结强度按式（7-7）计算，试验结果以 6 个测试值中 4 个中间值的算术平均值表示。

图 7-8　压剪黏结强度试样

$$R_n = \frac{F_2}{L_2 W_2} \tag{7-7}$$

式中　R_n——压剪黏结强度，kPa；

　　　F_2——试件破坏时的荷载，N；

　　　L_2——试件长度，mm；

　　　W_2——试件宽度，mm。

7.2.3.10　抗压强度测定

检测干密度后的 6 块试件，应立即按 GB/T 5486 的规定进行抗压强度试验，受压面是成型时的侧面，以 6 块试件测试值的算术平均值作为抗压强度值。

7.2.4　建筑保温砂浆的施工

7.2.4.1　无机轻集料砂浆保温系统的设计要点

（1）涂料饰面的无机轻集料砂浆外墙外保温系统的基本构造应符合表 7-15 的规定；面砖饰面的无机轻集料砂浆外墙外保温系统的基本构造应符合表 7-16 的规定；无机轻集料砂浆外墙内保温系统的基本构造应符合表 7-17 的规定。

表 7-15　涂料饰面无机轻集料砂浆外墙外保温系统基本构造

基本构造					构造示意图
基层①	界面层②	保温层③	抗裂层面④	饰面层⑤	
混凝土墙及各种砌体墙	界面砂浆	无机轻集料保温砂浆	抗裂砂浆＋玻纤网（有加强要求的增设一道玻璃网）	柔性腻子＋涂料饰面	

表 7-16　面砖饰面无机轻集料砂浆外墙外保温系统基本构造

基本构造					构造示意图
基层①	界面层②	保温层③	抗裂层面④	饰面层⑤	
混凝土墙及各种砌体墙	界面砂浆	无机轻集料保温砂浆	抗裂砂浆＋玻纤网（有锚固件与基层锚固）	黏结剂＋面砖＋填缝剂	

表 7-17　无机轻集料砂浆内保温系统基本构造

基本构造					构造示意图
基层①	界面层②	保温层③	抗裂层面④	饰面层⑤	
混凝土墙及各种砌体墙	界面砂浆	无机轻集料保温砂浆	抗裂砂浆＋玻纤网	涂料饰面	

（2）无机轻集料砂浆保温系统宜应用于外墙外保温系统，且外墙外保温厚度不宜大于 50mm。若外墙保温层厚度无法满足要求，则可选用内外复合保温，系统构造应符合表 7-15～表 7-17 的规定。

（3）无机轻集料保温砂浆层厚度应符合墙体热工性能设计要求。

（4）抗裂面层中应设置玻纤网，应严格控制抗裂面层的厚度。涂料饰面时，其复合玻纤网的抗裂面层厚度不应小于 3mm；面砖饰面时，其复合玻纤网的抗裂面层厚度不应小于 5mm。

（5）在采用面砖饰面时，抗裂面层的玻纤网外侧应采用塑料锚栓锚固，且塑料锚栓的数量每平方米不应少于 5 个。

（6）在外墙外保温涂料饰面系统的抗裂面层中，必要时应设置抗裂分格缝，并应做好抗裂分格缝的防水设计。

（7）外墙外保温工程设计不得更改系统构造和组成材料。

（8）外墙宜使用涂料饰面。当外保温系统的饰面层采用粘贴饰面砖时，系统供应商应提供包括饰面砖拉伸黏结强度的耐候性检验报告，并应符合下列规定：

①粘贴饰面砖工程应进行专项设计，编制施工方案，并应符合《外墙饰面砖工程施工及验收规程》（JGJ 126—2015）的规定。

②工程施工前应做样板墙，进行面砖拉拔试验，经建设、设计和监理等单位确认后方可施工。

③粘贴饰面砖时，应使用符合国家现行相关标准要求的陶瓷墙地砖胶黏剂和填缝剂。

（9）当采用无机轻集料砂浆保温系统进行外墙外保温设计时，无机轻集料保温砂浆的导热系数、蓄热系数应按表 7-18 选取。

表 7-18　无机轻集料保温砂浆热工参数

保温砂浆类型	蓄热系数 S [W/ (m² · K)]	导热系数 λ [W/ (m · K)]	修正系数
Ⅰ型	1.2	0.070	1.25
Ⅱ型	1.5	0.085	1.25

（10）无机轻集料砂浆外墙外保温系统应进行密封和防水构造设计，应确保水不会渗入保温层及基层，重要部位应有详图。水平或倾斜的出挑部位及延伸至地面以下的部位应做好防水处理。在墙体上安装的设备或管道应固定于基层墙体上，并应做好密封和防水处理。无机轻集料砂浆外墙内保温系统的厨卫部分应进行防水设计。

7.2.4.2　无机轻集料砂浆保温系统的施工

1. 一般规定

（1）外墙外保温工程施工期间以及完工后 24h 内，夏季应避免阳光暴晒。在 5 级以上大风天气和雨天不得施工。

（2）无机轻集料砂浆保温系统外墙保温工程的施工，应符合下列规定：

① 保温砂浆层厚度应符合设计要求。

② 保温砂浆层应分层施工。保温砂浆层与基层之间及各层之间应黏结牢固。

③ 采用塑料锚栓时，塑料锚栓的数量、位置、锚固深度和拉拔力应符合设计要求，塑料锚栓应进行现场拉拔试验。

（3）保温工程实施前应编制专项施工方案并经监理（建设）单位认可后方可实施。施工前应进行技术交底，施工人员应经过必要的实际操作培训并经考核合格。

（4）保温工程的施工应在基层施工质量验收合格后进行。应避免在潮湿的墙体上进行保温层施工。

（5）现场配制砂浆时，砂浆水灰比应由无机轻集料砂浆保温系统供应商确定。

2. 施工准备

（1）基层墙面不得有灰尘、污垢、油渍及残留灰块等。基层表面高凸处应剔平并找平，蜂窝、麻面、露筋、疏松部分等应符合《建筑装饰装修工程质量验收标准》（GB 50210—2018）的有关规定。门窗口与墙体交接处应填补密实。

（2）保温工程施工前，外门窗洞口应通过验收，洞口尺寸、位置应符合国家现行有关标准的规定和设计要求，门窗框或辅框应安装完毕。伸出墙面的预埋件、连接件应安装完毕，并应按保温层厚度留出间隙。

（3）脚手架或操作平台施工应符合国家现行相关标准的规定，脚手架或操作平台应验收合格。

3. 施工要点

（1）涂料饰面外墙外保温工程和外墙内保温工程的工艺流程如图 7-9 所示；面砖饰面外墙外保温工程的工艺流程如图 7-10 所示。

（2）应按照设计和施工方案的要求进行基层处理，基面应牢固、干净、无明水，有裂缝及漏水部位的，应采用补强及堵漏措施，明显的气孔部分及表面起砂部位应进行界面处理。

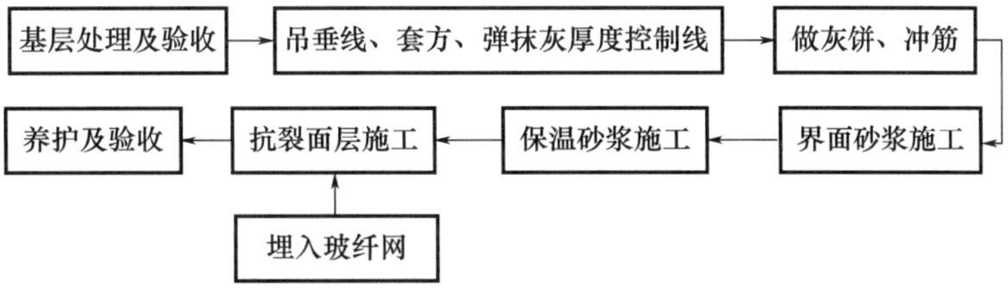

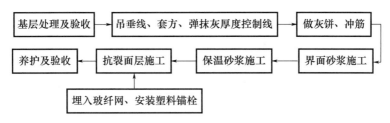

图 7-9　涂料饰面外墙外保温工程和外墙内保温工程的工艺流程

图 7-10　面砖饰面外墙外保温工程的工艺流程

（3）保温工程施工时应吊垂线、套方，在建筑外墙大角及其他必要处应挂垂直基准线，以控制保温砂浆的表面垂直度。保温砂浆施工前应弹抹灰厚度控制线，并应根据建筑内部和墙体保温技术要求，在墙面弹出外门窗水平控制线、垂直控制线、分格缝线。

（4）应采用保温砂浆做标准饼，然后冲筋，其厚度应以墙面最高处抹灰厚度不小于设计厚度为准，并应进行垂直度检查，门窗口处及墙体阴角部分宜做护角。

（5）涂刷界面砂浆，界面砂浆应均匀涂刷于基层表面。

（6）保温砂浆应按照设计或产品使用说明书的要求进行配制，并采用机械搅拌。机械搅拌时间不宜少于 3min，且不宜大于 6min。搅拌好的砂浆宜在 120min 内用完。

（7）保温砂浆应在界面砂浆形成强度前分层施工，每层保温砂浆的厚度不宜大于 20mm，保温砂浆层与基层之间及各层之间的黏结应牢固，不应脱层、空鼓和开裂。

（8）施工后应及时做好保温砂浆层的养护工作，严禁水冲、撞击和震动，保温层应垂直、平整、阴阳方正、顺直，平整度的偏差应符合《建筑装饰装修工程质量验收标准》（GB 50210—2018）的规定。当不符合要求时，应及时进行修补。

（9）抗裂面层施工时，应预先将抗裂砂浆均匀施工在保温层上，玻纤网应埋入抗裂砂浆面层中，严禁玻纤网直接铺在保温层面上用砂浆涂布黏结。抗裂砂浆面层的厚度应符合设计要点（4）提出的规定。

（10）玻纤网施工应符合下列规定：

① 大面积施工玻纤网前，应先做好门、窗洞口玻纤网翻包边。应在门、窗的四个角各做一块 200mm×300mm 的玻纤网，45°斜贴后，再将大面上的网布继续粘贴埋入。

② 在抗裂砂浆可操作时间内，应将裁剪好的玻纤网铺展在第一层抗裂砂浆上，并应将弯曲的一面朝里，沿水平方向绷直绷平，用抹刀边缘线抹压铺展固定，将玻纤网压入底层抗裂砂浆中。然后由中间向上、下、左、右方向将面层抗裂砂浆抹平

整，确保抗裂砂浆紧贴玻纤网，黏结应牢固、表面平整，抗裂砂浆应涂抹均匀。玻纤网搭接宽度不应小于 50mm，转角处玻纤网搭接宽度不应小于 100mm，上下搭接宽度不应小于 80mm，不得使玻纤网皱褶、空鼓、翘边。

③ 在保温系统与非保温系统部分的接口部分，大面上的玻纤网应延伸搭接到非保温系统部分，搭接宽度不应小于 100mm。

④ 分格缝应沿凹槽将玻纤网埋入抗裂砂浆内。

（11）塑料锚栓的安装应在玻纤网压入抗裂砂浆后进行。塑料锚栓应在基层内钻孔锚固，有效锚固深度应大于 25mm。当基层墙体为蒸压加气混凝土制品时，有效锚固深度应大于 50mm。当基层墙体为空心小砌块时，应采用有回拧功能的塑料锚栓。钻孔深度应根据保温层厚度采用相应长度的钻头，钻孔深度宜比塑料锚栓长 10～15mm。

（12）抗裂面层施工后应及时做好养护，严禁水冲、撞击和震动。

（13）面砖的填缝应在面砖固定至少 24h，且面砖已经稳定黏结并具一定强度后进行。

（14）保温施工应采取防晒、防风、防雨、防冻以及防止施工污染的措施；保温施工时不得有重物或尖物撞击墙面和门窗框，碰撞坏的墙面及门窗框应及时修复；保温工程完成后严禁在墙体处近距离进行高温作业。

7.2.5 任务实施

（1）按如下要求编制材料用量设计说明书。

标题：外墙膨胀珍珠岩保温砂浆材料用量设计说明书

（一）设计介绍
简单描述外墙保温砂浆的设计用原材料、使用部位、使用性能及设计依据等。
（二）设计规程
描述任务完成所根据的规范，如建筑保温砂浆规范、膨胀珍珠岩规范等，一一列举。
（三）设计要求
描述任务的具体要求，包括技术性能、使用主要原材料及用途。
（四）原材料性能
对设计中使用的胶凝材料、保温材料、外加剂及水的特征进行说明。
（五）配合比设计
详细描述设计过程及依据，并对设计配方进行试配和性能检测，将检测结果填于表 7-19 中。

表 7-19 保温砂浆材料用量表

材料	用量
硅酸盐水泥	
膨胀珍珠岩	

续表

材料	用量
可再分散乳胶粉	
纤维素醚	
膨胀珍珠岩	
水	

（六）成型及养护方法

描述成型是人工振捣还是机械振捣，成型过程注意事项等。描述任务制备的砂浆试件的养护方法。

（七）试验结果评价

根据 GB/T 20473—2021，评价设计试件的实测性能是否满足任务要求，并完成表 7-20。

表 7-20　材料性能评价

项目	单位	实测性能	是否达标
干密度	kg/m^3		
抗压强度	MPa		
导热系数（平均温度 25℃）	W/（m·K）		
拉伸黏结强度	MPa		
线收缩率	—		
压剪黏结强度	kPa		

（八）材料性能评定总结

对材料的检测性能是否达到标准要求进行总结性评价。

编制人：

年　月　日

（2）简要描述外墙保温砂浆的施工要点。简要描述外墙保温系统设计要点，任务要求是外墙外保温且瓷砖饰面，描述该墙体保温体系的构造及工艺要点，并完成表 7-21。

表 7-21　保温砂浆施工概要

项目	内容及要求			
	设计内容		设计要点	
保温系统构造				
	一般要求	前期准备	施工工艺流程	施工要点
保温系统施工				

任务 7.3　建筑防水砂浆配制

微课

防水砂浆

本任务依据《聚合物水泥防水砂浆》（JC/T 984—2011），重点对聚合物水泥防水砂浆的技术性能要求、配比设计、施工技术要求进行详细讲解，同时配合设计实例及任务完成，巩固所学知识。

【重点知识与关键能力】

重点知识：
- 掌握建筑防水砂浆的基本原材料及外加剂。
- 掌握建筑防水砂浆配方设计及要求。
- 掌握建筑防水砂浆的各种性能测试原理及方法。
- 掌握防水砂浆的施工要求、基层处理方法及施工要点。
- 掌握普通建筑防水砂浆的施工方法。
- 掌握聚合物防水砂浆的施工方法。

关键能力：
- 能根据不同的性能需求对防水砂浆的配比进行分析调整。
- 能正确检测防水砂浆的各类性能。
- 能正确进行数据分析和处理。
- 能正确进行各类防水砂浆的施工。

【任务描述】

某企业要生产聚合物水泥防水砂浆，如果你是一名砂浆设计人员，如何设计该类型的建筑防水砂浆？

【任务要求】

（1）根据企业需求进行防水砂浆的设计与试配。
（2）编写产品设计说明书。
（3）编写产品检验结论及报告书。
（4）根据防水要求编制施工工艺说明书。

【任务环境】

- 每组根据工作任务，进行合理的保温砂浆配合比设计、产品检测及施工说明；
- 以小组为单位，分工协作，完成个人报告和小组报告。

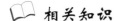 相关知识

7.3.1　防水砂浆概念、分类、标记及应用

常用的防水砂浆可分为多层抹面防水砂浆、掺外加剂的防水砂浆、膨胀水泥与

无收缩性水泥配制的防水砂浆三类。掺外加剂的防水砂浆可分为掺加无机质防水剂的防水砂浆和掺加聚合物的聚合物水泥防水砂浆，聚合物水泥防水砂浆根据其力学性能可分为Ⅰ型和Ⅱ型。

多层抹面防水砂浆是指将由水泥加水配制的水泥素浆和由水泥、砂、水配制的水泥砂浆，分层交替抹压密实，以使每层毛细孔通道大部分被切断，残留的少量毛细孔也无法形成贯通的渗水孔网。硬化后的防水层具有较高的防水和抗渗性能。

聚合物水泥防水砂浆是指以水泥、细骨料为主要组分，以聚合物乳液或可再分散乳胶粉为改性剂，添加适量助剂混合制成的，适用于建筑工程用的一类防水砂浆。产品按其组分的不同，可分为单组分（S 类）和双组分（D 类）两类。单组分（S 类）由水泥、细骨料和可再分散乳胶粉、添加剂等组成；双组分（D 类）由粉料（水泥、细骨料）和液料（聚合物乳液、添加剂等）组成。产品按其物理力学性能可分为Ⅰ型和Ⅱ型两种类型。聚合物水泥防水砂浆中的聚合物可有效地封闭连通的孔隙，增加砂浆的密实性及抗裂性，从而可以改善砂浆的抗渗性及抗冲击性。

水泥基渗透结晶型防水砂浆按其使用方法分为水泥基渗透结晶型防水涂料和水泥基渗透结晶型防水剂。水泥基渗透结晶型防水涂料是以硅酸盐水泥、石英砂为主要成分，掺入一定量活性化学物质制成的一类粉状材料，其经与水拌合之后调配成可刷涂或喷涂在水泥混凝土表面的浆料，也可采用干撒方法压入未完全凝固的水泥混凝土表面。水泥基渗透结晶型防水剂是以硅酸盐水泥和活性化学物质为主要成分制成的一类粉状材料，其可掺入水泥混凝土拌合物中使用。

膨胀水泥与无收缩性水泥防水砂浆是利用水泥水化过程的微膨胀原理，补偿水泥在水化过程中由于自身收缩产生的各种微裂纹，从而使水泥砂浆更加密实，具有一定的防水效果。该类砂浆主要有两种：一种是利用膨胀水泥制备的防水砂浆，另一种是在砂浆中掺入适量膨胀剂制备的砂浆。

由于防水砂浆种类繁多，其标记没有统一规定，如聚合物水泥防水砂浆的标记，产品按名称、类别、标准编号的顺序标记。

示例：符合 JC/T 984—2011，单组分，Ⅰ型聚合物水泥防水砂浆标记为：

JF 防水砂浆 S Ⅰ JC/T 984—2011

防水砂浆的应用范围较广，如工业和民用建筑内外墙、厕浴间、地下室、水池、水塔、异性屋面和隧道等的防水设计，也可以应用于大坝等地下工程的防水、防腐、防渗、防潮及渗漏等修复工程。

7.3.2　建筑防水砂浆主要防水材料

1. 可再分散乳胶粉

可再分散乳胶粉是单组分聚合物水泥防水砂浆的主要防水材料，其性能前面章节已经讲过，这里不再赘述。

2. 防水剂

砂浆加入防水剂后，在混凝土结构中均匀分布，充填和堵塞混凝土中的裂隙及气孔，使混凝土更加密实而达到阻止水分透过的目的。主要有结构自防水、掺入防水剂防水。主要品种有无机化合物类、有机化合物类、混合类和复合类防水剂。

无机化合物类防水剂主要有三氯化铁、三氯化铝、硅酸钠、硅灰、锆化合物。

有机化合物类防水剂主要有脂肪酸及盐类、有机硅（甲基硅醇钠、乙基硅醇钠、高沸硅醇钠）憎水剂，金属皂类防水剂，环烷酸皂防水剂。该类防水剂主要用于配制防水砂浆的聚合物乳液、橡胶乳液、热固性树脂乳液、乳化石蜡、乳化沥青等。

混合类防水剂包括无机混合类、有机混合类、无机与有机混合类防水剂。

复合类防水剂包括上述各类与引气剂、减水剂、调凝剂等外加剂复合的复合型防水剂。

7.3.3 防水砂浆的技术要求

本节介绍的防水砂浆主要以聚合物水泥防水砂浆为例，产品性能应满足如下三点要求：

（1）产品的生产与使用不应对人体、生物与环境造成有害的影响，所涉及与使用有关的安全和环保要求应符合相关国家标准和规范的规定。

（2）产品的外观：液料经搅拌后为均匀、无沉淀液体，粉料为均匀、无结块粉末。

（3）根据标准《聚合物水泥防水砂浆》（JC/T 984—2011），聚合物水泥防水砂浆的物理力学性能应符合表 7-22 中的规定。

表 7-22　聚合物水泥防水砂浆的物理力学性能

序号	项目			技术指标	
				Ⅰ型	Ⅱ型
1	凝结时间[a]	初凝/min　≥		45	
		终凝/h　≤		24	
2	抗渗压力[b]/MPa	涂层试件　≥	7d	0.4	0.5
		砂浆试件　≤	7d	0.8	1.0
			28d	1.5	1.5
3	抗压强度/MPa			18.0	24.0
4	抗折强度/MPa			6.0	8.0
5	柔韧性（横向变形能力）/mm　≥			1.0	
6	黏结强度/MPa　≥		7d	0.8	1.0
			28d	1.0	1.2
7	耐碱性			无开裂、剥落	
8	耐热性			无开裂、剥落	
9	抗冻性			无开裂、剥落	
10	收缩率/%　≤			0.30	0.15
11	吸水率/%　≤			6.0	4.0

注：a. 凝结时间可根据用户需要及季节变化进行调整。

b. 当产品使用的厚度不大于 5mm 时测定涂层试件抗渗压力；当产品使用的厚度大于 5mm 时测定砂浆试件抗渗压力；亦可根据产品用途，选择测定涂层或砂浆试件的抗渗压力。

7.3.4　聚合物水泥防水砂浆的配比设计及举例

1. 聚合物水泥防水砂浆的配比设计

聚合物水泥防水砂浆的各项性能在很大程度上取决于聚合物本身的特性及其在砂浆中的掺入量。掺入量太低，则防水砂浆的性能达不到要求；掺入量太高，则不仅造价高，且黏结性及干缩性均会向劣质化方向发展，必须考虑实用、价廉、防水效果好。目前聚合物水泥防水砂浆的配比设计主要是根据表 7-22 中物理力学性能的要求进行多次试配调整，或者在供货商提供配方的基础上进行合理修正，但其性能也需满足表 7-22 中的规定。在聚合物水泥防水砂浆设计时，还需兼顾实用价廉的原则。

2. 聚合物水泥防水砂浆的配比举例

不同用途的聚合物水泥防水砂浆配合比参见表 7-23。

表 7-23　聚合物水泥防水砂浆的参考配合比

用途	参考配合比（质量比）			涂层厚度/mm
	水泥	砂	聚合物	
防水材料	1	2～3	0.3～0.5	5～20
地板材料	1	3	0.3～0.5	10～15
防腐材料	1	2～3	0.4～0.6	10～15
黏结材料	1	0～3	0.2～0.5	—
新旧混凝土或砂浆接缝材料	1	0～1	0.2 以上	—
修补裂缝材料	1	0～3	0.2 以上	—

为了使聚合物乳液具有对水泥水化产物中大量多价金属离子的化学稳定性以及对搅拌时产生的剪切力的机械稳定性，避免胶乳在搅拌过程中产生析出、凝聚现象，在拌制乳液砂浆过程中，必须加入一定量的稳定剂。此外，由于胶乳中稳定剂的表面活化影响，在搅拌时会产生大量的气泡，导致材料孔隙率增加、强度下降，从而使砂浆的质量受到影响，因此在加入稳定剂的同时，还必须加入适量的消泡剂，并在满足上述化学、机械稳定性要求的前提下，取其最小掺量以降低成本。

稳定剂和消泡剂的种类较多（表 7-24），只有视所选乳液的种类品种不同而加以选择，才能相匹配，才能获得良好的技术经济效果。

表 7-24　聚合物水泥常用的助剂

助　剂	主要品种	作　用
消泡剂	异丁烯醇、3-辛醇、甘油、硬脂酸异戊酯、磷酸三丁酯、二烷基聚硅氧烷等	消除乳液与水泥拌合时产生的气泡
稳定剂	OP 型乳化剂、均染剂 102、农乳 600 等	防止乳液与水泥拌合时及凝结过程中聚合物过早凝聚

7.3.5 聚合物防水砂浆的性能测试

聚合物防水砂浆的实验室试验及干养护条件：温度（23±2）℃，相对湿度（50±10）％。养护室（箱）养护条件：温度（20±3）℃，相对湿度≥90％；养护水池：温度（20±2）℃。试验前样品及所有器具应在温度为（23±2）℃、相对湿度（50±10）％条件下放置至少24h。

1. 防水砂浆浆料制备

防水砂浆配方根据使用要求进行实验室试配，其性能应满足表7-22的要求，或者按生产厂推荐的配合比进行试验。

采用符合JC/T 681规定的行星式水泥胶砂搅拌机，按DL/T 5126—2021要求低速搅拌或采用人工搅拌。

S类（单组分）试样：先将水倒入搅拌机内，然后将粉料徐徐加入到水中进行搅拌。

D类（双组分）试样：先将粉料混合均匀，再加入已倒入液料的搅拌机中搅拌均匀。如需要加水的，应先将乳液与水搅拌均匀。搅拌时间和熟化时间遵照生产厂家规定。若生产厂家未提供上述规定，则搅拌3min、静置1～3min。

搅拌好的浆料，应立即成型，养护，进行性能测试。

2. 凝结时间测定

聚合物水泥防水砂浆的凝结时间测定按《水泥标准稠度用水量、凝结时间、安定性检验方法》（GB/T 1346—2011）进行，采用受检的聚合物水泥防水砂浆材料取代该标准中试验用的水泥。

3. 抗渗压力测定

（1）涂层试件。将制备好的防水砂浆浆料按《无机防水堵漏材料》（GB 23440—2009）中6.5.1在背水面进行试验。

（2）砂浆试件。将制备好的防水砂浆浆料拌匀后一次装满抗渗试模，在振动台上振动成型，振动2min。按GB 23440—2009中6.5.2进行试验。

4. 抗压强度与抗折强度

防水砂浆抗折和抗压强度测试与水泥胶砂的抗压和抗折强度测试方法一样，在试样制备过程中，将制备好的砂浆分两次装入符合《水泥胶砂强度检验方法（ISO法）》（GB/T 17671规定）的试模。保持砂浆高出试模5mm，用插捣棒从边上向中间插捣25次。将高出的砂浆压实、刮平。试件成型后湿气养护（24±2）h（从加水开始计算时间）脱模。如经（24±2）h养护，因脱模会对强度造成损害的，可以延迟至（48±12）h脱模。

试件脱模后干养护至28d。

按GB/T 17671进行抗压和抗折强度试验。

5. 柔韧性（横向变形能力）的测定

按《陶瓷墙地砖填缝剂》（JC/T 1004—2017）附录A进行试验。

实验测试头按图7-11的构造和尺寸制作，单位为mm，材质为金属。

试验支架是两个直径为（10±0.1）mm，最小长度为60mm的圆柱辊轴支架，其中心距为（200±1）mm，如图7-12所示。

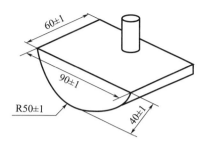

图 7-11　柔韧性试验测试头

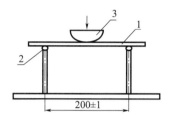

图 7-12　柔韧性试验测试夹具
1—保温防水复合板，厚度为板厚；2—圆柱形辊轴支架；3—测试头

养护完的试件需测试其厚度，用精度为 0.01mm 的游标卡尺在试件的中间以及距试件两端（50±1）mm 处测量其厚度，如果 3 个数据均在（3.0±0.1）mm 内，则记录其平均值。如果有任何一个数据超出范围，该试件无效。

将试件放在试验支架上，以 2mm/min 的速度对试件施加荷载使试件变形直至试件开裂破坏时停止试验，记录中点挠度值。当中点挠度大于等于 5mm 时停止试验，记录下最大变形量，以 mm 表示。

试验结果以三个试件的算术平均值为准，以 mm 表示，精确到 0.1mm。

6. 黏结强度测定

黏结强度检测在前面章节已经讲过，参考任务 6.7，这里不再赘述。

7. 耐碱性测定

将制备好的防水砂浆浆料刮涂到 70mm×70mm×20mm 水泥砂浆基块上，涂层厚度为 5.0～6.0mm。每组制备三个试件。试件干养护至 7d，将其放在符合《增塑剂环氧值的测定》（GB/T 1677—2008）中 13.2.3 规定的饱和 $Ca(OH)_2$ 溶液中浸泡 168h。随后取出试件，观察有无开裂、剥落。

8. 耐热性测定

将制备好的试样刮涂到 70mm×70mm×20mm 水泥砂浆基块上，涂层厚度为 5.0～6.0mm。每组制备三个试件。试件干养护至 7d 后，置于沸煮箱中煮 5h。随后取出试件，观察有无开裂、剥落。

9. 抗冻性测定

将制备好的防水砂浆浆料刮涂到 70mm×70mm×20mm 水泥砂浆基块上，涂层厚度为 5.0～6.0mm。每组制备三个试件。试件干养护至 7d 龄期后，按《普通混凝土长期性能和耐久性能试验方法标准》（GB/T 50082—2009）第 4 章进行试验。—15℃气冻 4h。水池中水融 4h，冻融循环 25 次。随后取出试件，观察有无开裂、剥落。

7.3.6 聚合物防水砂浆的施工

1. 建筑防水砂浆施工的一般要求

（1）建筑防水砂浆的施工在基体及主体结构验收合格后方可进行。常用的防水砂浆有普通防水砂浆、聚合物水泥防水砂浆等多种类型。

（2）在防水砂浆施工前，相关的设备预埋件和管线应安装固定好，防水砂浆施工完成后，严禁在防水层上凿孔打洞。

2. 基层处理

基层应平整、坚固，表面应洁净。当基层平整度超出允许偏差时，则应采用适宜的材料进行补平或剔平。

防水砂浆施工时，基层混凝土或砌筑砂浆抗压强度应不低于设计值的80%。基层宜采用界面砂浆进行处理，若采用聚合物水泥防水砂浆时，界面则可不做处理。当管道、地漏等穿越板、墙体时，则应在管道、地漏根部做出一定坡度的环形凹槽，并嵌填适宜的防水密封材料。

3. 施工要点

（1）防水砂浆可采用抹压法工艺、涂刮法工艺施工，且宜分层涂抹，砂浆应压实、抹平。

（2）普通防水砂浆应采用多层抹压法施工，并应在前一层砂浆凝结后，再涂抹后一层砂浆，砂浆的总厚度宜为18～20mm。聚合物水泥防水砂浆的厚度：墙面、室内防水层宜为2～6mm，地下防水层、砂浆层单层厚度宜为6～8mm，双层厚度宜为10～12mm。

（3）砂浆防水层各层之间应紧密结合，每层宜连续施工。当需要留施工缝时，应采用阶梯坡形槎，且离阴阳角处不得小于200mm，上下层接槎应至少错开100mm，防水层的阴阳角处宜做成圆弧形。

（4）若在屋面做砂浆防水层，则应设置分格缝，其分格缝的间距不宜大于6m，缝宽宜为20mm，分格缝内宜嵌填密封材料，且应符合《层面工程技术规范》（GB 50345—2019）的规定。

（5）在砂浆凝结硬化后，应保湿养护，养护时间不应少于14d。防水砂浆凝结硬化前，不得直接受水冲刷，储水结构待砂浆强度达到设计要求后方可再注水。

7.3.7 多层抹面水泥砂浆的施工

多层抹面水泥砂浆防水层施工时，务必做到分层交替抹压密实，以切断大部分毛细孔道，使残留的少量毛细孔无法形成连通的渗水孔网，以保证防水层具有较高的抗渗防水性能。

多层抹面水泥砂浆防水层一般采用四层抹面法或五层抹面法。五层抹面法主要用于防水工程的迎水面，五层抹面法的施工操作见表7-25；四层抹面法主要用于防水工程的背水面。五层抹面法和四层抹面法的区别在于多一道水泥浆，即前四层两者做法相同，第五层水泥浆层在第四层砂浆抹压两遍后，用毛刷均匀地将水泥浆涂刷在第四层表面，并随第四层一起抹压压光。

施工时应注意素灰层与砂浆层在同一天内完成，即防水层的前两层基本上连续操作，后两层（或者后三层）连续操作，切勿抹完素浆后放置时间过长或次日再抹水泥砂浆，否则会出现黏结不牢或空鼓等现象，从而影响防水层的质量。

多层抹面水泥砂浆的施工要点如下所述。

1. 混凝土顶板、墙面防水层的施工

混凝土顶板、墙面采用多层抹压水泥砂浆防水层，应切实做好素灰抹面、水泥砂浆揉浆及收压。这三道工序对防水层能否抹压密实，防水层各层间及防水层与基层间能否黏结牢固有直接影响。

素灰抹面要薄而均匀，不宜太厚，太厚宜形成堆积，反而会黏结不牢固，容易脱落、起壳。素灰在桶中应经常搅拌，以免产生分层离析和初凝，抹面不能干撒水泥粉，否则容易造成厚薄不匀，影响黏结。

水泥砂浆揉浆，其作用主要是使水泥砂浆和素灰紧密结合。揉浆时首先薄抹一层水泥砂浆，然后用铁抹子用力揉压，使水泥砂浆充分渗入素灰层，但应注意，不能压透素灰层，如揉压不够，则会影响两层的黏结。

水泥砂浆收压应在水泥砂浆初凝前，待收水70%（用手指按上去砂浆不粘手，有少许水印）时，可进行收压。收压用铁抹子平光压实，一般做两遍，第一遍收压表面要粗毛，第二遍收压表面要细毛，使砂浆密实，强度高，不易起砂。收压一定要在砂浆初凝前完成，避免在砂浆凝固后再反复抹压，否则容易破坏表面水泥结晶和扰动底层而起壳。

表 7-25　五层抹面法的施工操作

层次	水灰比	操作要求	作用
第一层 素灰层 厚度：2mm	0.4～0.5	1. 分两次抹压，基层浇水润湿后，先均匀刮抹 1mm 厚素灰作为结合层，并用铁抹子往返用力刮抹 5～6 遍，使素灰填实基层孔隙，以增加防水层的黏结力，随后再抹 1mm 厚的素灰找平层，厚度要均匀 2. 抹完后，用湿毛刷或排笔蘸水在素灰层表面依次均匀水平涂刷一遍，以堵塞和填平毛细孔道，增加不透水性	第一道防线
第二层 水泥砂浆层 厚度：4～5mm	0.4～0.45 水泥＋砂子 1＋2.5	1. 在素灰初凝时进行，即当素灰干燥到用手指能按入水泥浆层 1/4～1/2 时进行，抹压要轻，以免破坏素灰层，但也要使水泥砂浆层薄薄压入素灰层约 1/4，以使第一、二层结合牢固 2. 水泥砂浆初凝前，用扫帚将表面扫成横条纹	起骨架和保护素灰作用
第三层 素灰层 厚度：2mm	0.37～0.4	1. 待第二层水泥砂浆凝固并具有一定强度后（一般隔24h），适当浇水润湿即可进行第三层，操作方法同第一层，其作用也和第一层相同 2. 施工时如第二层表面析出有游离氢氧化钙形成的白色薄膜，则需要用水冲洗并刷干净后再进行第三层，以免影响二、三层之间的黏结，形成空鼓	防水作用

层次	水灰比	操作要求	作用
第四层 水泥砂浆层 厚度：4～5mm	0.4～0.45 水泥＋砂子 1＋2.5	1. 配合比与操作方法同第二层水泥砂浆，但抹完后不扫条纹，而是在水泥砂浆凝固前，水分蒸发过程中，分次用铁抹子抹压5～6遍，以增加密实性，最后压光 2. 每次抹压间隔时间应视施工现场湿度大小、气温高低及通风条件而定，一般抹压前三遍的间隔时间为1～2h，最后从抹压到压光，夏季10～12h，冬季最长14h，以免因砂浆凝固后反复抹压而破坏表面的水泥结晶，使强度降低，产生起砂现象	由于水泥砂浆凝固前抹压了5～6遍，增加了密实性，因此不仅起着保护第三层素灰和骨架的作用，还有防水作用
第五层 水泥浆层	0.55～0.6	在第四层水泥砂浆抹压两遍后，用毛刷均匀涂刷水泥浆一道，随第四层压光	防水作用

2. 砖墙面防水层的施工

砖墙面防水层的做法，除第一层外，其他各层操作方法与混凝土墙面操作相同。

首先将墙面浇水润湿，然后在墙面上涂刷水泥浆一道，厚度约为1mm。涂刷时沿水平方向往返涂刷5～6遍。涂刷要均匀，灰缝外不得遗漏。涂刷后，趁水泥浆呈糨糊状时即可抹第二层防水层。

3. 石墙面和拱顶防水层的施工

石墙面和拱顶防水层的施工，先做找平层（一层素灰，一层砂浆），找平层充分干燥之后，在其表面浇水润湿，即可进行防水层的施工。防水层的操作方法与混凝土基层防水层的操作方法相同。

4. 混凝土地面防水层的施工

混凝土地面防水层的施工与混凝土顶板和墙面防水层的施工不同，主要是其素灰层（一、三层）不是采用刮抹的方法，而是将搅拌好的素灰倒在地面上，采用涂刷工艺，往返用力涂刷均匀。第二层和第四层可在素灰初凝前后，将拌好的水泥砂浆均匀地铺在素灰层上，按顶板和墙面操作要求抹压，各层厚度也与顶板和墙面防水层相同，施工时应由里向外，尽量避免施工时踩踏防水层。在防水层表面需做瓷砖或水磨石地面时，可在第四层压光3～4遍后，用毛刷将表面扫毛，凝固后再进行装饰面层的施工。

5. 储水工程的施工

水塔、水池等储水工程，一般采用内防水五层做法，其操作方法和厚度与墙面做法相同，储水构筑物施工的关键是要防止在阴阳角、穿墙管、预埋件部位漏水，这些部位必须按操作规程精心施工。墙体和底板或顶板相交的阴阳角部位，应抹成圆弧形，一般阴角半径为5cm，阳角半径为1cm。

7.3.8 聚合物水泥防水砂浆的施工

1. 聚合物水泥防水砂浆施工的一般要求

（1）基面应平整、牢固、干净、清洁，倘若有裂缝、蜂窝及漏水等缺陷，则应先采取补强、堵漏和修补措施，使其达到设计要求。可见的气孔部分及表面起砂部位则应进行界面处理，基面应保持湿润但不得有明水。

（2）砂浆防水层可使用手工刮涂或机械喷涂的方法进行施工，施工时应满铺、密实。

（3）砂浆防水层应均匀，砂浆与基面之间不应有气泡。单道防水层的厚度宜为2～3mm，特殊要求需做第二道时，则第二道的抹灰方向应与上一道的抹灰方向互相垂直。每遍施工都应等上一层表干或终凝后再进行。

（4）防水层若裸露在外，养护期不应少于7d；若防水层上面还需要做保护层或各种饰面，养护期则应不少于3d。

2. 丙烯酸酯共聚乳液（丙乳）防水砂浆的施工

丙烯酸酯共聚乳液（丙乳）防水砂浆施工方便，对基层处理不要求作烘干处理。其适合于潮湿基面施工，配制和拌合砂浆的工艺较简单，不仅可以采用机械喷涂施工，而且还可以采用人工涂抹施工，只要正确掌握施工技术要点，便可以保证施工质量。

（1）丙乳砂浆的配制。丙乳砂浆施工配合比根据工程需要参照下列规定在施工现场经试拌确定。

一般配合比为，水泥：砂子：丙乳：水＝1：（1～2）：（0.25～0.35）：适量。

配制丙乳砂浆采用质量称量，其误差应小于3％，称量容器应干净无油污。

丙乳砂浆用人工或立式砂浆搅拌机拌合，拌合器具也应干净。拌制时，水泥与砂子先干拌均匀，再加入丙乳和经试拌确定的水拌合3min后，尽快运送至施工部位。配好的砂浆需在30～45min（视气候而定）内用完，因此，一次拌合量应根据施工能力确定。

（2）基层处理。为确保施工质量，基层必须清除疏松层、油污、灰尘等杂物，用钢丝刷刷毛或打毛后，用压力水冲洗，划出每块摊铺的分割线。在涂抹砂浆前，基层表面必须24h潮湿，但不积水。先用丙乳净浆〔水泥：丙乳＝（1～2）：1〕打底，涂刷力求薄而均匀。15min后，即可摊铺丙乳砂浆。

（3）丙乳砂浆的施工与养护。丙乳砂浆施工温度以5～30℃为宜，遇寒流、高温或雨雪应停止施工。丙乳砂浆摊铺前应检查基底是否符合规定，在分割线内摊铺完毕要立即压抹，操作速度要快，要求一次用力抹平，避免反复抹面，如遇气泡要刺破压紧，保证表面密实。

大面积施工时应进行分块间隔施工或设置接缝条，分块面积宜小于10～15㎡，间隔时间应小于24h，接缝条可用8mm×14mm、两边均为30坡面的木条或聚氯乙烯预先固定在其面上，待丙乳砂浆抹面收光后即可抽取，并在24h后进行补缝。直面或仰面施工时，当涂层厚度大于10mm时，必须分层施工，分层间隔时间视施工季节不同，室内3～24h，室外2～6h（前一层触干时进行下一层施工）。当碰到结构伸缩缝时，伸缩缝填缝料必须低于基底1cm，然后在其上摊铺或填筑丙乳砂浆，丙乳砂浆抹面收光后，表面触干时应立即喷雾养护或覆盖塑料薄膜、草袋进行7d潮湿养护，再进行21d自然养护后才可以承载。潮湿养护期间如遇寒流或雨天要加以保温覆盖，保持砂浆温度高于5℃，不受雨水冲洗。丙乳砂浆养护结束后，要涂刷一层丙乳净浆。如遇雨天、寒流等影响丙乳砂浆质量的意外情况，要采取措施进行处理，必要时清除重铺。

丙乳砂浆若采用机械施工，最好采用改进的湿喷工艺。

湿喷工艺是将包括水在内的各组分材料预先按设计配比拌制好，通过泵送设备将全湿料输送至喷枪，再由枪口附近输入的压缩空气将湿料喷出。与干喷法相比，湿喷工艺具有水灰比控制准确，涂层质量均匀，回弹损失小及没有粉尘污染等优点。但干喷法所具有的优点（如可远距离输送与高差大，一次可喷涂厚度较大）都正好是湿喷法的缺陷。这是由于湿喷法的输料方式是通过挤压式或柱塞式泵来完成的，泵送设备所需克服的全湿料在整个管路中的摩擦阻力，比干喷法的风送干料要大得多。从泵送角度考虑，砂浆宜拌制成大流动度的稀浆，否则将使设备泵送效率大大降低，甚至导致管路堵塞，但喷至结构面的砂浆又被要求尽可能是低流动度的稠浆，以形成一定厚度的涂层，并使其具有良好的力学与耐久性能。当采用传统的湿喷法喷涂丙乳砂浆时，适于泵送且不易引起堵塞的水灰比约为 0.35（灰砂比为 1：2），尽管这一水灰比的丙乳砂浆仍具有良好的力学与耐久性能，但其一次可喷涂厚度通常仅为 2～3mm。这一厚度有时难以满足工程需要，如碾压混凝土坝上游面防渗涂层厚度设计要求一般为 5～8mm。虽可通过多层喷涂（待前一层砂浆初凝后，再喷第二、三层）的办法增厚，但往往又为现场条件或工期所不允许，同时也将增大施工成本。

为了改进喷涂工艺，一方面，在制浆时适当加大水灰比，使较大流动度的砂浆便于泵送且不易堵塞；另一方面，这种便于泵送的较大流动度的砂浆被送至喷枪时，如果能在喷枪内补充适宜的干料，使喷出的砂浆流动度变小，则可大大降低浆料喷至基面后的流淌性，并增大一次可喷厚度。根据湿喷工艺在喷枪内送风喷涂的特点，这种干料应该是可以通过风送的粉状材料。即把传统湿喷工艺中的单纯送风改进成带粉料的风。喷粉机系统按其功能主要由五部分组成：①密封粉料储罐；②定量螺旋输料器；③驱动装置；④气路控制系统；⑤定位支架。压缩空气经过喷粉机械系统后，即成为携带粉料的压缩空气。其在单位时间内输送粉量的大小，可根据工程需要由喷粉机换挡装置调节。

喷粉机械系统中携带粉料的压缩空气，使砂浆喷出后水灰比减小，从而克服流淌现象，并增大一次可喷厚度。此外，可通过粉料种类的适当选择来满足不同工程的需要，起到使砂浆改性的辅助作用。当以增稠、增强为主要目的时，宜选择硅粉作为补充粉料；当需考虑砂浆的补偿收缩时，则应选择微膨胀剂；当工期紧迫需要速凝或要求连续喷涂多遍时，则可选择速凝剂；当缺乏任何改性粉料时，也可以水泥代之等。值得指出的是，使用湿喷工艺时，如果从工程进度考虑要求涂层速凝，而速凝剂不能直接掺入砂浆中，只能通过喷粉工艺掺入。

传统湿喷工艺的喷枪进风管由于单纯送风，通常管径较细，且管口位置靠近喷嘴以利于砂浆喷出后的雾化。但当风管需输送带粉料的风时，除了须将风管内径增大外，还需将枪身自喷嘴至风管口间的距离适当加长，使粉料与砂浆在喷出前有一个较充分的混合过程。以充分发挥粉料的增稠作用。然而，风管口因离喷嘴较远，又将大大影响砂浆喷出后的雾化状况。

试验表明，将枪管这段距离加长 5～6cm 较适宜，使"混合"与"雾化"状况均可接受。使雾化效果更完善，在喷嘴部位增加了二次进风嘴，使砂浆二次雾化，以达更佳效果。二次进风并不需要另增风源，只需在喷粉机风路系统中设一旁路即可。

　　为防止输料系统被堵塞，对扬料斗的型式及输料管的连接方式进行了改进。设有搅拌装置的输料斗对降低堵管概率效果明显，料斗出料口的型式及与输料管的连接应尽可能平顺。改进后的湿喷系统，在操作过程正常且保持相对连续喷涂的情况下，已基本上消除了堵塞现象，且使丙乳砂浆的一次喷涂厚度达到6～8mm。

　　3. 有机硅防水砂浆防水层的施工

　　首先做好基层处理，方可进行防水层的施工。将已配制好的硅水（有机硅∶水＝1∶7）喷或刷在基层面上1～2道，并在湿润的状态下抹结合面水泥浆。按配合比搅拌而成的结合面水泥浆应随拌随用，用力刮抹在潮湿不积水的基层面上，第一层刮1mm，第二层抹1mm，保持均匀黏结牢固，待初凝时方可再抹底层水泥砂浆。

　　按配合比配制底层水泥防水砂浆，认真计量、搅拌均匀，方可涂抹在初凝时的水泥浆面上，掌握抹灰的力度，控制抹灰的厚度在6mm以内，处理好阴角的圆弧、阳角的钝角，粉平粉直，压实压密，并用木抹子拉成小毛。

　　按配合比配制而成的面层水泥砂浆，亦应精确计量、搅拌均匀，涂抹在终凝后的底层水泥砂浆面上，间隔时间夏季为24h，冬季为48h，控制抹灰的厚度在6mm以内，抹压平整，表面用铁抹子抹压密实和光滑。

　　待防水层施工完成后，隔24h进行湿养护，保持面层湿润达14d，防止防水砂浆层中的水分过早蒸发而出现干缩裂缝，也可喷涂养护液进行封闭养护。

　　基层过于潮湿和雨天不能施工，防止喷涂的硅水被雨水冲走而影响防水的效果。有机硅防水剂耐高低温性能较好，故可在冬季施工。有机硅防水剂为强碱性材料，经稀释后虽碱度已大大降低，但使用时仍要避免与人体皮肤接触，施工人员特别要注意保护好眼睛。

　　穿墙管道处做有机硅防水砂浆防水层，应将管道按设计要求的位置固定，并在其周围剔凿深1～8cm、宽3mm的沟槽，用细石防水混凝土（配合比为：水泥∶砂∶豆石∶硅水＝1∶2∶3∶0.5）填入槽内捣实，待凝固后再用防水砂浆（其配合比为：水泥∶砂∶硅水＝1∶2∶0.5，硅水的配合比为：有机硅防水剂∶水＝1∶9）分层抹入槽内压实即可。有机硅防水剂防水层的施工要点参见表7-26。

表7-26　有机硅防水剂防水层的施工要点

项目	操作要点和要求
新建屋面防水施工	1. 按有机硅防水剂∶水＝1∶8配制有机硅水备用 2. 预制板用油膏嵌缝，在油膏上用有机硅水∶水泥＝1∶25的水泥砂浆抹成宽100mm、高20～30mm覆盖 3. 水泥砂浆硬化后，屋面满刷有机硅水两遍 4. 待第二遍有机硅水稍干后，刷水泥素浆一道，厚1mm，素浆比为水泥∶建筑胶∶水＝1∶0.13∶（0.5～0.6） 5. 素浆干后接着再刷有机硅水一遍 6. 最后刷砂浆一道，厚1mm，砂浆配比为水泥∶细砂∶建筑胶∶水＝1∶1∶0.13∶0.5
墙面防水施工	1. 新建房屋墙面干燥后，直接用有机硅水喷涂两遍，其时间间隔以第一遍未完全干燥为宜。有机硅水配比为有机硅防水剂∶水＝1∶8 2. 对旧房墙面，先用建筑胶∶水泥∶中性有机硅水＝0.2∶1∶0.5的水泥胶浆修补裂缝，清除表面尘土、浮皮等，待裂纹修补处干燥后喷涂1∶8的有机硅水两遍

4. 水泥基渗透结晶型防水材料的施工

水泥基渗透结晶型防水材料可在结构刚度较好的地下防水工程、建筑室内防水工程以及构筑物防水工程中单独使用，也可以与其他防水材料复合使用。其宜应用于混凝土基体的迎水面，亦可以用于混凝土基体的背水面。其施工要点如下：

（1）渗透结晶型防水材料在施工前，应对混凝土基层表面进行处理：混凝土基体表面应平整、干净、不起皮、不起砂、不疏松，基体表面的蜂窝、孔洞、缝隙等缺陷应进行修补，凸块应凿除，浮浆、浮灰、油垢和污渍均应清除，混凝土表面的脱模剂应清除干净；光滑的混凝土表面应打毛处理，并用高压水冲洗干净；混凝土基体应充分润湿，基层表面不得有明水。

（2）细部构造应有详细设计，应采用更可靠的设防措施，宜采用密封材料、遇水膨胀橡胶条、止水带、防水涂料等进行组合设防及密封或增强处理。

（3）渗透结晶型防水材料在施工前应根据设计要求确定材料的单位面积用量和施工遍数。粉状渗透结晶型防水材料的用量不得小于 $0.8kg/m^2$，重要工程不应小于 $1.2kg/m^2$；液态渗透结晶型防水材料应按产品说明书的规定进行稀释，稀释后的实际用量不得小于 $0.2kg/m^2$，重要工程不应小于 $0.28kg/m^2$。

（4）粉状渗透结晶型防水材料施工应符合下列规定：

① 粉状渗透结晶型防水材料应按产品说明书提供的配合比控制用水量，配料宜采用机械搅拌。配制好的材料应色泽均匀，无结块、粉团。

② 拌制好的粉状渗透结晶型防水材料，从加水时起计算，材料宜在 20min 内用完。在施工过程中，应不时地搅拌混合料。不得向已经混合好的粉料中另外加水。

③ 多遍涂刷时，应交替改变涂刷方向。

④ 采用喷涂施工时，喷枪的喷嘴应垂直于基面，合理调整压力、喷嘴与基面距离。

⑤ 每遍涂层施工完成后应按照产品说明书规定的间隔时间进行第二遍作业。

⑥ 涂层终凝后，应及时进行喷雾干湿交替养护，养护时间不得少于 72h。不得采用蓄水或浇水养护。

⑦ 干撒法施工时，当先干撒粉状渗透结晶型防水材料时，应在混凝土浇筑前 30min 以内进行，如先浇筑混凝土，应在混凝土初凝前干撒完毕。

⑧ 养护完毕，经验收合格后，在进行下一道工序前应将表面析出物清理干净。

（5）液态渗透结晶型防水材料施工应符合下列规定：

① 应先将原液充分搅拌，按照产品说明书规定的比例加水混合，搅拌均匀，不得任意改变溶液的浓度。

② 喷涂时应控制好每遍喷涂的用量，喷涂应均匀，无漏涂或流坠。

③ 每遍喷涂结束后，应按产品说明书的要求，间隔一定时间后喷洒清水养护。

④ 施工结束后，应将基体表面清理干净。

7.3.9 任务实施

（1）防水工程是目前建筑工程中的主要工序，而防水砂浆是重要的一类无机防水材料。请概述表 7-27 中防水砂浆的相关知识要点。

表 7-27　防水砂浆知识要点概述

项目	防水介质	防水机理	特点
聚合物防水砂浆			
多层抹面防水砂浆			
渗透结晶型防水砂浆			
膨胀/无收缩水泥防水砂浆			

（2）描述防水砂浆的类型、性能要求及施工要点，并完成表 7-28。

表 7-28　防水砂浆性能及施工总结

防水砂浆种类	性能要求	施工要点
多层抹面防水砂浆		
丙烯酸酯共聚乳液（丙乳）防水砂浆		
有机硅防水砂浆		
水泥基渗透结晶型防水砂浆		

延展阅读

任务 7.4　灌浆砂浆

灌浆砂浆（Grouting mortar）又称注浆砂浆（Injecting mortar）、无收缩灌浆料（Shrinkage-free grouting material），是一种（或多种）胶凝材料（无机或者有机）为基材，与超塑化剂等外加剂及细集料等混合而成的灌浆修补加固材料，具有大流动性、早强、高强、微膨胀的性能，是设备基础二次灌浆、地脚螺栓锚固、混凝土加固、修补等领域的材料。

微课
灌浆砂浆

7.4.1　灌浆砂浆的分类及技术要求

（1）灌浆砂浆可分为水泥基灌浆材料、树脂基灌浆材料及复合灌浆材料等，属于预拌砂浆范畴的是水泥基灌浆材料。

（2）技术要求

① 高流动性。一般要求灌浆砂浆的流动度大于 260mm，高流动性可依靠自重作用或稍加插捣就能流入所要填充的全部空隙，同时浆体的黏聚性好，无泌水。

② 无收缩。灌浆砂浆具有微膨胀性能，强化了对旧混凝土、基础螺栓及预应力钢筋的黏结性能，体积稳定，防水防裂。

③ 强度高。灌浆砂浆 1d 抗压强度大于 22MPa，28d 抗压强度大于 70MPa。

④ 耐久性好。在潮湿环境中强度可有一定的增长，在干燥环境中强度不下降。

（3）灌浆砂浆的技术指标见表 7-29。

表 7-29　灌浆砂浆技术指标

项目		技术指标
凝胶时间	初凝/min	≥120
泌水率		无泌水
流动性	初始流动度	≥260
	30mm 流动度保留值	≥230
抗压强度/MPa	1d	≥22.0
	3d	≥45.0
	28d	≥70.0
竖向膨胀率（1d）/%		≥0.020
钢筋握裹强度（圆钢）（28d）/MPa		≥4.0
对钢筋锈蚀作用		无

7.4.2　水泥基灌浆砂浆的特点

水泥基灌浆砂浆，又称无收缩灌浆料，是由优质水泥、各种级配的骨料，辅以高流态、防离析、微膨胀等物质，经工厂化配制生产而成的干混料，加水拌合均匀即成流动性很好的灰浆。常用于干缩补偿、早强、高强灌浆、修补等。其特点如下：

① 使用方便。加水搅拌后即可使用，无离析，质量稳定。

② 具有膨胀特性。在塑性阶段和硬化期均产生微膨胀以补偿收缩，体积稳定，防水、防裂、抗渗、抗冻融。

③ 高流动性。一般在低水灰比下即具有良好的流动性，便于施工浇筑，保证工程质量。

④ 快硬高强。可用于紧急抢修，节省工期。

⑤ 适用面广，耐久性好。可用于地脚螺栓锚固、设备基础的二次灌浆、混凝土结构改造和加固、后张预应力混凝土结构预留孔道的灌浆及封锚。

⑥ 安全环保。无毒无味，使用安全。

思考与练习

一、判断题

1. 水泥基自流平砂浆面层初始流动度要求≥130mm。（　　）

2. 水泥基自流平砂浆 24h 抗压强度要求≥5.0MPa。（　　）

3. 建筑保温砂浆中保温材料一般为膨胀珍珠岩、玻化微珠、膨胀蛭石等。（　　）

4. 聚合物水泥防水砂浆根据其力学性能可分为Ⅰ型和Ⅱ型。（　　）

5. 聚合物水泥防水砂浆施工时基面要求平整、牢固、干净、清洁。（　　）

二、选择题

1. 建筑地面工程自流平材料铺设时，环境温度应控制在（　　）。

A. 0℃以上　　　　　　B. 10℃以上　　　　　　C. 5～30℃　　　　　　D. －5～35℃

2. 水磨石楼地面施工应注意：现浇水磨石面层的养护时间不能少于（　　）。

A. 5d　　　　　　　　B. 6d　　　　　　　　C. 7d　　　　　　　　D. 14d

3. 有空气洁净度要求的房间不宜采用（　　）。

A. 普通浇水磨石地面　　　　　　　　B. 导静电胶地面

C. 环氧树脂水泥自流平地面　　　　　D. 瓷质通体抛光地板砖地面

4. 下列施工方法中不适宜合成高分子防水卷材施工的是（　　）。

A. 热熔法　　　　　　　　　　　　　B. 冷贴法

C. 热风焊接法　　　　　　　　　　　D. 自粘法

5. 防水混凝土应覆盖浇水养护，其养护时间不应少于（　　）。

A. 7d　　　　　　　　B. 10d　　　　　　　C. 14d　　　　　　　D. 21d

6. 下列各项可以作为柔性防水顶面保护层面层的有（　　）。

A. 豆石　　　　　　　　　　　　　　B. 防水砂浆

C. 铅银粉涂料　　　　　　　　　　　D. 装配细石混凝土

E. 现浇细石混凝土

7. 防水砂浆施工时，其环境温度最低限值为（　　）。

A. 0℃　　　　　　　B. 5℃　　　　　　　C. 10℃　　　　　　　D. 15℃

8. 住宅卫生间地面防水，最不适合使用的防水材料是（　　）。

A. 三元乙丙防水卷材　　　　　　　　B. 刚性无机防水砂浆

C. 聚合物水泥防水涂料　　　　　　　D. 聚合物水泥防水砂浆

9. 防水砂浆施工时，基层混凝土或砌筑砂浆抗压强度应不低于设计强度的（　　）。

A. 70%　　　　　　　B. 80%　　　　　　　C. 90%　　　　　　　D. 100%

10. 《建筑外墙防水工程技术规程》（JGJ/T 235—2011）无保温外墙防水工程施工中普通防水砂浆每层厚度宜为（　　），聚合物防水砂浆每层施工厚度宜为（　　）。

　　A. 4～8mm，1～3mm　　　　　　　B. 4～8mm，3～5mm

　　C. 5～10mm，1～3mm　　　　　　　D. 5～10mm，2～4mm

11. 以下材料相关资料应归档于节能部分的是（　　）。

A. 砌筑砂浆　　　　B. 保温砂浆　　　　C. 抗裂砂浆　　　　D. 水泥砂浆

12. 在外墙外保温改造中，每平方米综合单价最高的是（　　）。

A. 25厚聚苯颗粒保温砂浆，块料饰面　　B. 25厚聚苯颗粒保温砂浆，涂料饰面

C. 25厚挤塑泡沫板，块料饰面　　　　　D. 25厚挤塑泡沫板，涂料饰面

参考文献

［1］陈胡星，等．干混砂浆质量控制［M］．杭州：浙江大学出版社，2019．

［2］杨笑然，董海云．湿拌砂浆配合比设计计算方法［J］．天津建材，2017（2）：36-39．

［3］北京艺高世纪科技股份有限公司．预拌砂浆实用技术［M］．北京：中国建筑工业出版社，2017．

［4］钱慧丽．预拌砂浆应用技术［M］．北京：中国建材工业出版社，2015．

［5］尤大晋．预拌砂浆实用技术［M］．北京：化学工业出版社，2015．

［6］赵青林，李北星．生态干混砂浆［M］．北京：化学工业出版社，2012．

［7］张秀芳，赵立群，王甲春．建筑砂浆技术解读470问［M］．北京：中国建材工业出版社，2009．

［8］王培铭，王茹，张国防，等．干混砂浆原材料及产品检测方法［M］．北京：中国建材工业出版社，2016．

［9］邱广林，钱文举．预拌砂浆的配合比设计及应用［J］．广东建材，2021（9）：22-24．

［10］覃善总，蒋金明，尧炼．新概念湿拌砂浆在广州东塔工程应用总结［J］．广东建材，2014，30（11）：15-18．

［11］武美燕．我国预拌砂浆行业现状与发展趋势分析［J］．混凝土世界，2009（2）：32-35．

［12］陈光．干混砂浆生产过程的工艺管理与质量控制［J］．广东建材．2013（9）：56-60．

［13］毛自根，陈鑫松，李金标．我国干混砂浆的应用现状和前景分析［J］．山西建筑，2009（20）：173-175．

［14］傅沛兴．推行预拌砂浆面临的迫切问题［J］．建筑技术，2007（10）：786-787．

［15］王朗，潘小平，王子吉力．多品种多工况的干混砂浆生产线添加剂自动计量系统［J］．建设机械技术与管理，2020，33（3）：79-83．

［16］张金仲，周春艳，刘华荣．HLJ-1型干混砂浆保水增稠剂的性能研究［J］．广东建材，2011（3）：34-35．

［17］匙明申，王刚，郭力功．干混砂浆生产线综述及技术要点（上）［J］．建筑机械，2017（5）：20-22．

［18］孙广烨．干混砂浆储运过程物料均匀性的研究［D］．大连：大连理工大学，2015．

[19] 杨泽青，李军，卢忠远，等．膨润土保水增稠材料对预拌砂浆性能影响［J］．混凝土与水泥制品，2019（12）：78-82.

[20] 刘义峰．机制砂水泥砂浆流变性能研究［D］．重庆：重庆交通大学，2014.

[21] 胡浩然，邱云超，李静．混合砂干混砂浆专用保水增稠材料性能研究［J］．河南建材，2017（5）：20-22.

[22] 谢慧东，张云飞，刘征涯，等．应用人工砂预拌砂浆增稠保水材料的研制及其应用性能［J］．混凝土，2010（7）：78-79.

[23] 杨泽青．普通砂浆用膨润土基保水增稠矿物外加剂的研究［D］．绵阳：西南科技大学，2019.

[24] 殷素红，郭文昊，邓旭华，等．广东省采石场废石屑现状及其生产机制砂工艺探讨［J］．广东建材，2019，35（9）：1-4.

[25] 秦翻萍．建筑干混砂浆生产线设计的规范化［J］．混凝土与水泥制品，2015（4）：70-72.

[26] 胡颖，李巍．多层钢结构工业厂房设计［J］．江西建材，2014（13）：33.

[27] 卢前明，张元馨，匡招杰，等．燃煤电厂炉底灰水化活性激发试验研究［J］．河南理工大学学报（自然科学版），2021，40（6）：101-107.

[28] 刘桂凤，李世超，秦彦龙，等．不同机制砂级配对干混砂浆性能的影响［J］．混凝土，2013（9）：112-114，117.

[29] 杨晓艳，陈云，马世洪，等．湿排粉煤灰渣在预拌砂浆中的应用［J］．粉煤灰综合利用，2010，23（1）：28-30.

[30] 陈云．粉煤灰渣路面混凝土的路用性能研究［D］．重庆：重庆交通大学，2010.

[31] 杨泽政．粉煤灰渣替代细骨料的可行性研究［D］．秦皇岛：燕山大学，2020.

[32] 中国散协通过全国人大代表提交有关散装水泥和预拌砂浆产业发展的建议［J］．散装水泥，2018（2）：14.

[33] 李保亮，王申，潘东，等．蒸养条件下镍渣水泥胶砂的水化产物与力学性能［J］．硅酸盐学报，2019，47（7）：891-899.

[34] 张军．预拌砂浆行业现状与发展趋势分析［J］．散装水泥，2020（6）：15-16＋19.

[35] 秦中良，李子国，羊晓磊．半干法脱硫工艺在催化裂化装置中的应用［J］．石油化工安全环保技术，2021，37（1）：48-53.

[36] 刘进强，刘姚君，汪澜，等．CFB-FGD脱硫灰对水泥性能影响及机理研究［J］．新型建筑材料，2020，47（2）：84-87，91.

[37] 卢丽君，方宏辉，刘瑛，等．半干法脱硫灰用于矿渣水泥缓凝剂的试验研究［J］．武钢技术，2015，53（4）：1-4.

[38] 亓义卫．干法脱硫灰免烧砖的应用研究［D］．武汉：武汉理工大学，2010.

[39] 袁伟，刘涛，李程龙，等．脱硫灰制备蒸压加气混凝土影响因素浅析［J］．砖瓦，2020（3）：54-56.

［40］艾长发，彭浩，胡超，等．机制砂级配对混凝土性能的影响规律与作用效应［J］．混凝土，2013（1）：73-76.

［41］杨海峰，蒋家盛，李德坤，等．机制砂再生混凝土基本力学性能与微观结构分析［J］．硅酸盐通报，2018，37（12）：3946-3950.

［42］权刘权，李东旭．材料组成对石膏基自流平材料性能的影响［C］//第二届全国商品砂浆学术交流会论文集．开封，2007：310-317.

［43］谢建海，亢虎宁，石宗利，等．脱硫石膏自流平材料的研究［J］．新型建筑材料，2011，38（9）：67-69.

［44］刘文斌，高淑娟．脱硫建筑石膏粉制备自流平砂浆的技术研究［J］．硅酸盐通报，2013，32（9）：1927-1931.

［45］喻萍，潘菲，姜观荣．级配对机制砂应用性能的影响研究［J］．粉煤灰综合利用，2017（3）：23-26.

［46］彭明强，叶蓓红．脱硫石膏用于自流平砂浆的研究［J］．建筑材料学报，2012，15（3）：406-409＋421.

［47］冯洋，杨林，曹建新，等．磷石膏煅烧改性制备自流平砂浆的研究［J］．硅酸盐通报，2020，39（9）：2891-2897.

［48］刘春苹，季韬，周丰，等．机制砂取代率及石粉掺量对人工砂砂浆流动度与力学性能的影响［J］．福州大学学报（自然科学版），2014，42（1）：128-132.

［49］李逸晨．石膏行业的发展现状及趋势［J］．硫酸工业，2019（11）：1-7.

［50］项飞鹏，陈锡炯，刘春红，等．火电脱硫石膏资源化利用研究进展［J］．新型建筑材料，2021，48（6）：25-30.

［51］黄天勇，章银祥，张文才，等．普通硅酸盐水泥对石膏基自流平砂浆性能的影响［J］．硅酸盐通报，2016，35（10）：3106-3111.

［52］秦尚松，赵林，李珠．无机保温材料在混凝土中的应用研究［J］．施工技术，2012，41（10）：73-75.

［53］詹镇峰，李从波，陈文钊．纤维素醚的结构特点及对砂浆性能的影响［J］．混凝土，2009（10）：110-112.

［54］余振新，韩静云，许如源．蛋白类缓凝剂与脱硫石膏适应性的研究［J］．新型建筑材料，2015，42（5）：18-21.

［55］王海峰．纤维素醚对自流平砂浆性能影响［J］．混凝土，2013（7）：99-101.

［56］于水军，魏月贝，杨岱霖．基于正交试验的粉煤灰石膏基自流平砂浆性能研究［J］．硅酸盐通报，2018，37（10）：3217-3222.

［57］钱觉时，郑洪伟，宋远明，等．流化床燃煤固硫灰渣的特性［J］．硅酸盐学报，2008（10）：1396-1400.

［58］B. RAMESH，V. GOKULNATH，M. RANJITHKUMAR. Review on the flexural properties of fiber reinforced self compacting concrete by the addition of M-sand［J］．2020，22（Pt3）：1155-1160.

［59］杨娟．固硫灰渣特性及其作水泥掺合料研究［D］．重庆：重庆大学，2006.

［60］朱柯．机制砂干混砌筑砂浆的性能研究［D］．重庆：重庆大学，2013.

［61］A. RUNGCHET，C. S. POON，P. CHINDAPRASIRT，K. PIMRAKSA. Synthesis of low-temperature calcium sulfoaluminate -belite cements from industrial wastes and their hydration：comparative studies between lignite fly ash and bottom ash ［J］. Cement and Concrete，Composites. 2017，(83)：10-19.

［62］王稷良. 机制砂特性对混凝土性能的影响及机理研究［D］. 武汉：武汉理工大学，2008.

［63］宋远明，等. 固硫灰渣的微观结构与火山灰反应特性［J］. 硅酸盐学报，2006 (12)：1542-1546.

［64］董超，冯晨，杨进波，等. 机制砂质量指标及对混凝土性能的影响分析［J］. 混凝土与水泥制品，2019 (11)：21-24.

［65］陈若山，梁剑麟. 膨胀玻化微珠无机保温砂浆性能分析研究［J］. 混凝土与水泥制品，2019，278 (6)：73-76.